Entwicklung fuzzybasierter Leitkomponenten für das Klimamanagement in der präventiven Konservierung

Christian Arnold

Entwicklung fuzzybasierter Leitkomponenten für das Klimamanagement in der präventiven Konservierung

Christian Arnold
Hochschule Fulda, Deutschland

Dissertation, Technische Universität Ilmenau,
Fakultät für Informatik und Automatisierung
Tag der Einreichung: 26.10.2012, Tag der wissenschaftlichen Aussprache: 14.03.2013
Gutachter: Univ.-Prof. Dr.-Ing. habil. Christoph Ament (TU Ilmenau)
Univ.-Prof. Dr.-Ing. Harald Garrecht (Universität Stuttgart)
Prof. Dr.-Ing. Steven Lambeck (Hochschule Fulda)

ISBN 978-3-658-03154-1 ISBN 978-3-658-03155-8 (eBook)
DOI 10.1007/978-3-658-03155-8

Die Deutsche Nationalbibliothek verzeichnet diese Publikation in der Deutschen Nationalbibliografie; detaillierte bibliografische Daten sind im Internet über http://dnb.d-nb.de abrufbar.

Springer Vieweg

Gedruckt auf säurefreiem und chlorfrei gebleichtem Papier

Springer Vieweg ist eine Marke von Springer DE. Springer DE ist Teil der Fachverlagsgruppe Springer Science+Business Media.
www.springer-vieweg.de

Geleitwort

Ziel der präventiven Konservierung ist es, das Kunst- und Kulturgut dauerhaft zu erhalten, indem dessen Lagerungs- und Umgebungsbedingungen verbessert und relevante Risiken reduziert werden. Einer Stabilisierung des Raumklimas auf einem für den Erhalt der historischen Bausubstanz und ihrer wertvollen Ausstattung geeigneten Niveau kommt folglich eine zentrale Bedeutung zu. Zur Stabilisierung des Raumklimas können neben aufwändigen technischen Anlagen auch kleine, dezentrale Klimageräte, Nutzungsanpassungen oder schonende bauliche Eingriffe dienen. In den häufigsten Fällen ist es aber der Mensch, der seinem Empfinden folgend, durch direkte Einflussnahme auf die Heizung und durch Fensteröffnung die Raumklimaverhältnisse bestimmt.

Das Klimamanagement in der präventiven Konservierung unterscheidet sich in verschiedenen Punkten signifikant von ähnlich gelagerten Aufgabenstellungen in konventionellen Applikationen, in welchen mittels bekannter Ansätze aus der Gebäudeautomation sowie der Heizungs-, Lüftungs- und Klimatechnik die relevanten Klimagrößen beeinflusst werden können. In den in der vorliegenden Arbeit betrachteten spezifischen Applikationen sind beispielsweise die Anforderungen an ein möglichst optimales Raumklima oft nur ungenau bekannt. Dabei ist zu berücksichtigen, dass die planerischen Anforderungen bei der Klimatisierung historischer Räume durch die vor allem für Neubauten konzipierten technischen Regeln häufig nicht abgedeckt werden. Sie fordern von allen Beteiligten, sich auf die individuellen Besonderheiten eines jeden einzelnen Gebäudes und seiner Ausstattung einzustellen.

Es stellt sich die Frage, wie die optimale Gestaltung des Raumklimas durch automatisierungstechnische Lösungen unterstützt werden kann. Herr Arnold schlägt in dieser Arbeit dazu einen fuzzybasierten Ansatz vor. Zwei Aspekte lassen diese Entscheidung für die vorliegende Aufgabenstellung sinnvoll erscheinen. Zum einen liegen Regelziele und Messgrößen in den hier betrachteten Anwendungsfällen zumeist nur unscharf vor, so dass diese Eigenschaft durch Fuzzy-Modelle gut abgebildet werden kann. Zum anderen ist die Anwendung automatisierungstechnischer Methoden im Bereich der präventiven Konservierung nicht sehr weit verbreitet. Bei den verantwortlichen und handelnden Personen muss daher erst eine Akzeptanz für solche Methoden erreicht werden. Hier bieten Fuzzy-Ansätze den Vorteil einer sprachlichen Interpretier- und

Diskutierbarkeit. Die dadurch erreichte Transparenz der Abläufe hilft, Vertrauen in eine automatisierungstechnische Lösung zu gewinnen.

Die vorliegende Arbeit greift die komplexe Besonderheit des Klimamanagements in der präventiven Konservierung auf und liefert einen höchst interessanten und wichtigen Beitrag, um mittels fuzzybasierter Leitkomponenten real gemessene Klimazustände in einer der historischen Bausubstanz und einer bedeutsamen Ausstattung entsprechenden geeigneten Weise zu bewerten und zielgerichtet zu beeinflussen. Ziel ist es hierbei, abhängig vom Gefährdungspotenzial der raumluftbedingten Einwirkungen, die klimatischen Bedingungen so zu verbessern, dass mittels zielgerichteter Konditionierung der relevanten Klimagrößen der Beanspruchung der wertvollen Oberflächen von Bausubstanz und Ausstellungsobjekten im Sinne einer präventiven Konservierung unmittelbar entgegengetreten wird.

Die Arbeit präsentiert interessante Lösungsansätze und wichtige Erkenntnisse, die aus Sicht der Gutachter ein enormes Potenzial aufweisen, die fuzzybasierten Leitkomponenten nicht nur in der präventiven Konservierung, sondern durchaus auch in anderen Anwendungsgebieten mit anspruchsvollen Vorgaben an das Klima- und Energiemanagement einführen und etablieren zu können.

Univ.-Prof. Dr.-Ing. habil. Christoph Ament, TU Ilmenau
Univ.-Prof. Dr.-Ing. Harald Garrecht, Universität Stuttgart
Prof. Dr.-Ing. Steven Lambeck, Hochschule Fulda

Danksagung

Die vorliegende Arbeit entstand während meiner Tätigkeit als wissenschaftlicher Mitarbeiter an der Hochschule Fulda im Fachbereich Elektrotechnik und Informationstechnik im Rahmen der BMBF-Projekte "Prävent" und "BestBiMa" sowie "OptiFDM" (gefördert vom HMWK).

Mein besonderer Dank gilt Herrn Prof. Dr.-Ing. habil. Christoph Ament (TU Ilmenau) für die wertvollen Diskussionen, Ratschläge und die Betreuung meiner Arbeit sowie der Übernahme des Hauptreferates. Herrn Prof. Dr.-Ing. Harald Garrecht (Universität Stuttgart) möchte ich für die fruchtbaren Gespräche und Anregungen, die Übernahme des Korreferates und die Motivation zur Publikation meiner Arbeiten in der WTA großen Dank aussprechen. Nicht nur für die Übernahme des Korreferates, sondern auch für die zahlreichen Diskussionen, Anregungen, Kritik, die gute Zusammenarbeit und besonders für die ständige Motivation möchte ich Herrn Prof. Dr.-Ing. Steven Lambeck (Hochschule Fulda) ausdrücklich danken.

Ohne die Unterstützungen und Bemühungen zur Förderung und Finanzierung meiner Stelle an der Hochschule Fulda durch Herrn Prof. Dr.-Ing. Bernd Cuno wäre diese Arbeit nie begonnen und schließlich auch nie zu Ende gebracht worden. Doch nicht nur deshalb, sondern auch für den Schubs in die richtige Richtung zu Beginn, die Motivation während und die Kritik zum Ende der Forschungsarbeiten möchte ich mich bei ihm ganz herzlich bedanken. Herrn Prof. Dr.-Ing. Bolli Björnsson sowie meinen Kollegen und Studenten möchte ich für die gute Zusammenarbeit danken; stellvertretend möchte ich davon die Herren Simon Harasty, Simon Flachs, Markus Fischer, Marius Weber, Tarek Aissa, Benjamin Schäfer, Hans Roschkow, Alexander N. Köhler und Markus Kaiser nennen.

Für das Vertrauen und die Unterstützung bei der Durchführung der Experimente in den Anwendungen möchte ich besonders Herrn Dr. Miller und Herrn Rose (Hessische Hausstiftung), Herrn Dr. Jäger, Frau Dr. Sorbello-Staub, Herrn Winterer und Herrn Jestädt (Bibliothek des bischöflichen Priesterseminars) sowie Frau Dr. Riethmüller, Herrn Wess und Herrn Weiß (Hochschul- und Landesbibliothek Fulda) danken. Weiterhin danke ich der Zentral- und Landesbibliothek Berlin, dem Gutenberg-Museum Mainz, dem Landesamt für Denkmalpflege Baden-Württemberg und der Hessischen Hausstiftung sowie

Herrn Eckermann, Herrn Dr. Ziegert und Herrn Dr. Virnich für das Einräumen der Bildrechte in der vorliegenden Arbeit.

Das Erstellen dieser Arbeit war nicht nur für mich, sondern insbesondere für meine Frau Katharina und meine Tochter Johanna eine große Belastung. Neben dem Opfern etlicher gemeinsamer Stunden mussten sie viel Rücksicht, Geduld und Verständnis aufbringen, wenn der Papa öfters erst am späten Abend nach Hause gekommen ist und sich immer wieder an den Schreibtisch verkrochen hat. Glücklicherweise hat mich dann meine Tochter Mathilda im Zeitmanagement des Vorhabens unterstützt, indem sie mich mit ihrer anstehenden Geburt zum Zusammenschreiben motiviert hat. Nicht zuletzt möchte ich daher diesen Dreien von ganzem Herzen danken!

Christian Arnold

Kurzfassung

Eine Aufgabe der präventiven Konservierung ist die Vermeidung von Klimaschäden an Kulturgütern. Hierzu sollten geeignete Klimabereiche eingehalten und Klimaschwankungen möglichst reduziert werden. Neben der bauphysikalischen Anpassung der Gebäudedynamik können Lüftungs- und Klimatisierungsstrategien dazu beitragen, die Anforderungen an das Raumklima bestmöglich zu erfüllen. Allerdings ergibt sich dabei die Problemstellung, dass diese Anforderungen oft nicht exakt definiert werden können. Zielbereiche und Schwankungsbreiten können meist lediglich auf Basis von Expertenwissen festgelegt werden, wobei oftmals Kompromisse geschlossen werden müssen. In der vorliegenden Arbeit wird der Ansatz verfolgt, diese Anforderungen mit Hilfe der Fuzzy-Theorie zu formulieren, geeignete Fuzzy-Methoden zu entwickeln und in Leitkomponenten für Lüftung und Klimatisierung anzuwenden.

Zunächst werden die Grundlagen zur Entscheidungsfindung mittels Fuzzy-Methoden und zur Bauklimatik beschrieben. Im Anschluss wird eine Simulationsumgebung für theoretische Untersuchungen zu den Leitkomponenten beschrieben. Die Realisierbarkeit der Leitkomponenten wird an prototypischen Ent-wicklungen im Rahmen eines webbasierten Leitsystems demonstriert.

Bei der ersten Anwendung handelt es sich um ein Entscheidungshilfesystem zur manuellen Lüftung. Hier werden Vorhersagen zum Raum- und Außenklima durch unscharfe Intervalle berücksichtigt. Mit Hilfe der Fuzzy-Arithmetik werden mögliche, durch zukünftige Lüftungseingriffe bedingte, Klimaschwankungen vorhergesagt, mit unscharfen Anforderungen verglichen und dem Nutzer eine Entscheidungshilfe zur Lüftung ausgegeben. Die zweite Anwendung beschreibt eine Führung von Lüftungsanlagen zur Feuchteregulierung. Dort werden Grenzwerte für eine Lüftungslogik dynamisch nachgeführt, um die (durch die Lüftung hervorgerufenen) Gradienten der relativen Feuchte zu beschränken. Bei der dritten Leitkomponente wird eine Trajektorienplanung von Sollwerten für Heizungsregelkreise auf Basis unscharfer zukünftiger Behaglichkeitsanforderungen und unscharfen Restriktionen bezüglich der Sollwertänderung vorgeschlagen. Als weitere, weniger detailliert betrachtete und lediglich konzeptionell vorgestellte, Leitkomponenten werden die Führung von Feuchteregelkreisen und die Führung von Heizungsregelkreisen ohne Behaglichkeitskriterien beschrieben.

Abstract

One of the demanding tasks in preventive conservation is to avoid climate damages at objects of cultural heritage. Achieving appropriate climate goals and reducing variations of climate values is helping to fulfill this task. The optimal design of building facades but also appropriate strategies for ventilation and air conditioning improve the indoor climate and the fulfillment of indoor climate requirements. Nevertheless, climate requirements are only vague known and not exact definable. Ranges for climate values and their variations can usually just be formulated based on expert knowledge and with the need of compromises. The approaches to formulate climate requirements by fuzzy theory and the use of fuzzy methods in process management systems for ventilation and air conditioning is suggested, analyzed and applied in this work.

Initially, the fundamental basics for decision making by fuzzy methods and for building physics are presented. For theoretical studies a simulation environment will be developed. The options for the realization of the suggested concepts are shown in a prototypical web based process management system.

The first application deals with a decision support system for manual ventilations. Therefore, indoor and local outdoor climate forecast data will be fuzzified and considered as fuzzy intervals. Future climate variations (based on manual ventilations) are estimated by using fuzzy arithmetic and compared to the fuzzy goals of climate variations. The second application presents the management of ventilation systems for humidity control. To avoid high gradients in climate values, the setpoints for a ventilation rule base are adapted dynamically. The third application plans a trajectory of setpoints for heating systems considering future comfort demands and constraints by adjusting the setpoint. Finally, two further concepts for the management of humidity control circuits and temperature control circuits without comfort demands will be presented conceptual and not explained in details.

Inhaltsverzeichnis

Abkürzungs- und Formelverzeichnis

Allgemeine Notationan von Variablen

x^{k+i}	Wert der scharfen Größe x zum Zeitpunkt $k+i$
$\underline{x}^{k+i}$	Parameter der trapezförmigen Zugehörigkeitsfunktion der unscharfen Größe x zum Zeitpunkt $k+i$
$x^{k\rightarrow k+n_P}$	Vektor von Werten von k bis $k+n_P$ im Zeitintervall ΔT
x_W	(Scharfer) Sollwert von x
$\underline{x}_W$	(Unscharfer) Sollwert von x; Fuzzy-Goal
x_X	(Scharfer) Istwert / Zustand von x
$\underline{x}_X$	(Unscharfer) Istwert / Zustand von x; Fuzzy-State
x_M	(Scharfer) Messwert von x
$\hat{x}$	Modellausgang (z. B. für Prognose oder Beobachtung)
$x_{CoG}(\mu(x))$	Masseschwerpunkt der Zugehörigkeitsfunktion $\mu(x)$
$x_{MoM}(\mu(x))$	Mittleres Maximum der Zugehörigkeitsfunktion $\mu(x)$
$x_{SoM}(\mu(x))$	Kleinestes Maximum der Zugehörigkeitsfunktion $\mu(x)$
$x_{LoM}(\mu(x))$	Größtes Maximum der Zugehörigkeitsfunktion $\mu(x)$
$\lVert\underline{x}\rVert$	Vorzeichen von $\underline{x}$
μ_W	Zugehörigkeitsfunktion eines Fuzzy-Goals
μ_X	Zugehörigkeitsfunktion eines Fuzzy-States
μ_D	Zugehörigkeitsfunktion der Entscheidungsmenge
$\tilde{\mu}$	Modifizierte Zugehörigkeitsfunktion
$\neg\mu$	Negierte Zugehörigkeitsfunktion
u	Entscheidung
u^*	Optimale Entscheidung
z	Störgröße
n_m	Anzahl der Regelgrößen bzw. Gütekriterien

n_j	Anzahl der Stellgrößen
n_P	Prädiktionshorizont
ΔT [s]	Zeitintervall für Abtastung, Berechnungen, Prädiktion
α_P, λ_P λ_S	Gewichtung einer Zugehörigkeitsfunktion
ε_H; ε_S	Parameter zur Lockerung von Fuzzy-Goals

Variablen physikalischer Größen

c [J/kg/K]	Spezifische Wärmekapazität
m [kg]	Masse
p [Pa]	Druck
k [W/m²/K]	Wärmeübergangskoeffizient
k_L [(m³·%)/kg]	Linearisierung von Material- und Luftfeuchtegehalt
Δx [m]	Dicke einer Wandschicht
ρ [kg/m³]	Spezifische Dichte
A [m²]	Fläche
$\boldsymbol{A_T}$, $\boldsymbol{B_T}$, $\boldsymbol{C_T}$, $\boldsymbol{D_T}$	Matrizen des Zustandsraummodells für Wärmedurchgang
C [J/K]	Wärmekapazität
K_{sorp} [kg/%]	Verstärkungsfaktor der Feuchtepufferfunktion
$\dot{Q}$ [W]	Wärmestrom
R [W/K]	Wärmewiderstand
R_S [J/mol/K]	Spezifische Gaskonstante
T_0 [°C]	Absoluter Temperaturnullpunkt
U [W/m²/K]	Wärmedurchgangskoeffizient
V [m³]	Volumen
α_A; α_I [W/m²/K]	Wärmeübergangskoeffizient von Luftschichten
Θ [K]; [kg/m³]	Universelle Variable für Wärme oder absolute Feuchte
ϑ [°C]	Temperatur
λ [W/m/K]	Wärmeleitfähigkeit

μ [-]	Zugehörigkeitsgrad
ξ [1/h]	Luftwechselrate
τ [s]	Zeitkonstante
σ [kg/m³]	Absolute Luftfeuchte
φ [%]	Relative Luftfeuchte auch „rH – relative humidity“

Spezifische Variablen zur Leitkomponente von Abschnitt 5.1

$\boldsymbol{a}, \boldsymbol{b}, \boldsymbol{c}$	Parametervektoren für lineare Vorhersagemodelle
$\boldsymbol{A}, \boldsymbol{B}, \boldsymbol{C}$	Parametermatrizen für lineare Vorhersagemodelle
ε_L	Lüftungseffektivität
$\underline{\Delta\Theta_M}; \underline{\Delta\Theta_P}$	Mess- und Prognoseabweichung
$\mu_{DR}; \mu_{DK}; \mu_{DF}; \mu_{DI}$	Lüftungsempfehlungen (real, korrigiert, fuzzy, ideal)

Spezifische Varialen zur Leitkomponente von Abschnitt 5.2

$\vartheta_{R,min}; \vartheta_{R,max}$	Minimale und maximale Raumtemperatur
$\vartheta_{A,min}; \vartheta_{A,max}$	Minimale und maximale Außentemperatur
$\sigma_{R,min}; \sigma_{R,max}$	Minimale und maximale Raumluftfeuchte
$\sigma_{A,min}; \sigma_{A,max}$	Minimale und maximale Außenluftfeuchte
$\underline{\Delta\varphi/\Delta T}_W$	Dynamisches Fuzzy-Goal der Schwankung der Feuchte
φ_M	Messwert der Raumluftfeuchte für die Leitkomponente
$\Delta\varphi_M$	Messungenauigkeit der Raumluftfeuchte
$\underline{\varphi}_{R,X}$	Unscharfer Zustand der relativen Raumluftfeuchte
$\varphi_{W,min}; \varphi_{R,max}$	Scharfe Grenzwertvorgaben für die Basisautomation
$\underline{\varphi}_W$	Stationäres Fuzzy-Goal der relativen Feuchte
$\mu_{TP}; \mu_{FP}$	Einschätzung des Raumklimazustands (entfeuchten, befeuchten)
$\mu_{TX}; \mu_{FX}$	Einschätzung der Lüftungspotenzials (zu trocken, zu feucht)
μ_{LWR}	Binäre Entscheidung über eine Lüftung

μ_{φ} Zugehörigkeitsfunktion von stationärem Fuzzy-Goals

$\mu_{\Delta\varphi}^{k+1}$ Zugehörigkeitsfunktion von dynamischem Fuzzy-Goals

$\overline{\mu}_{\varphi}; \overline{\mu}_{\Delta\varphi}$ Mittlere Erfüllung des stationären und dynamischen Fuzzy-Goals

Spezifische Varialen zur Leitkomponente von Abschnitt 5.3

$n_{P,min}; n_{P,max}$ Minimaler und maximaler Prädiktionshorizont

E^{k+i} Anspruch an die Behaglichkeit

M_{ϑ} Menge der Entscheidungsvariablen

$\underline{\vartheta_W}$ Stationäres Fuzzy-Goal

$\vartheta_{min}^{*}; \vartheta_{max}^{*}$ Minimale und maximale Temperatursollwerte

ϑ_{ref} Rückkopplung des Raumklimas für Regelung

ϑ_{wS}^{*} Optimaler Sollwert aus stationären Fuzzy-Goals

$\Delta\vartheta_{min}; \Delta\vartheta_{max}$ Abweichungen des Raumklimas von ϑ_{ref}

$\Delta\vartheta_D$ Diskretisierungsintervall der Entscheidungsvariable

$\underline{\Delta\vartheta_M}$ Messungenauigkeit der Raumtemperatur

$\underline{\Delta\vartheta_W}$ Dynamisches Fuzzy-Goal

$\underline{\Delta\vartheta_X}$ Unschärfe des Raumlufttemperaturzustandes

Operationen

$\bigcap_{i=1}^{n} \mu_i(x)$ T-Norm auf die Zugehörigkeitsfunktionen $\mu_i(x)$

$\bigwedge_{i=1}^{n} \mu_i(x)$ Minimumoperation auf die Zugehörigkeitsfunktionen $\mu_i(x)$

$\prod_{i=1}^{n} \mu_i(x)$ Algebraisches Produkt auf die Zugehörigkeitsfunktionen $\mu_i(x)$

$\bigcup_{i=1}^{n} \mu_i(x)$ S-Norm auf die Zugehörigkeitsfunktionen $\mu_i(x)$

$\bigvee_{i=1}^{n} \mu_i(x)$	Maximumoperation auf die Zugehörigkeitsfunktionen $\mu_i(x)$
$\coprod_{i=1}^{n} \mu_i(x)$	Algebraische Summe auf die Zugehörigkeitsfunktionen $\mu_i(x)$
$\underline{A} \oplus \underline{B}$	Approximierte Fuzzy-Addition von $\underline{A}$ und $\underline{B}$
$\underline{\mathrm{A}} \ominus \underline{\mathrm{B}}$	Approximierte Fuzzy-Subtraktion von $\underline{A}$ und $\underline{B}$
$\underline{A} \mathbin{\widetilde{\odot}} \underline{B}$	Approximierte Fuzzy-Multiplikation von $\underline{A}$ und $\underline{B}$
$\underline{A} \mathbin{\widetilde{\oslash}} \underline{B}$	Approximierte Fuzzy-Division von $\underline{A}$ und $\underline{B}$
$\underline{A} \odot \underline{B}$	Zwischenoperation für approx. Fuzzy-Multiplikation von $\underline{A}$ und $\underline{B}$
$\underline{A} \oslash \underline{B}$	Zwischenoperation für approx. Fuzzy-Division von $\underline{A}$ und $\underline{B}$
$\zeta(\underline{x}_W, x_M)$	Vergleich von unscharfem Sollwert $\underline{x}_W$ mit scharfem Istwert x_M
$\zeta(\underline{x}_W, \underline{x}_X)$	Vergleich von unscharfem Sollwert $\underline{x}_W$ mit unscharfem Istwert $\underline{x}_X$
$\lvert\{M\}\rvert$	Mächtigkeit einer Menge M (Anzahl der Elemente in M)
$\max(\mu(x))$	Maximaler Wert einer Funktion $\mu(x)$
$\min(\mu(x))$	Minimaler Wert einer Funktion $\mu(x)$
$\max\{M\}$	Größtes Element einer Menge M
$\min\{M\}$	Kleines Element einer Menge M
$\sup\{M\}$	Oberste Schranke einer Menge M
$\inf\{M\}$	Unterste Schranke einer Menge M

Abkürzungen

DBC	Database Connector
DIN	Deutsches Institut für Normung e.V.
FTP	File Transfer Protocol
HMI	Human-Maschine-Interface
HTTP	Hypertext Transfer Protocol
ICOM	International Council of Museums
IPC	Industrie PC
MATLAB	Matrix Laboratory, Entwicklungs- und Simulationsumgebung
MMI	Maschine -Maschine-Interface
MSE	Mean squared error, mittlere quadratischer Fehler
MSR	Messen, Steuern, Regeln
PMV	Predicted Mean Vote, Behaglichkeitsmaß
PPD	Predicted Percentage of Dissatisfied, Behaglichkeitsmaß
RPC	Remote procedure call
SMTP	Simple Mail Transfer Protocol
SOAP	Simple Object Access Protocol
SPS	Speicherprogrammierbare Steuerung
SQL	Structured Query Language
TCP/IP	Transmission Control Protocol / Internet Protocol
TRNSYS	Transient Systems Simulation, Gebäudesimulation
UNESCO	United Nations Educational, Scientific and Cultural Organization
VDI	Verein Deutscher Ingenieure e.V.
WSN	Wireless Sensor Network
WTA	Wissenschaftlich-Technische Arbeitsgemeinschaft für Bauwerkserhaltung und Denkmalpflege e.V.
WUFI	Wärme und Feuchte instationär, Gebäudesimulation
XML	Extensible Markup Language

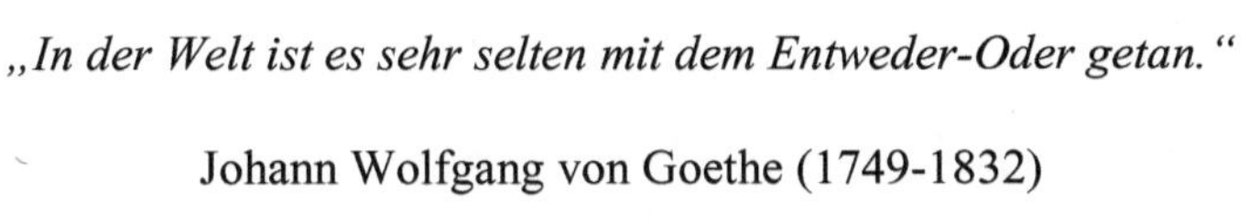

„In der Welt ist es sehr selten mit dem Entweder-Oder getan."

Johann Wolfgang von Goethe (1749-1832)

1 Einleitung und Motivation

Im Sinne des „Übereinkommens zum Schutz des Kultur- und Naturerbes der Welt“ [UNE72] zählt das Kulturerbe zu den unersetzbaren Besitztümern der gesamten Menschheit und ist daher von unschätzbarem Wert. Der Erhalt von Kulturgut wird neben Katastrophen und Vandalismus auch durch die Veränderung des Erhaltungszustandes (physische Beschaffenheit eines Objektes, vgl. [DIN11]) im Laufe der Zeit erschwert. In gewisser Weise ist eine Analogie zur Instandhaltung zu erkennen: wie bei technischen Betriebsmitteln (vgl. [ENG07]) oder Gebäuden (vgl. [RIT11]) wird ein Abnutzungsvorrat reduziert. Abbildung 1-1 zeigt den qualitativen Verlauf des Erhaltungszustandes durch die natürliche zAlterung bei optimalen Lagerbedingungen (schwarze Kurve). Hierbei wird die maximale Lebensdauer ohne direkte Maßnahmen am Objekt zwischen Neuzustand und vollständigem Zerfall festgelegt.

Bei suboptimaler Lagerung verändert sich der Verlauf des Erhaltungszustandes. Analog zur Abnutzung technischer Betriebsmittel muss zwischen spontanen und kontinuierlichen Schädigungen (vgl. [ENG07]) unterschieden werden (Abbildung 1-1). Erstere verringern sprungförmig den Erhaltungszustand und können auf kurzfristige Ereignisse (wie plötzlicher Beanspruchung durch Katastrophen oder Vandalismus) zurückgeführt werden.

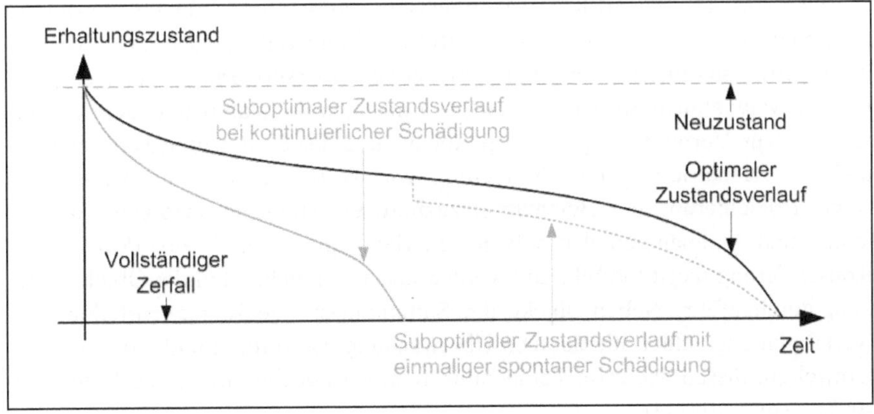

Abbildung 1-1: Qualitativer Verlauf des Erhaltungszustandes bei optimaler und suboptimaler Lagerung.

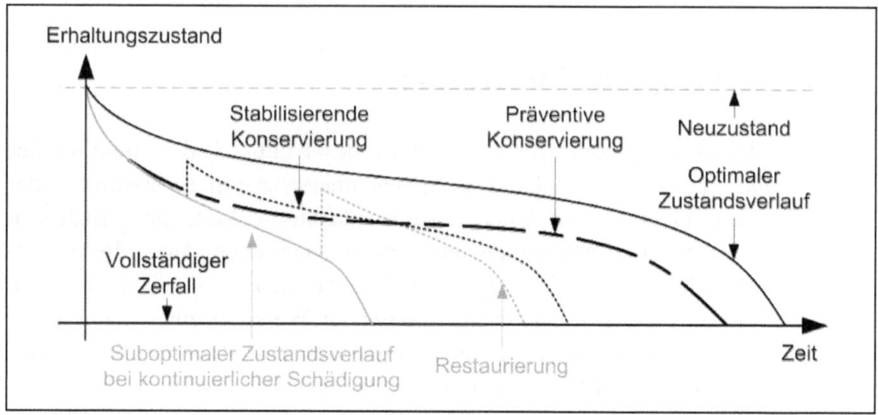

Abbildung 1-2: Qualitativer Verlauf des Erhaltungszustandes bei unterschiedlichen Konservierungsmethoden.

Eine Verkürzung der Lebensdauer ist damit nicht zwingend verbunden. Kontinuierliche Schädigungen wirken hingegen eher längerfristig und stetig, da der Erhaltungszustand aufgrund ständig wirkender Umweltbelastungen schneller abfällt; im Allgemeinen verkürzt sich dadurch auch die Lebensdauer.

Schließlich beginnt bereits mit der Fertigstellung des Kunstwerkes dessen Alterung, welche zwar unaufhaltsam ist, jedoch hinausgezögert werden kann (vgl. [KÜH01]). Die hierfür anzuwendenden Vorkehrungen und Maßnahmen werden unter dem Begriff Konservierung (lat.: „conservare“, erhalten, bewahren) zusammengefasst. Es wird zwischen Restaurierung (lat.: „restaurare“, wiederherstellen), stabilisierender und präventiver Konservierung unterschieden. Direkte Maßnahmen am Objekt sind im Einzelnen der stabilisierenden Konservierung (zur Verhinderung weiteren Abbaus und der Begrenzung von Schäden) und der Restaurierung (zur Steigerung von Wertschätzung und Verständnis sowie Erleichterung der Benutzung) zuzuordnen. Hingegen erfolgen Vorkehrungen und Maßnahmen der präventiven (lat.: „praevenire“, zuvorkommende) Konservierung meist indirekt und werden fast ausschließlich in der Objektumgebung durchgeführt. Neben Objekt- und Sammlungspflege, Risikobeurteilung und Notfallplanung zählen hierzu auch Überwachung, Bewertung und Kontrolle von Umwelteinflüssen wie etwa Temperatur, relativer Feuchte, Licht und Luftschadstoffe. (vgl. [DIN11])

Abbildung 1-2 veranschaulicht den Einfluss unterschiedlicher Konservierungsmethoden auf den Erhaltungszustand. Durch direkte Maßnahmen soll die Lebensdauer erhöht werden. Die Restaurierung zielt zudem auf die Wiederherstellung eines früheren Zustandes ab. Bei der präventiven Konservierung wird nicht versucht den Einfluss der Umwelt auf das Objekt, sondern vielmehr die Umwelt den Erfordernissen des Objektes anzupassen. Hierzu gehört auch die Raumluftkonditionierung, um kontinuierliche (z. B. durch schädigende Klimabereiche, siehe Abschnitt 1.1.1) und spontane Beschädigungen (z. B. durch Klimaschwankungen, siehe Abschnitt 1.1.2) zu vermeiden. Es ist zu erwähnen, dass Kulturgüter auch durch Vernachlässigung, unsachgemäße oder mehrfach stabilisierende Konservierungs- und Restaurierungsarbeiten beschädigt werden können, so dass diese möglichst vermieden werden sollten. Vielmehr sollte der gealterte Zustand mit Methoden der präventiven Konservierung sichergestellt werden (vgl. [KÜH01]).

Während früher der Genuss von Kunst das Privileg eines kleinen Personenkreises war, müssen kulturelle Einrichtungen und Exponate heute wachsende Besuchermassen, deren Ansprüche und die damit verbundenen klimatischen Belastungen ertragen (vgl. [HUB03], [BER05]). Exemplarisch zeigt [ULM11], dass in Deutschland deutlich mehr Personen Museen und Ausstellungen (ca. 113 Mio./a) als Zoos (ca. 60 Mio./a), Theater und Konzerte (ca. 31 Mio./a), Freizeitparks (ca. 25 Mio./a) oder Fußballspiele der 1. Herren-Bundesliga (ca. 13 Mio./a) besuchen. In Sonderausstellungen oder großen Museen präsentierte Kulturgüter befinden sich meist in der Obhut von Expertenteams und werden folglich entsprechend sorgfältig behandelt (vgl. [HUB03]). Allerdings lagert der Großteil des materiellen Kulturerbes in Institutionen mit meist deutlich weniger Fachpersonal und finanziellen Mitteln, wie kleineren Museen, Schlössern, Burgen, Archiven oder Kirchen (vgl. [HUB03]). Klimaschäden können zudem nicht nur an der Ausstellung (mobiles Kulturgut), sondern auch am Gebäude selbst (ortsfestes Kulturgut) auftreten; Ursachen zeigt hierzu [GAR12]. Meist ist in historischen Gebäuden die Installation technischer Anlagen problematisch (siehe auch Abschnitt 3.1.1). Umso wichtiger ist es daher, angepasste Klimakonzepte für die präventive Konservierung zu entwickeln.

1.1 Klimaanforderungen in der präventiven Konservierung

Gemäß obiger Begriffsdefinition ist die Optimierung raumklimatischer Verhältnisse als Teilaufgabe der präventiven Konservierung zu verstehen, wobei es sich um eine interdisziplinär zu lösende Problemstellung handelt. Die Erarbeitung von Klimakonzepten erfordert die Zusammenarbeit von Fachleuten unterschiedlicher Disziplinen (z. B. aus Denkmalpflege, Restaurierung, Bauphysik, Bauchemie, Biologie), den Besitzern (bzw. Stiftungen, Museen, Ausstellern) und

Ingenieuren. Nach [HEY08] gibt es keinen einzelnen Beruf, welcher alle relevanten Aspekte gleichzeitig berücksichtigten kann.

Klimaanforderungen sind meist nur vage bekannt. Dies bestätigen bereits Untersuchungen zum optimalen Raumklima für den Menschen: Ansprüche hinsichtlich Wohlbefinden (thermische Behaglichkeit) und Gesundheit können nicht durch exakte Beschreibungen formuliert werden; vielmehr sind ungenaue Vorgaben gebräuchlich (Abbildung 1-3). Zwar existiert eine Norm zur analytischen Bestimmung thermischer Behaglichkeit (siehe [DIN7730]), allerdings handelt werden in dieser ebenfalls nur grobe Beurteilungsmaße aus statistischen Untersuchungen ermittelt: der PMV-Index („predicted mean vote") prognostiziert die durchschnittliche Beurteilung einer bestimmten Klimasituation durch eine große Personengruppe und der PPD-Wert („predicted percentage of dissatisfied") berechnet daraus den prozentualen Anteil unzufriedener Personen.

In der Fachliteratur existieren weitere Darstellungen zur Beschreibung von Klimaanforderungen in Form klassifizierender Grenzen oder mehrstufiger Bewertungen. Beispielsweise beschreibt [SUT04] damit bevorzugte Lebensbedingungen von Holzschädlingen (Pilze und Insekten). Wie dem folgenden Abschnitt entnommen werden kann, gilt dies auch für die Klimabedingungen zum Erhalt von Kulturgütern. Folglich liegt der Gedanke nahe, eine Beschreibungsmethode anzuwenden, welche die Ungenauigkeit der Anforderungen berücksichtigt und deren mathematische Behandlung ermöglicht.

1.1.1 Zielbereiche

Klimaschäden an Kulturgütern können durch biologische, chemische oder mechanische Ursachen hervorgerufen werden. Biologisch und chemisch bedingte Schäden sind meist auf ungeeignete Klimabereiche zurückzuführen. Mechanische Schäden können zudem auch aufgrund von Klimaschwankungen resultieren. Schadstoffe in der Luft sollten lediglich so gering wie möglich gehalten werden (vgl. [KÜH01], [ASH07]). Hingegen sind thermische Klimagrößen (siehe Kapitel 3) nicht einfach auf ein Minimum zu reduzieren, sondern es existieren obere und untere Grenzen (siehe auch Abbildung 1-3). Diese sind jedoch meist weder scharf noch exakt bekannt, da sie von Material und zahlreichen Rahmenbedingungen (wie dem Objektzustand oder dem Materialverbund) abhängig sind. Die Lufttemperatur sollte möglichst gering sein, da bei höherer Temperatur chemische und biologische Zerfallsprozesse schneller ablaufen (vgl. [KÜH01]).

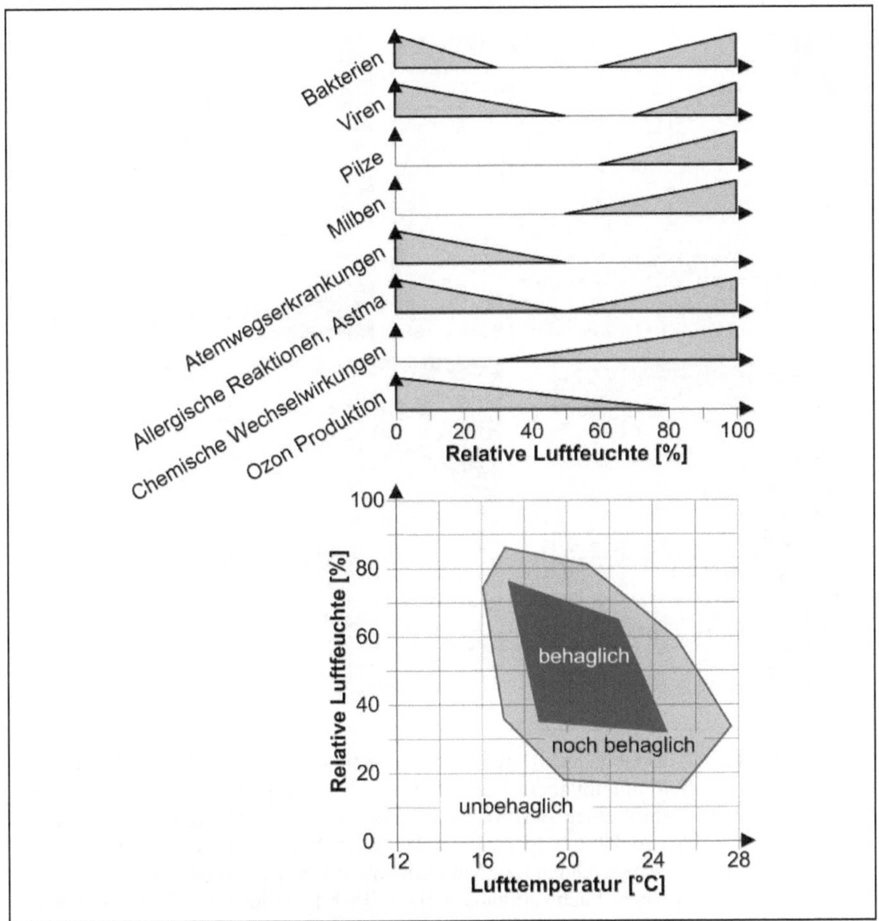

Abbildung 1-3: Zielbereiche der Behaglichkeit (links, in Anlehnung an [LEU51]) und Gefahrenbereiche hinsichtlich gesundheitlicher Aspekte (rechts, in Anlehnung an [SIM01]).

Dies veranschaulicht [HUB03] anhand eines Beispiels: die Lebensdauer eines chemisch wenig stabilen Objektes kann durch Absenkung der Temperatur um 5K etwa verdoppelt werden. Untere Temperaturgrenzen sind schwer definierbar; häufig wird gefordert Frost zu vermeiden. Jedoch gibt es Ausnahmen: z. B. kann oberhalb bestimmter Temperaturen der Zinnpest und dem Insektenbefall vorgebeugt werden (vgl. [HUB03]). Anforderungen an die relative Luftfeuchte sind deutlich schwieriger zu definieren.

Abbildung 1-4: Klimaschäden durch falsche Klimabereiche. Oben: Bücher mit Schimmelpilzbefall (siehe [GER11], Bildquellen: Zentral- und Landesbibliothek Berlin). Unten links: spröde und brüchiges Leder durch zu trockene Lagerung (siehe [LAN05], Bildquelle: Annette Lang-Edwards, Gutenberg-Museum Mainz). Untern rechts: Hausschwamm in einem Fachwerkhaus (siehe [VIR09], Bildquelle: M. H. Virnich).

Beispielsweise kann zu trockene Luft zur Versprödung, zum Schrumpfen und zum Austrocknen führen. Zu feuchte Luft fördert hingegen Oxidationen, Schimmel- und Mikroorganismenbefall (Beispiele in Abbildung 1-4). Klimaschäden, welche durch falsche Klimabereiche entstehen, sind daher meist der kontinuierlichen Schädigung zuzuordnen.

Abbildung 1-5 zeigt materialspezifische Anforderungen an die relative Luftfeuchte und mögliche Gefahren bei verschiedenen Klimakonstellationen. Da ein Objekt oft aus mehreren Materialien besteht und zudem meist mehrere Objekte gemeinsam in einem Raum lagern, erfordert die Festlegung des Zielklimas die Kenntnis aller Anforderungen und das Bilden von Kompromissen (vgl.

[BUR00], [HUB03]). Dies gilt besonders, wenn auch der Erhalt einer denkmalwerten Gebäudehülle, Nutzeranforderungen und Kosten für die Raumluftkonditionierung berücksichtigen werden müssen. **Es kann festgehalten werden, dass Anforderungen an den Zielbereich von Klimagrößen in der präventiven Konservierung meist nur ungenau beschrieben bzw. nur vage definiert werden können.**

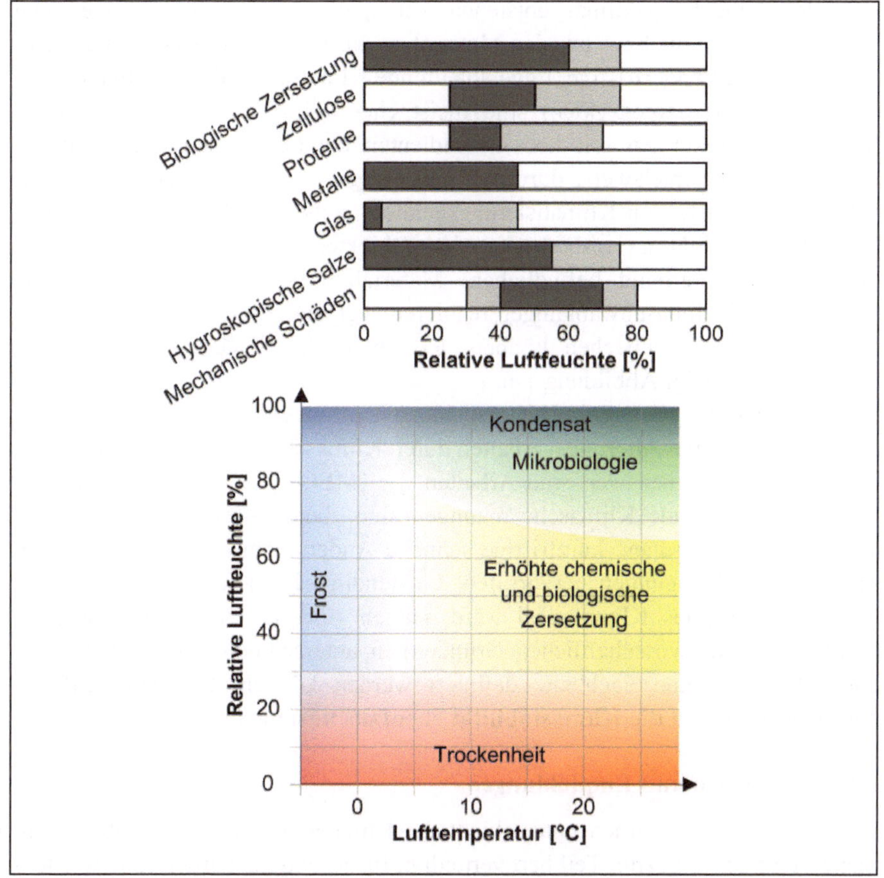

Abbildung 1-5: Anforderungen an die relative Feuchte (links): ideale (schwarz), zulässige (grau) und ungeeignete (weiß) Lagerungsbedingungen, (in Anlehnung an [ERH94], [WAL03]); Gefahren bei ungünstigen Klimakonstellationen von Temperatur und relativer Feuchte (rechts, in Anlehnung an [BUR00], [KIL05], [CUN11]).

1.1.2 Klimastabilität

Neben dem Klimazielbereich ist zur Vermeidung von Klimaschäden besonders die Klimastabilität von Interesse. Hierbei handelt es sich nicht um die systemtechnische Stabilität im regelungstheoretischen Sinne, sondern vielmehr um die Forderung nach einem möglichst konstanten Klima. Der Klimazustand eines Materials hat sich im stationären Fall an seine Umgebung akklimatisiert. Ändert sich das Umgebungsklima, entstehen verzögert abklingende Wärme- und Feuchteströme in die bzw. aus den Materialien, bis sich ein neues Gleichgewicht eingestellt hat. Längerfristige, träge ablaufende Klimaschwankungen mit kleinen Gradienten (wie Jahreszyklen) sind meist eher unkritisch. Hingegen können Kurzfristschwankungen mit hohen Gradienten deutlich schädigender wirken. Diese können beispielsweise durch Lüftungsvorgänge (siehe Abschnitte 5.1 und 5.2) oder Eingriffe von Klimatisierungsgeräten (siehe Abschnitt 5.3) entstehen. Die Klimastabilität ist insbesondere bei Objekten zu beachten, welche aus mehreren (im Verbund befindlichen) Materialien bestehen, da diese unterschiedlich auf Klimaschwankungen reagieren (vgl. [HUB03]) und somit zusätzliche Belastungen entstehen können. Exemplarische Schäden durch Klimaschwankungen zeigt Abbildung 1-6.

Bislang wurden nur wenige Untersuchungen zur mechanischen Belastung und dem beschleunigten Alterungsverhalten durch Klimaschwankungen durchgeführt und publiziert, nennenswert sind Arbeiten wie [MEC06] oder [BRA07]. Regelmäßig vorkommende Klimaschwankungen sind ebenfalls der kontinuierlichen Schädigung zuzuordnen, kurzfristige schnelle Änderungen können zudem auch spontane Beschädigungen hervorrufen. Letztendlich kann festgehalten werden, dass ein konstantes Klima ideal wäre, jedoch zulässige Schwankungsbreiten (vorwiegend aus wirtschaftlichen Gründen) in unterschiedlichen Zeitbereichen durch Experten und Fachleute definiert werden können. **Folglich sind die Anforderungen an die Klimastabilität ebenfalls unscharf.**

1.1.3 Normen und Empfehlungen

Im Laufe der Zeit wurden unterschiedliche Klimaempfehlungen gegeben, zum Standard erklärt und zum Teil hart verteidigt. Insbesondere wurden (und werden) die als „ICOM-Standardrichtwerte“ bekannten Empfehlungen von 20°C und 50% relativer Luftfeuchte angestrebt (vgl. [KIL05]). Der Vollständigkeit halber sei erwähnt, dass diese Werte nicht von der ICOM („International Council of Museums“) vorgegeben wurden, sondern eher der statistischen Auswertung einer Umfrage [PLE60] zu Grunde liegen (vgl. [BUR00]). In [ERH07] wird gezeigt, dass sich die zum Teil vehement vorgetragenen Standards über Jahre hinweg meist an Kosten und Performance von Klimaanlagen und nicht an wissenschaftlichen Erkenntnissen zu Anforderungen des Kulturguts orientierten. Aktuellere Empfehlungen (wie etwa [ERH94], [BUR00], [KÜH01], [ASH07]) richten sich dagegen mehr an Material und Zustand des Objektes.

Abbildung 1-6: Klimaschäden durch Klimaschwankungen. Oben: alterungsbedingtes Krakelee an einem Gemälde (Fotografie des Gemäldes „Mona Lisa" von Leonardo da Vinci; Bildquelle: D. Coetzee). Unten links: Fassungsschäden an Skulpturen durch ständigen Luftfeuchtewechsel aufgrund ungesteuert Beheizung (siehe [REI05], Bildquelle: J. Ansel, Landesamt für Denkmalpflege Baden-Württemberg).Unten rechts: Holzrisse infolge rascher Aufheizung (siehe [REI05], Bildquelle: H. F. Reichwald, Landesamt für Denkmalpflege Baden-Württemberg).

Zudem werden zusätzlich zulässige Gradienten der Klimaschwankungen angegeben; wie z. B. die Differenz zwischen dem maximalen und dem minimalen Tageswert eine Klimagröße. In [ASH07] wird bereits zwischen saisonalen und kurzfristigen Schwankungsbreiten unterschieden.

Inzwischen existieren Normen und Merkblätter, wie etwa zur allgemeinen Begriffsdefinition in der „Erhaltung des kulturellen Erbes" (vgl. [DIN11]), zu „Klima und Klimastabilität in historischen Gebäuden" (vgl. [WTA6-12]) oder der „technischen Gebäudeausrüstung in Baudenkmalen und denkmalwerten Gebäuden" (vgl. [VDI3817]). Materialspezifische Zielbereiche können zudem der „Anforderung an die Aufbewahrung von Archiv- und Bibliotheksgut" (vgl. [DIN11799]) entnommen werden. Insbesondere ist jedoch die Norm zur Festlegung von Temperatur und relativer Luftfeuchte zur Begrenzung klimabedingter mechanischer Beschädigungen zu erwähnen (vgl. [DIN15757]). Hier wird das „historisch gewachsene" Klima analysiert und eine Methode zur Festlegung zulässiger Klimaschwankungen im Jahreszyklus und im Kurzfristbereich beschrieben. Es wird davon ausgegangen, dass eine Messreihe zum Innenklima im Messintervall ΔT vorliegt. Als Jahreszyklus x_J einer Größe x (Temperatur ϑ oder relative Feuchte φ) wird der gleitende Mittelwert mit einer Filtertiefe von 15 Tagen ($n = 15\mathrm{d}/\Delta T$) betrachtet, wobei k der aktuell betrachtete Zeitpunkt ist:

$$x_J^k = \frac{1}{2 \cdot n + 1} \cdot \sum_{i=-n}^{n} x^{k+i} \qquad 1.1$$

Kurzfristschwankungen x_S werden als Abweichungen von x_J definiert:

$$x_S^k = x_J^k - x^k \qquad 1.2$$

Zur Definition zulässiger Kurzfristschwankungen werden definierte Quantil-Werte von x_S ermittelt (siehe Abschnitt 2.2.2.3), auf bestimmte Kriterien überprüft und daraus entsprechende Beurteilungen und Forderungen abgeleitet. Eine exemplarische Analyse von Messungen aus einem Schloss, welches in Abschnitt 5.1 noch weiter betrachtet wird, zeigt Abbildung 1-7. In wie weit das historisch gewachsene Klima jedoch in Zukunft fortgesetzt, Kurzfristschwankungen minimiert oder der Jahreszyklus gedämpft werden sollte, erfordert nach wie vor die Beurteilungen durch einen Experten.

Obige Ausführungen lassen erkennen, dass zur Festlegung der Klimaanforderungen mehrere Kompromisse geschlossen werden müssen. Stationäre konservatorische, personenspezifische und ökonomische Anforderungen können voneinander abweichen, insbesondere sind diese Anforderungen oft zeitvariant.

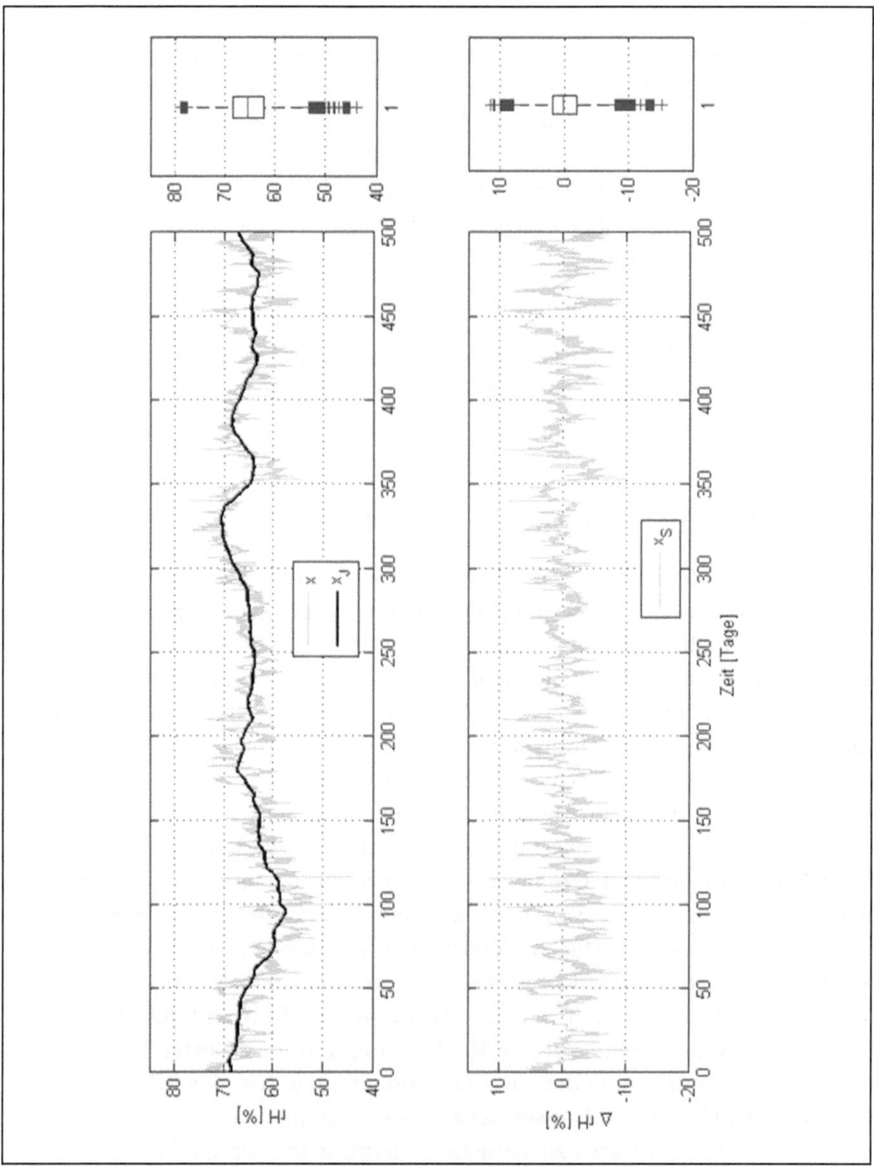

Abbildung 1-7: Analyse von Klimadaten x auf Jahreszyklus x_J (oben) und Kurzfristschwankungen x_S (unten) in Anlehnung an [DIN15757]. Zeitverläufe (links) und statistische Auswertungen (rechts) durch Boxplots.

Beispielsweise ändert sich das ökonomischer Sicht optimale Klima mit der Veränderung der Raumlasten und dem Außenklima, oder manche Ansprüche werden über die Zeit unterschiedlich gewichtet (wie etwa personenspezifische Aspekte, siehe auch Abschnitt 5.3). Folglich ergeben sich stationäre optimale Klimaanforderungen, wobei jedoch die dynamischen Anforderungen zu berücksichtigen sind, was eine erneute Kompromissbildung erfordert. Um Klimaschäden zu vermeiden bzw. diesen vorzubeugen, wären daher Systeme und Methoden wünschenswert, welche bei folgenden Aufgaben unterstützen:

- Kompromissbildung unterschiedlich stationärer Anforderungen,
- Kompromissbildung zwischen stationären Anforderungen (Zielbereichen) und dynamischen Restriktionen (Klimastabilität) sowie
- Vermeidung von Klimaschwankungen mit hohem Gradienten.

1.2 Zielsetzung und Aufbau der Arbeit

Das Klimamanagement in der präventiven Konservierung ist deutlich komplexer als in konventionellen Anwendungen. Optimierungen von Lüftungsstrategien sowie die Vorgabe von Sollwerten (bzw. Grenzwerten) an die Klimatisierungstechnik müssen unter Berücksichtigung aller relevanter Anforderungen erfolgen. Im weiteren Verlauf der Arbeit wird zudem gezeigt, dass die Entscheidungsvariablen selbst unscharf sein können: z. B. können optimale Lüftungszeitfenster nicht sekundengenau berechnet oder Sollwerte im ganzen Raum einheitlich eingeregelt werden. Für den Menschen werden derartige Entscheidungsprozesse leicht unüberschaubar. Er muss über das erforderliche Expertenwissen (z. B. zu Klimaanforderungen und Bauphysik) und über die Kompetenzen zur vorrausschauenden Abschätzung von Folgen, deren Bewertung und letztendlich zur Entscheidungsfindung verfügen. Algorithmen und Methoden der Informations- und Kommunikationstechnik erlauben die Automatisierung derartiger Aufgaben.

Zielsetzung der Arbeit ist die Konzeption, Entwicklung, simulative Untersuchung und prototypische Realisierung automatisierter Bewertungs- und Entscheidungsmethoden in Leitkomponenten für das Klimamanagement in der präventiven Konservierung. Diese Leitkomponenten sind nicht als Ersatz des Expertenwissens zu verstehen; vielmehr müssen die hierbei verwendeten Methoden in der Lage sein, die Unschärfe von Anforderungen und Entscheidungen zu berücksichtigen und zu verarbeiten (Abbildung 1-8).

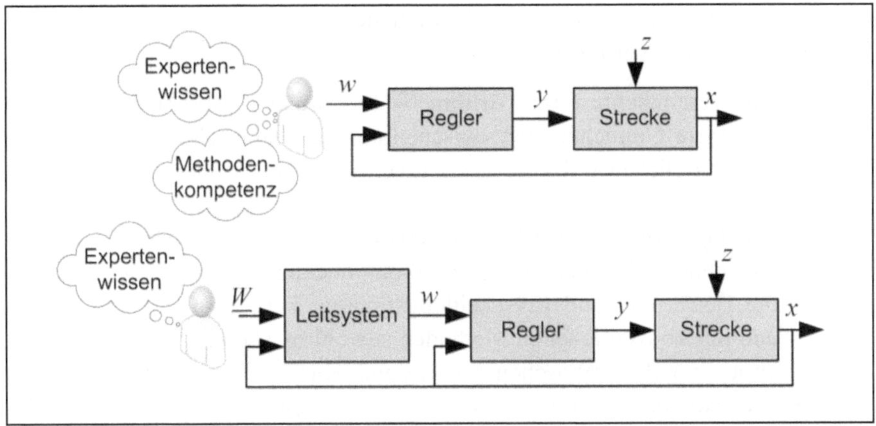

Abbildung 1-8: Konventionelle Vorgehensweise (oben) und angestrebte Vorgehensweise (unten).

Die unscharfe Optimierung in der Raumluftkonditionierung konventioneller Anwendungen wurde von [BER00] ausführlich untersucht. Die vorliegende Arbeit befasst sich hingegen mit der Entwicklung spezieller Leitkomponenten für die präventive Konservierung unter Anwendung der Fuzzy-Theorie und unterscheidet sich signifikant hinsichtlich Anwendungsgebiet, Methodik und Zielsetzung von [BER00]. Hierzu sind eine interdisziplinäre Vorgehensweise und die ganzheitliche Betrachtung der speziellen Anforderungen, bauklimatischer Prozesse, Bewertungs- und Entscheidungsmethoden, Simulationen sowie Automatisierungs- und Informationstechnik erforderlich. Es ist daher notwendig, grundlegende Zusammenhänge jeder Wissenschaftsdisziplin, soweit zum Verständnis der Arbeit erforderlich, zu erläutern. Um das oben beschriebene Ziel zu erreichen, müssen folgende Teilaufgaben bearbeitet werden:

- Schilderung spezifischer Problemstellungen
  Die grundsätzliche Problematik zur Raumluftkonditionierung in der präventiven Konservierung wurde bereits im vorhergehenden Abschnitt ausreichend erläutert. Individuelle Problemstellungen und die Darstellung zum Stand von Wissen und Technik werden in der Motivation zur Entwicklung der jeweiligen Leitkomponente beschrieben (Kapitel 5).

- Beschreibung theoretischer Grundlagen
  Die notwendigen Grundlagen zu den Fuzzy-Methoden werden in Kapitel 2 zusammengetragen, entsprechend werden die Grundlagen zur Bauklimatik

in Kapitel 3 beschrieben. Hinsichtlich des in dieser Arbeit vorgestellten Neuheitsgrades wird insbesondere

- eine vereinfachte Fuzzy-Arithmetik beschrieben (Abschnitt 2.1.3), um unscharfe Umrechnungen zwischen absoluter und relativer Luftfeuchte zu ermöglichen (Abschnitt 3.3.1.3), welche in Abschnitt 5.1 benötigt werden;
- eine Operation für den Soll-Istwert-Vergleich bei Unschärfe vorgestellt (Abschnitt 2.2.3) und in allen Leitkomponenten (Kapitel 5) angewandt;
- die Bewertung und Entscheidungsfindung bei Unschärfe beschrieben und mit konventionellen Methoden sowohl in Theorie (Abschnitt 2.3.5) als auch in der praktischen Anwendung (Kapitel 5) verglichen;
- eine Methode zur Lösung von Entscheidungsproblemen mit gegensätzlichen Anforderungen vorgeschlagen (Abschnitt 2.3.4), welche in zwei Leitkomponenten (Abschnitte 5.2 und 5.3) angewandt wird und
- eine Methode zur Nachbildung der Feuchtepufferwirkung von Räumen vorgestellt (Abschnitt 3.3.3.2), welche in der zu entwickelnden Simulationsumgebung (Abschnitt 4.1) implementiert wird.

- Aufbau einer Versuchsumgebung
  Für theoretische Untersuchungen wurde eine Simulationsumgebung entwickelt, welche in Abschnitt 4.1 beschrieben wird. Zur Demonstration der praktischen Realisierbarkeit und des experimentellen Betriebes wurde ein webbasiertes Leitsystem konzipiert und entwickelt, welches in Abschnitt 4.2 vorgestellt wird.
- Entwicklung fuzzybasierter Leitkomponenten
  In Kapitel 5 werden für ausgewählte Problemstellungen der präventiven Konservierung fuzzybasierte Leitkomponenten vorgestellt. Drei von fünf dieser Konzepte werden detaillierter untersucht und deren praktische Realisierung vorgestellt. Die beiden anderen Konzepte werden in Abschnitt 5.4 kurz präsentiert.

Die Ergebnisse der Arbeit werden in Kapitel 6 zusammengefasst, Schlussfolgerungen abgeleitet und ein Ausblick auf Folgearbeiten gegeben.

2 Entscheidungsfindung mittels Fuzzy-Methoden

Die Automatisierungstechnik übernimmt Aufgaben der Diagnose, Überwachung, Steuerung und Regelung technischer Prozesse sowie der Vorhersage und Planung. In der rechnergestützten Automatisierungstechnik werden hierzu Algorithmen auf Digitalrechnern realisiert. Letztendlich liegt diesen Aufgaben eine automatisierte Entscheidungsfindung zu Grunde. Beispielsweise ist zu bestimmen, wie ein Aktor in einem technischen Prozess zu verstellen ist, oder zu beurteilen, ob ein Fehler vorliegt. „Entscheiden“ bedeutet letztendlich eine möglichst optimale Lösung für eine Frage- oder Problemstellung zu ermitteln. Bei Planungsaufgaben müssen zunächst die Folgen der zur Verfügung stehenden Lösungsmöglichkeiten jeweils abgeschätzt und bewertet werden. Schließlich wird im Entscheidungsprozess die Lösung als optimal selektiert, welche auf Basis definierter Kriterien als beste bewertet wurde. Zur Entscheidungsfindung werden meist klassische mathematische Methoden angewandt, welche jedoch nicht immer zielführend sind, da Informationen häufig unsicher, ungenau oder subjektiv sind und das zum Teil nichtlineare Systemverhalten nicht exakt mathematisch modelliert werden kann (vgl. [KOC96]).

Das menschliche Gehirn ist häufig in der Lage, selbst komplexe Aufgaben mühelos zu lösen und über eine angemessene Handlung zur Kontrolle eines Prozesses zu entscheiden, während Methoden der konventionellen Automatisierungstechnik versagen (vgl. [CUN98]). Es liegt daher der Gedanken nahe, rechnergestützte Lösungsstrategien an den Entscheidungsprozess des Menschen anzulehnen. Zahlreiche von Ingenieuren geschaffene Innovationen des letzten Jahrhunderts sind Entwicklungen, welche sich an Vorbildern aus der Natur orientieren. Dieses Forschungs- und Entwicklungsgebiet ist in der Fachliteratur unter dem Begriff „Bionik“ zusammengefasst (Einführung beispielsweise in [NAC02]). Vor allem ist dieser Trend in Formgestaltung und Design (Maschinenbau- und Bauingenieurwesen), Material- und Strukturentwicklungen sowie der Robotik und der Gerätekonstruktion zu erkennen. Allerdings sind derartige Entwicklungen auch im Bereich der rechnergestützten Informationsverarbeitung vorhanden, wie etwa die Schwarm-Intelligenz oder künstliche Immunsysteme (siehe [KRA09]).

In manchen Anwendungsfeldern können Systeme, Anforderungen und/oder Zustände lediglich linguistisch beschrieben werden. Linguistische Terme sind mit sprachlicher Vagheit und einer offensichtlichen Unsicherheit behaftet, was die Motivation zur Entwicklung einer unscharfen Mathematik und somit zur Fuzzy-Theorie war. Diese stellt neben den künstlich neuronalen Netzen und evolutionären Algorithmen ein Fachgebiet der „Computational Intelligence“ (einführende Übersicht in [ADA05], [KRA09] und [KRU11]) dar, welche wiederum ein Teilgebiet der „Artificial Intelligence“ (der Künstlichen Intelligenz) ist.

Zur Nachbildung der auf Aussagenlogik basierenden Entscheidungsfindung durch den Menschen werden in klassischen informationsverarbeitenden Systemen die Algebra und die Operationen der klassischen Logik angewandt. Diese verwenden allerdings lediglich zweiwertige Zustände, was eine grobe Vereinfachung der menschlichen Wissensverarbeitung darstellt (vgl. [CUN98]). Dennoch hat deren Anwendung in vielen Einsatzgebieten der Automatisierungstechnik aufgrund der einfachen Realisierbarkeit ihre Berechtigung, sofern dies bei dem jeweiligen System zur hinreichenden Erfüllung des geforderten Verhaltens führt. Die Grundidee einer mehrwertigen (zunächst dreiwertigen) Logik lieferte Lukasiewicz 1920 (vgl. [KRA09]). Nachdem hierzu weitere formale Ansätze von verschiedenen Stellen vorgeschlagen wurden, präsentierte letztendlich Zadeh 1965 den verallgemeinerten Ansatz einer unendlich wertigen Logik unter der Bezeichnung „Fuzzy-Theorie“ (vgl. [ZAD65]). Gegenstände, Zustände oder Ereignisse werden hierbei analog zum menschlichen Denken mit einem gewissen Grad, dem Zugehörigkeitsgrad, zu einer eindeutig definierten Klasse oder einem Oberbegriff der physischen Welt zugeordnet [WEB05]. Durch das Verknüpfen einzelner Zugehörigkeiten linguistischer Terme in einem Regelwerk wird die Nachbildung von Schlussfolgerungen ermöglicht, womit der Grundstein für eine Modellierung menschlicher Entscheidungsfindungen gelegt wird.

Nachdem zunächst erste theoretische Erörterungen zur Fuzzy-Theorie veröffentlicht wurden, folgten um 1990 konkrete Anwendungen. Insbesondere waren die Konzepte unscharfer Regelungen von Interesse, welche im Allgemeinen als „Fuzzy-Control“ (siehe [KIE02] oder [KOC96]) bekannt sind. In der Automatisierungstechnik wird die Fuzzy-Theorie als ein moderner Zweig der Regelungstechnik betrachtet: [KIE02] bezeichnet Fuzzy-Control (also die „unscharfe“ Regelung) als eine Querschnittswissenschaft, [DIT04] ordnet Fuzzy-Logik und Fuzzy-Control den Methoden der gehobenen Regelungstechnik (engl.: „advanced control“) zu. Gefolgt vom Einsatz in ersten Produkten um 1980 in Japan schwand die europäische Skepsis und löste um 1990 einen Fuzzy-Boom aus, welcher versprach, die Methoden der klassischen Regelungstechnik durch Fuzzy-Control zu ersetzten. Diese Euphorie flachte jedoch schnell wieder ab, allerdings konnte die Fuzzy-Theorie in etlichen Einsatzgebieten erfolgreich angewandt werden. Einen Überblick liefert [PFE02]; zudem sind Begriffe und Methoden zur Programmierung definiert (siehe [VDI3550], [DIN61131-7]).

Im Gegensatz zu klassischen Methoden des Fuzzy-Control wird die Fuzzy-Theorie in dieser Arbeit als Bewertungsmaß für ein- und mehrstufige Entscheidungsprobleme eingesetzt. Diese Methoden sind in der Fachliteratur unter den Begriffen „Fuzzy-Decision-Making" (vgl. [BEL70], [SOU03]) und „Multistage-Fuzzy-Control" (vgl. [KAC97]) bekannt. Im Folgenden werden zunächst ausgewählte Grundlagen der Fuzzy-Theorie erläutert und anschließend wird die Bewertung und Entscheidungsfindung bei Unschärfe beschrieben. Für die praktische Anwendung in den Leitkomponenten (Kapitel 5) steht insbesondere die Verwendung trapezförmiger Zugehörigkeitsfunktionen im Vordergrund, so dass im Folgenden hauptsächlich Grundlagen, Operationen und Methoden beschrieben werden, welche sich für diese Zugehörigkeitsfunktionen eignen. Aus Tabelle 5-1 kann zudem entnommen werden, in welcher Leitkomponente die im Folgenden vorgestellten Methoden jeweils eingesetzt werden.

2.1 Ausgewählte Grundlagen der Fuzzy-Theorie

In diesem Abschnitt werden ausgewählte Grundlagen zur Theorie unscharfer Mengen sowie logische und arithmetische Operationen mit unscharfen Mengen beschrieben. Es werden jedoch nur die für das weitere Verständnis erforderlichen Grundlagen geschildert, für weiterführende Informationen zur Fuzzy-Theorie wird auf die Fachliteratur wie etwa [BIE97], [KRU11] und [KIE02] verwiesen.

2.1.1 Unscharfe Mengen und Zugehörigkeitsfunktionen

Während ein Element x in der klassischen Mengenlehre zu einer Menge entweder vollkommen zuzuordnen (also $\mu(x) = 1$) oder von einer Menge vollkommen auszuschließen ist (also $\mu(x) = 0$), kann es einer unscharfen Fuzzy-Menge M zu einem bestimmten Grad μ zwischen 0 und 1 zugeordnet werden (Abbildung 2-1). (vgl. [AME11])

$$0 \leq \mu(x) \leq 1 \qquad 2.1$$

Wird jedem Element x der betrachteten Grundmenge G ein solcher Zugehörigkeitsgrad zugewiesen, entsteht eine sogenannte Zugehörigkeitsfunktion. Diese repräsentiert meist einen sprachlichen Ausdruck, so dass hierfür häufig auch der

Begriff „linguistischer Wert“ verwendet wird. Die Zugehörigkeitsfunktion definiert somit die Menge von Wertepaaren einer Fuzzy-Menge: (vgl. [KIE02])

$$M = \{(x, \mu(x)) | x \in G\} \tag{2.2}$$

Sofern der Grundmenge nur die Zugehörigkeitsgrade 0 und 1 zugewiesen werden, geht die Fuzzy-Menge wieder in eine klassische Menge über. Folglich stellt die Fuzzy-Mengentheorie eine Verallgemeinerung der klassischen Mengenlehre dar.

2.1.1.1 Eigenschaften und Merkmale von Zugehörigkeitsfunktionen

Als Zugehörigkeitsfunktionen werden meist normalisierte und konvexe Funktionen verwendet. Eine Zugehörigkeitsfunktion ist normalisiert, wenn der maximale Zugehörigkeitsgrad mindestens eines Elementes gleich eins ist: (vgl. [AME11])

$$\max(\mu(x)) = 1 \tag{2.3}$$

Eine Zugehörigkeitsfunktion ist konvex, wenn sie zunächst monoton bis zu ihrem maximalen Zugehörigkeitsgrad steigt und anschließend wiederum monoton fällt (vgl. [AME11]):

$$\mu(b) \geq \min\{\mu(a), \mu(c)\} \qquad \text{mit} \qquad a < b < c \tag{2.4}$$

Einer unscharfen Menge M können wiederum scharfe Mengen zugeordnet werden, indem die einzelnen Elemente auf eine bestimmte Eigenschaft überprüft werden. Von besonderem Interesse ist der sogenannte α-Schnitt: (vgl. [KIE02])

$$M_\alpha = \{x \in G | \mu(x) \geq \alpha\} \tag{2.5}$$

Aus der Definition ergeben sich zwei wichtige scharfe Mengen einer unscharfen Menge. Zum einen ist dies der Träger (engl.: „support“) für $\alpha = 0$, bei welchem sämtliche Elemente größer null sind (vgl. [KIE02]):

$$M_{support} = \{x \in G | \mu(x) > 0\} \tag{2.6}$$

und zum anderen ist dies der Kern (engl.: „core“) für $\alpha = 1$, bei welchem sämtliche Elemente gleich eins sind (vgl. [KIE02]):

$$M_{core} = \{x \in G | \mu(x) = 1\} \tag{2.7}$$

Die Zuordnung dieser scharfen Teilmengen verdeutlicht exemplarisch Abbildung 2-1.

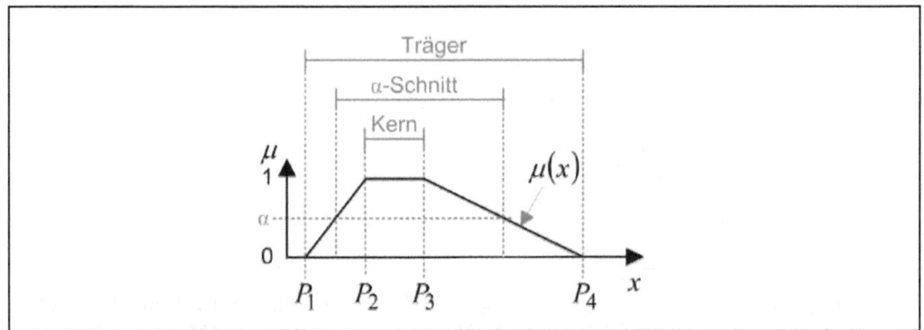

Abbildung 2-1: Merkmale einer Zugehörigkeitsfunktion: Träger, Schnitt und Kern.

Ein weiteres Merkmal einer Zugehörigkeitsfunktion ist der Schwerpunkt (engl.: „center of gravity"), der wie folgt definiert ist (vgl. [AME11]):

$$x_{CoG}\big(\mu(x)\big) = \frac{\int \mu(x) \cdot x \cdot dx}{\int \mu(x) \cdot dx} \tag{2.8}$$

Die Schwerpunktmethode findet insbesondere in der Defuzzifizierung beim klassischen Fuzzy-Control ihre Anwendung, wo aus der unscharfen Berechnung wieder auf eine scharfe Größe geschlossen wird. Von besonderer Bedeutung ist die Charakterisierung des Wertebereiches, in welchem die Zugehörigkeitsfunktion den maximalen Zugehörigkeitsgrad hat. Dieses Plateau kann zudem durch die Merkmale des mittleren Maximums (engl.: „mean of maximum"; Gleichung 2.9), des geringsten Elements (engl.: „smallest maximum"; Gleichung 2.10) und des höchsten Elementes (engl.: „largest maximum"; Gleichung 2.11) charakterisiert werden. Eine exemplarische Darstellung der Zusammenhänge zeigt Abbildung 2-2. (vgl. [KRA09] und [TWF11])

$$x_{MoM}\big(\mu(x)\big) = \frac{\sum \left\{x \mid \max_x\big(\mu(x)\big)\right\}}{\left|\left\{x \mid \max_x\big(\mu(x)\big)\right\}\right|} \tag{2.9}$$

$$x_{SoM}\big(\mu(x)\big) = \inf_x \left\{x \mid \max_x\big(\mu(x)\big)\right\} \tag{2.10}$$

$$x_{LoM}\big(\mu(x)\big) = \sup_x \left\{x \mid \max_x\big(\mu(x)\big)\right\} \tag{2.11}$$

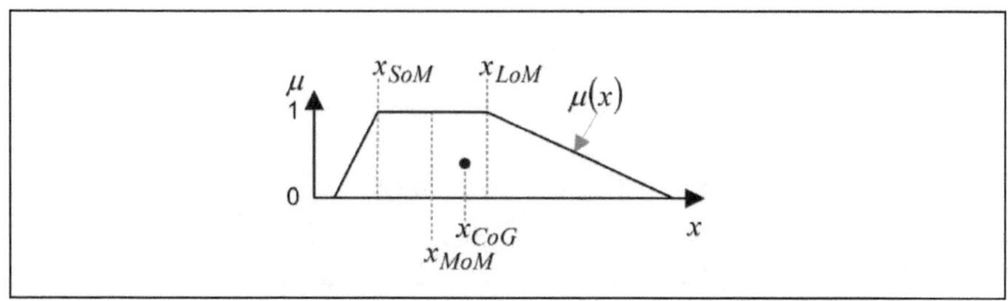

Abbildung 2-2: Merkmale einer Zugehörigkeitsfunktion: Schwerpunkt (CoG), kleinstes Maximum (SoM), mittleres Maximum (MoM) und größtes Maximum (LoM).

2.1.1.2 Parametrische Zugehörigkeitsfunktionen

Parametrische Zugehörigkeitsfunktionen ermöglichen die analytische Beschreibung einer Fuzzy-Menge (vgl. [KOC96]). Für Optimierungsverfahren ist oftmals die Differenzierbarkeit der Zugehörigkeitsfunktion von Interesse (vgl. [AME11]). Es existieren viele Vorschläge für konvexe, normalisierte und differenzierbare Zugehörigkeitsfunktionen, wobei die jeweils anzuwendende Funktion vom Anwendungsfall abhängig ist und keine universelle Empfehlung gegeben werden kann. Exemplarisch sei hierzu auf die in [KOC96] und [TWF11] vorgeschlagenen Funktionen verwiesen. Für einige Aufgabenstellungen, wie auch für den weiteren Verlauf der vorliegenden Arbeit, ist die Beschreibung durch stückweise lineare Funktionen ausreichend und sinnvoll.

Die Zugehörigkeitsfunktion wird dann in Abhängigkeit von vier Parametern definiert, womit sich die Hauptformen von Zugehörigkeitsfunktionen beschreiben lassen (Abbildung 2-3). Für den weiteren Verlauf wird ein Parametervektor $\underline{P}$ eingeführt, wobei das Unterstreichen der Variable kennzeichnet, dass die betrachtete Größe P durch eine stückweise lineare (trapezförmige) Zugehörigkeitsfunktion μ_P beschreiben wird:

$$\underline{P} := [P_1 \quad P_2 \quad P_3 \quad P_4]^T \qquad 2.12$$

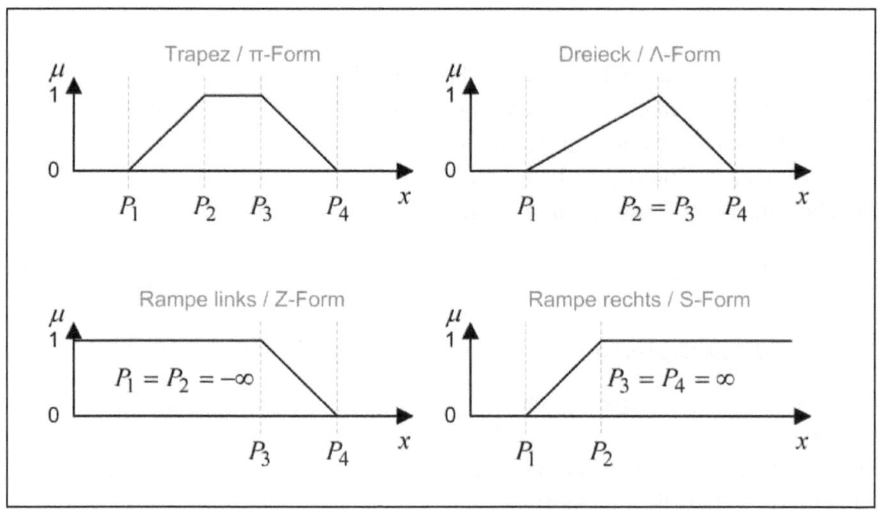

Abbildung 2-3: Grundformen von konvexen Zugehörigkeitsfunktionen (in Anlehnung an [KOC96]).

Für die trapezförmige Zugehörigkeitsfunktion gilt:

$$\mu_P(x) = f_{trap}(\underline{P}, x) = \begin{cases} 0 & f\ddot{u}r \quad x \leq P_1 \vee x \geq P_4 \\ \dfrac{x - P_1}{P_2 - P_1} & f\ddot{u}r \quad P_1 < x < P_2 \\ 1 & f\ddot{u}r \quad P_2 \leq x \leq P_3 \\ \dfrac{P_4 - x}{P_4 - P_3} & f\ddot{u}r \quad P_3 < x < P_4 \end{cases} \qquad 2.13$$

Andere, in Fuzzy-Anwendungen häufig angewandte Zugehörigkeitsfunktionen, sind vor allem die Sigmoid- und die Gaußfunktion. Für weiterführende Hinweise sei auf die entsprechende Fachliteratur [BIE97], [KIE02], [KOC96] und [TWF11] verwiesen.

2.1.2 Logische Operationen auf Fuzzy-Mengen

Ein Hautpanwendungsbiet der Fuzzy-Theorie ist die unscharfe Logik, welche letztlich auch die Grundlage für das klassische Fuzzy-Control darstellt. Hierbei werden Operationen auf unscharfe Mengen angewandt, wodurch wiederum neue unscharfe Mengen entstehen. Prinzipiell wird zwischen der Negation, der UND-Operation und der ODER-Operation unterschieden.

2.1.2.1 Negation

Analog zur klassischen Logik wird das Komplement einer unscharfen Menge durch Negation berechnet. Beschreibt die Funktion $\mu(x)$ die Zugehörigkeitsgrade einzelner Elemente zur Menge M, so wird durch $\neg\mu(x)$ die komplementäre Menge definiert, welche die Ausgeschlossenheit bzw. die Nicht-Zugehörigkeit der Elemente in M charakterisiert. (vgl. [KIE02])

$$\neg\mu(x) = 1 - \mu(x) \qquad 2.14$$

2.1.2.2 UND-Operation

Im Gegensatz zur Negation ist die Anwendung verknüpfender UND- bzw. ODER-Operationen von Fuzzy-Mengen nicht eindeutig definiert. Verallgemeinert wird zur Repräsentation eines UND-Operators die sogenannte T-Norm eingeführt, wobei die Zugehörigkeitsgrade der Operanden und des Ergebnisses im Wertebereich zwischen 0 und 1 liegen müssen. Folgende Notation wird eingeführt:

$$\bigcap_{i=1}^{n} \mu_i(x) = \mu_1(x) \cap \mu_2(x) \cap \ldots \cap \mu_n(x) \qquad 2.15$$

Von besonderem Interesse sind die Realisierungen der T-Normen durch die Minimumoperation (Gleichung 2.16) und das algebraische Produkt (Gleichung 2.17). In der Fachliteratur (z. B. [BIE97] oder [KIE02]) existieren zahlreiche weitere Realisierungsvorschläge.

$$\bigwedge_{i=1}^{n} \mu_i(x) = \min\{\mu_1(x), \mu_2(x), \ldots, \mu_n(x)\} \qquad 2.16$$

$$\prod_{i=1}^{n} \mu_i(x) = \mu_1(x) \cdot \mu_2(x) \cdot \ldots \cdot \mu_n(x) \qquad 2.17$$

2.1.2.3 ODER-Operation

Zur Repräsentation eines ODER-Operators wird die sogenannte S-Norm (auch T-Co-Norm) eingeführt, wobei die Zugehörigkeitsgrade der Operanden und des

Ergebnisses ebenfalls im Wertebereich zwischen 0 und 1 liegen müssen. Folgende Notation wird definiert:

$$\bigcup_{i=1}^{n} \mu_i(x) = \mu_1(x) \cup \mu_2(x) \cup \ldots \cup \mu_n(x) \qquad 2.18$$

Von besonderem Interesse sind die Realisierungen der S-Normen durch die Maximumoperation (Gleichung 2.19) und die algebraische Summe (Gleichung 2.20). Alternative Vorschläge sind ebenfalls der Fachliteratur (z. B. [BIE97] oder [KIE02]) zu entnehmen. Abbildung 2-4 zeigt exemplarisch den Einfluss der Operatoren auf die sich ergebende Zugehörigkeitsfunktion.

$$\bigvee_{i=1}^{n} \mu_i(x) = \max\{\mu_1(x), \mu_2(x), \ldots, \mu_n(x)\} \qquad 2.19$$

$$\coprod_{i=1}^{n} \mu_i(x) = 1 - \prod_{i=1}^{n} \left(1 - \mu_i(x)\right)$$
$$= 1 - \left(\left(1 - \mu_1(x)\right) \cdot \left(1 - \mu_2(x)\right) \cdot \left(1 - \mu_3(x)\right) \cdot \ldots \left(1 - \mu_n(x)\right)\right) \qquad 2.20$$

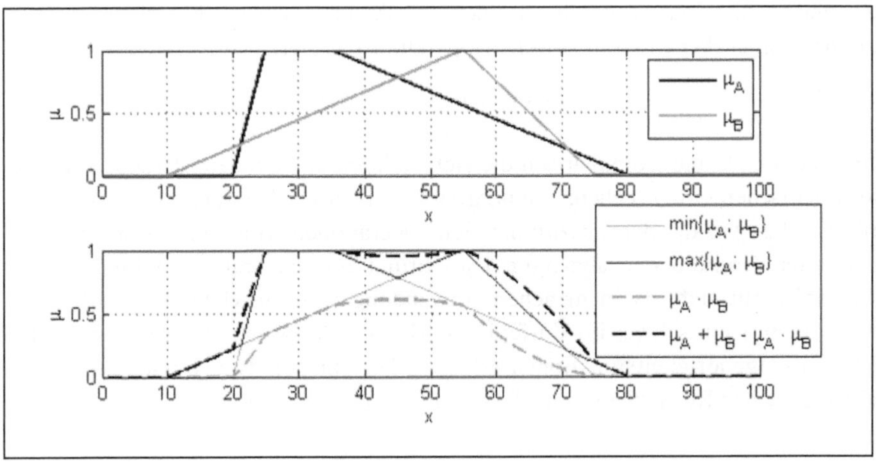

Abbildung 2-4: UND- sowie ODER-Operationen auf Fuzzy-Mengen.

2.1.3 Arithmetische Operationen auf Fuzzy-Mengen

Eine Zugehörigkeitsfunktion repräsentiert eine linguistische Variable, bei welcher es sich um eine unscharfe Quantität in Form einer unscharfen Zahl (Λ-Form, Abbildung 2-3) oder eines unscharfen Intervalls (Π-Form, Abbildung 2-3) handeln kann. Eine Fuzzy-Zahl stellt ein Sonderfall des Fuzzy-Intervalls dar, da der Träger lediglich aus einem Element besteht. Zur Verallgemeinerung werden daher im Folgenden ausschließlich Fuzzy-Intervalle betrachtet. Nach dieser Definition liegt der Gedanke nahe, nicht nur logische, sondern auch arithmetische Operationen auf unscharfen Mengen anzuwenden. Um eine unscharfe Quantität als Fuzzy-Intervall zu betrachteten, muss die Zugehörigkeitsfunktion konvex, normalisiert und stückweise stetig sein. Es ist hierzu eine Arithmetik erforderlich, welche (analog zu den logischen Operatoren) aus Operanden in Form von Zugehörigkeitsfunktionen ein Ergebnis liefert, welches wiederum eine Zugehörigkeitsfunktion ist.

2.1.3.1 Exakte Methoden mit unscharfen Quantitäten

Für eine „exakte" Berechnung arithmetischer Operationen kann das von Zadeh vorgeschlagene Erweiterungsprinzip angewandt werden (ausführliche Beschreibung in [ZAD75]). Hierbei wird für Elemente z der Ergebnismenge jeweils ein Zugehörigkeitsgrad entsprechend einer Zuordnungsvorschrift berechnet, welche auf der vorgesehenen arithmetischen Operation f basiert: (vgl. [BIE97])

$$\mu_A(z) = \sup_{z=f(x_1,x_2,\dots,x_n)} \{\min\{\mu_{A1}(x_1), \mu_{A2}(x_2), \dots, \mu_{An}(x_n)\}\} \qquad 2.21$$

In Tabelle 2-1 sind exemplarisch die sich dadurch ergebenden Methoden für die arithmetischen Grundrechenarten dargestellt. In der Realisierung dieser Arithmetik ist die Anzahl der auszuführenden Operationen von der Größe der betrachteten Grundmenge abhängig. Dies bringt für die praktische Realisierung Nachteile mit sich, da in manchen Anwendungen die tatsächlich erforderliche Grundmenge nur schwer im Vorfeld geschätzt werden kann. Die Berechnung der Ergebniszugehörigkeitsfunktionen erfolgt daher nur punktweise und kann daher einen enormen Rechenbedarf nach sich ziehen. (vgl. [BIE97])

Addition	$\mu_{A+B}(z) = \sup_{z=x+y}\{\min\{\mu_A(x), \mu_B(y)\}\}$ $= \sup_x\{\min\{\mu_A(x), \mu_B(z-x)\}\}$	2.22
Subtraktion	$\mu_{A-B}(z) = \sup_{z=x-y}\{\min\{\mu_A(x), \mu_B(y)\}\}$ $= \sup_x\{\min\{\mu_A(x), \mu_B(x-z)\}\}$	2.23
Multiplikation	$\mu_{A\cdot B}(z) = \sup_{z=x\cdot y}\{\min\{\mu_A(x), \mu_B(y)\}\}$ $= \sup_x\{\min\{\mu_A(x), \mu_B(z/x)\}\}$	2.24
Division	$\mu_{A/B}(z) = \sup_{z=x/y}\{\min\{\mu_A(x), \mu_B(y)\}\}$ $= \sup_x\{\min\{\mu_A(x), \mu_B(x/z)\}\}$	2.25

Tabelle 2-1: Fuzzy-Arithmetik auf Grundlage des Erweiterungsprinzips (in Anlehnung an [BIE97]).

2.1.3.2 Approximierte Methoden mit unscharfen Quantitäten

Es liegt daher der Gedanke nahe, vereinfachte Methoden einzuführen, um das exakte Ergebnis zu approximieren. Hierzu werden sogenannte LR-Intervalle eingeführt, welche in linke $L(x)$ und rechte $R(x)$ Referenzfunktionen aufgeteilt werden. Diese Referenzfunktionen besitzen die Eigenschaft, dass sie für $x = 0$ den Funktionswert 1 haben und für $0 < x < \infty$ monoton fallen, jedoch stets größer oder gleich 0 sind. (vgl. [BIE97])

Werden für $L(x)$ und $R(x)$ stückweise lineare Funktionen als Referenzfunktion verwendet, resultiert wiederum eine trapezförmige Zugehörigkeitsfunktion (siehe auch Abbildung 2-5):

$$\mu(x) = \begin{cases} \min\left\{\max\left\{0, \frac{\alpha - m + x}{\alpha}\right\}, 1\right\} & \mathit{für} \quad x \leq m \\ 1 & \mathit{für} \quad m < x \leq n \\ \min\left\{\max\left\{0, \frac{n + \beta - x}{\beta}\right\}, 1\right\} & \mathit{für} \quad n < x \end{cases} \qquad 2.26$$

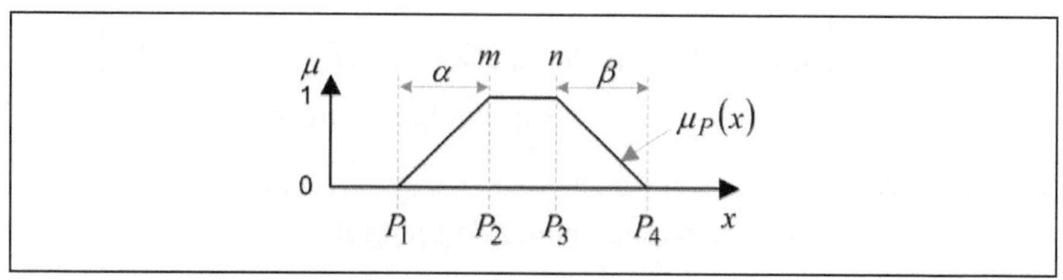

Abbildung 2-5: Definition des LR-Intervalls und zugehörige trapezförmige Zugehörigkeitsfunktion.

Die rechts- und linksseitige Spannweite (auch Schwankungsbreite genannt) ist durch die Parameter $\alpha > 0$ und $\beta > 0$ definiert. Aus dem oben definierten Parametervektor $\underline{P}$ kann folglich die entsprechende Zugehörigkeitsfunktion $\mu_P(x)$ mit Gleichung 2.13 berechnet werden (Abbildung 2-5):

$$\underline{P} := [P_1 \quad P_2 \quad P_3 \quad P_4]^T = [m - \alpha \quad m \quad n \quad n + \beta]^T \qquad 2.27$$

In der Literatur [DUB78], [DUB80], [BIE97], [HAN05], [FOD06], [SOR09] werden Methoden zur Berechnung arithmetischer Operationen auf Basis von LR-Intervallen vorgeschlagen. Diese Methoden werden entsprechend modifiziert, so dass die Berechnung auf Basis der in Gleichung 2.27 eingeführten Notation für trapezförmige Zugehörigkeitsfunktionen erfolgt. In Tabelle 2-2 sind die dabei entstehenden Methoden für die vier Grundrechenarten mit positiven Operatoren $\|\underline{A}\| > 0 \vee \|\underline{B}\| > 0$ aufgelistet, wobei die Notationen $\oplus, \ominus, \widetilde{\odot}$ und $\widetilde{\odot}$ eingeführt werden.

Abbildung 2-6 vergleicht die vier Grundrechenarten bei exakter (nach Anwendung des Erweiterungsprinzips) und approximierter Fuzzy-Arithmetik. Addition und Subtraktion werden im Gegensatz zur Multiplikation und Division ohne Approximationsfehler nachgebildet. Entsprechend sollten Multiplikationen und Divisionen möglichst vermieden werden.

Für die korrekte Berechnung von Multiplikation und Division sind allerdings Fallunterscheidungen nötig. Die in Tabelle 2-2 aufgelisteten Methoden gelten lediglich für positive Fuzzy-Operanden. Um diese Arithmetik auch für die anderen Fälle anwenden zu können, werden individuelle Vorschriften in [BIE97] vorgeschlagen. Allerdings können die Operanden durch geeignete Negationen (nicht zu verwechseln mit den Operationen auf Zugehörigkeitsfunktionen) auf die beschreibenden Parameter im Vorfeld angepasst werden, so dass die in Tabelle 2-2 angegebenen Gleichungen ihre Gültigkeit behalten (vgl. [BAN93]).

Addition	$\underline{A} \oplus \underline{B} = \begin{bmatrix} A_1 + B_1 \\ A_2 + B_2 \\ A_3 + B_3 \\ A_4 + B_4 \end{bmatrix}$	2.28
Subtraktion	$\underline{A} \ominus \underline{B} = \begin{bmatrix} A_1 - B_4 \\ A_2 - B_3 \\ A_3 - B_2 \\ A_4 - B_1 \end{bmatrix}$	2.29
Multiplikation	$\underline{A} \widetilde{\odot} \underline{B} = \begin{bmatrix} A_2 \cdot B_1 + A_1 \cdot B_2 - A_2 \cdot B_2 \\ A_2 \cdot B_2 \\ A_3 \cdot B_3 \\ A_3 \cdot B_4 + A_4 \cdot B_3 - A_3 \cdot B_3 \end{bmatrix}$	2.30
Division	$\underline{A} \widetilde{\oslash} \underline{B} = \begin{bmatrix} (A_1 \cdot B_3 - A_2 \cdot (B_4 - B_3))/B_3^2 \\ A_2/B_3 \\ A_3/B_2 \\ (B_2 \cdot A_4 + A_3 \cdot (B_2 - B_1))/B_2^2 \end{bmatrix}$	2.31

Tabelle 2-2: Vereinfachte Fuzzy-Arithmetik für positive Fuzzy-Intervalle; für Multiplikation und Division müssen Fallunterscheidungen getroffen werden (siehe Gleichungen 2.33 und 2.34).

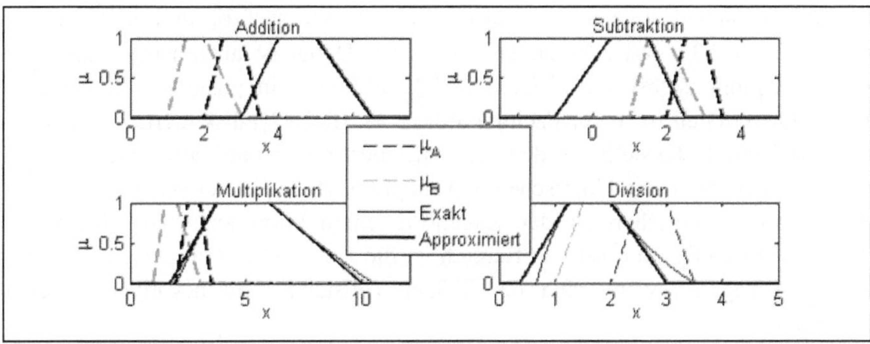

Abbildung 2-6: Vergleich von exakter und approximierten Fuzzy-Arithmetik bei den vier Grundrechenarten.

Der negierte Definitionsvektor $-\underline{P}$ einer Zugehörigkeitsfunktion ist:

$$-\underline{P} := [-P_4 \quad -P_3 \quad -P_2 \quad -P_1]^T \qquad 2.32$$

Für die jeweiligen Fallunterscheidungen von Gleichung 2.33 und 2.34 zur vorzeichenunabhängigen Multiplikation $\odot$ und Division $\oslash$ sind die in Tabelle 2-2 aufgelisteten Methoden anzuwenden.

$$\underline{A} \odot \underline{B} = \begin{cases} \underline{A} \,\widetilde{\odot}\, \underline{B} & \text{für} \quad \|\underline{A}\| > 0 \vee \|\underline{B}\| > 0 \\ -\left((-\underline{A}) \,\widetilde{\odot}\, \underline{B}\right) & \text{für} \quad \|\underline{A}\| < 0 \vee \|\underline{B}\| > 0 \\ -\left(\underline{A} \,\widetilde{\odot}\, (-\underline{B})\right) & \text{für} \quad \|\underline{A}\| > 0 \vee \|\underline{B}\| < 0 \\ (-\underline{A}) \,\widetilde{\odot}\, (-\underline{B}) & \text{für} \quad \|\underline{A}\| < 0 \vee \|\underline{B}\| < 0 \end{cases} \qquad 2.33$$

$$\underline{A} \oslash \underline{B} = \begin{cases} \underline{A} \,\widetilde{\oslash}\, \underline{B} & für \quad \|\underline{A}\| > 0 \vee \|\underline{B}\| > 0 \\ -\left((-\underline{A}) \,\widetilde{\oslash}\, \underline{B}\right) & für \quad \|\underline{A}\| < 0 \vee \|\underline{B}\| > 0 \\ -\left(\underline{A} \,\widetilde{\oslash}\, (-\underline{B})\right) & für \quad \|\underline{A}\| > 0 \vee \|\underline{B}\| < 0 \\ (-\underline{A}) \,\widetilde{\oslash}\, (-\underline{B}) & für \quad \|\underline{A}\| < 0 \vee \|\underline{B}\| < 0 \end{cases} \qquad 2.34$$

In Abbildung 2-7 werden die Operationen bei Berechnungen mit negativen Fuzzy-Operanden verdeutlicht. Einerseits ist der Abbildung zu entnehmen, dass die prinzipielle Vorgehensweise zielführend ist, und andererseits ist zu erkennen, dass ähnliche Fehler wie bei der Anwendung ausschließlich positiver Fuzzy-Operanden entstehen.

Schließlich entsteht die Frage, wann eine Fuzzy-Quantität als positiv oder negativ betrachtet werden soll, also wie der Betrag $\|\underline{A}\|$ und $\|\underline{B}\|$ in den Gleichungen 2.33 und 2.34 zu definieren ist. Dabei ist anzumerken, dass die Unterscheidung selbst scharf ist. Die Klassifikation in positive und negative Fuzzy-Quantitäten ist in der Fachliteratur (z. B. [BIE97]) diskutiert. Zusammenfassend kann festgestellt werden, dass für bestimmte unscharfe Intervalle im Grunde keine derartige Unterscheidung möglich ist. Typischerweise wird hierzu der gesamte Trägerbereich der Zugehörigkeitsfunktion analysiert. Liegt der Träger vollständig im positiven Bereich ist die Fuzzy-Quantität positiv; folglich ist diese negativ, wenn sich der Träger vollständig im negativen Bereich befindet:

$$\|\underline{P}\| \begin{cases} > 0 & für \quad P_1 > 0 \\ < 0 & für \quad P_4 < 0 \end{cases} \qquad 2.35$$

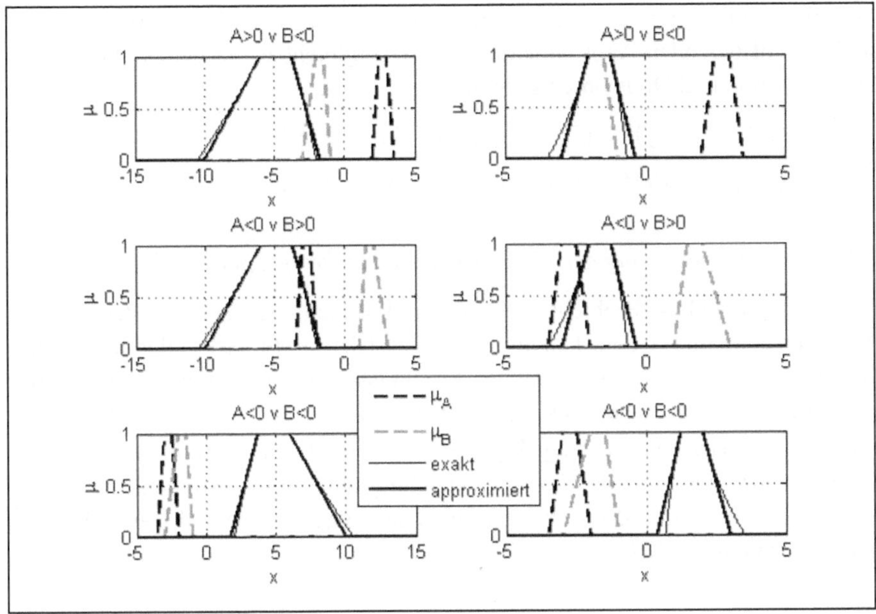

Abbildung 2-7: Vergleich exakter und approximierter arithmetischer Fuzzy-Operatoren für Multiplikation (links) und Division (rechts) mit negativen Operanden.

Entsprechend dieser Definition existieren allerdings unendlich viele Fuzzy-Quantitäten, welche weder positiv noch negativ sind, es entstehen „Fuzzy-Nullen" (vgl. [BIE97]). In dieser Arbeit werden jedoch Multiplikation und Division mit derartigen „Fuzzy-Nullen" ausgeschlossen, so dass mögliche Probleme nicht weiter betrachtet werden.

2.1.3.3 Methoden mit einer scharfen Zahl und einer unscharfen Quantität

Die Methoden zur Berechnung von arithmetischen Operationen eines Skalars mit einem Fuzzy-Intervall sind deutlich trivialer zu lösen als die oben erwähnten Beispiele. Für die Grundrechenarten wird dabei jeweils ein Operand zu einer scharfen Zahl, so dass die Methoden der Tabelle 2-2 sowie Gleichung 2.33 und 2.34 angewandt werden können, wobei die Parameter der scharfen Zahl dann dem gleichen Wert entsprechen.

Neben den Grundoperationen ist die Berechnung von Potenzen eines Fuzzy-Intervalls für diese Arbeit von Interesse, wobei der Exponent eine scharfe Zahl ist. Im Vergleich mit der exakten Berechnung nach dem Erweiterungsprinzip sind die entstehenden Approximationsfehler vergleichbar mit denen, die bei der Multiplikation und Division entstehen.

$$(\underline{P})^a = \begin{cases} [(P_1)^a \quad (P_2)^a \quad (P_3)^a \quad (P_4)^a] & für \quad a \geq 0 \\ [(P_4)^a \quad (P_3)^a \quad (P_2)^a \quad (P_1)^a] & für \quad a < 0 \end{cases} \qquad 2.36$$

2.1.3.4 Überschätzung der Unschärfe durch mehrere Operationen

Ein grundsätzliches Problem bei der praktischen Anwendung der Fuzzy-Arithmetik ist die Überschätzung der Unschärfe. Mit jeder durchgeführten Operation nimmt die Unschärfe der Ergebnisse zu. Insbesondere können die ursprünglichen Operanden aus dem Ergebnis nicht mehr rekonstruiert werden. Ein einfaches Beispiel $\left(\underline{A} \neq \left(\underline{A} \oplus \underline{B}\right) \ominus \underline{B}\right)$ veranschaulicht Abbildung 2-8. Um den Informationsverlust durch die Anwendung der Fuzzy-Arithmetik möglichst gering zu, sollte daher die Anzahl aufeinander folgender Operationen möglichst gering gehalten werden.

2.2 Bewerten bei Unschärfe

Um Lösungsvarianten für eine Problemstellung miteinander vergleichen zu können, muss eine geeignete Bewertungsmethode die Grundlage jeder Entscheidungsfindung sein. Zur automatisierten Entscheidungsfindung ist es daher notwendig, ein entsprechendes Bewertungskriterium anzuwenden. Typischerweise werden in der Automatisierungstechnik scharfe Vergleiche von Zuständen mit den jeweils gewünschten Zielen als Bewertungskriterium verwendet. Exemplarisch seien genannt:

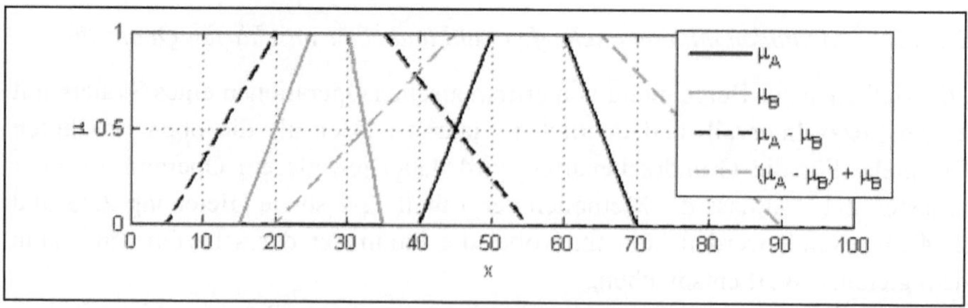

Abbildung 2-8: Überschätzung unscharfer Quantitäten durch mehrfache Anwendung der Fuzzy-Arithmetik.

- Regelungstechnik: Im klassischen Standardregelkreis berechnet der Regler auf Basis eines determinierten Algorithmus in Abhängigkeit der Regeldifferenz e (auch „Regelabweichung“) die Stellgröße (Abbildung 2-9 links). Meist handelt es sich bei dem Sollwert w wie auch bei dem gemessenen Istwert x um scharfe Werte. In verschiedenen Anwendungsbereichen (z. B. der prädiktiven Regelung oder der Optimierung von Reglerparametern) wird diese Differenz betragsmäßig oder quadriert aufsummiert und als Gütekriterium minimiert.

- Klassifikation: Aufgabe ist die Zuordnung und Abgrenzung von Elementen zu meist scharfen Mengen (Abbildung 2-9 Mitte). Dabei werden die Mengen durch Klassenrepräsentanten beschrieben, so dass die Zugehörigkeit eines Elementes durch Vergleich mit dem Repräsentanten bestimmt wird, wobei Merkmale des Repräsentanten durch scharfe Zahlen beschrieben werden. Durch die Festlegung von Klassengrenzen (scharfer Grenzwert!) wird die Distanz zum betrachteten Element berechnet und als Merkmal herangezogen (scharfer Istwert!).

- Diagnose und Überwachung: Hier handelt es sich letztendlich um eine Klassifikationsaufgabe, bei welcher bestimmte Situationen aus Messungen erkannt werden sollen. Typischerweise werden ebenfalls Abstände zu Grenzwerten bewertet, um z. B. das Abschalten einer Anlage oder die Ausgabe einer Warnung zu veranlassen (Abbildung 2-9 rechts). In der klassischen Variante wird hierzu lediglich die Einhaltung von (scharfen!) Grenzwerten überprüft und die Einschätzung anhand der Unter- und Überschreitungen getroffen (scharfer Istwert!).

Der scharfe Soll-Istwert-Vergleich führt in den meisten Anwendungen der Automatisierungstechnik zu den gewünschten Ergebnissen und ist dort somit vollkommen ausreichend. In manchen Entscheidungsprozessen ist das beschriebene Vorgehen allerdings nicht zwingend zielführend. Dies ist bei Anwendungen der Fall, bei denen

- keine scharfe Abgrenzung für eine Mengenzugehörigkeit getroffen werden kann (unscharfer Sollwert/Grenzwert!), und/oder

- das Merkmal anhand dessen (bzw. die Merkmale anhand derer) entschieden werden soll, ob ein Element zu einer Menge gehört oder nicht, selbst unscharf ist (unscharfer Istwert/Zustand!).

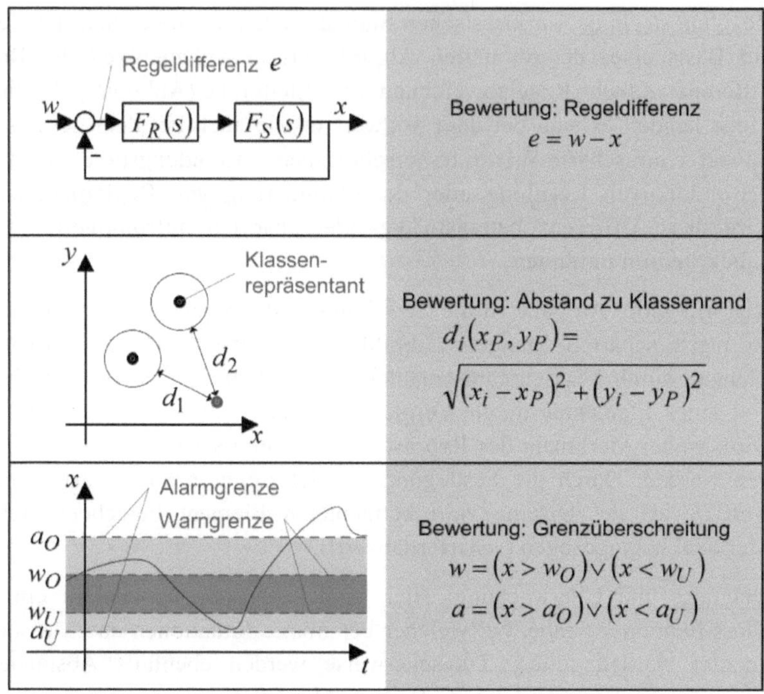

Abbildung 2-9: Beispiele für scharfe Vergleiche von Soll- bzw. Grenzwerten mit Istwerten bei einer Regelung (rechts), einer Klassifikation (Mitte) sowie einer Alarm- und Grenzüberwachung (rechts).

Ist die Berücksichtigung der unscharfen Eigenschaften von Soll- und Istwerten notwendig, muss zunächst eine geeignete Formulierung dieser Größen erfolgen. Es ist daher zu untersuchen, wie diese mittels Zugehörigkeitsfunktionen auszudrücken sind und wie ein unscharfer Soll-Istwert-Vergleich erfolgen kann.

2.2.1 Unscharfe Sollwerte „Fuzzy-Goals"

Für Elemente einer Menge M kann meist ein idealer Bereich und ein ungeeigneter Bereich definiert werden. Aufgabe der Entscheidungsfindung ist es, den Prozess so zu manipulieren, dass die Variable x einem Element der Menge M entspricht, welches sich möglichst innerhalb des idealen Bereichs und außerhalb des ungeeigneten Bereiches befindet. Folglich wird eine Zugehörigkeitsfunktion aufgestellt, bei welcher Elemente des idealen Bereiches mit einer 1 und Elemente des ungeeigneten Bereichs mit einer 0 bewertet werden. Wie bereits oben erwähnt wurde, kann eine Zugehörigkeitsfunktion als ein linguistischer Ausdruck interpretiert werden. Im vorliegenden Anwendungsfall kann die linguistische Variable als „Güte von x" interpretiert werden.

Es liegt daher der Gedanke nahe, nicht genau bekannte Anforderungen und Zielstellungen mittels der Zugehörigkeitsfunktionen zu formulieren. Man spricht von „Fuzzy-Goals" (vgl. [BEL70], [BAN93], [ZIM01]), im Folgenden wird auch der Begriff unscharfer Sollwert verwendet. Elemente, die weder als ideal noch als ungeeignet definiert sind, können linguistisch als zulässig betrachtet werden, wobei Elemente nahe dem idealen Gebiet höher bewertet werden als solche, die nahe dem ungeeignetem Gebiet liegen (Abbildung 2-10).

Typischerweise werden bei dieser Vorgehensweise konvexe Zugehörigkeitsfunktionen verwendet. Anwendungen, bei welchen komplexere Fuzzy-Goals erforderlich wären bzw. die Zielstellung nicht vereinfacht durch ein konvexes Fuzzy-Goal ausgedrückt werden könnte, sind in Theorie und Praxis untypisch. Es stellt sich dabei insbesondere die Frage, ob bei einer derartigen Kenntnis der Anforderungen die Modellierung über Fuzzy-Goals angemessen ist. Es wird daher vorgeschlagen, konvexe Fuzzy-Goals $\underline{x}_W$ über die Parameter trapezförmiger Zugehörigkeitsfunktionen zu definieren:

$$\underline{x}_W = [x_{W1} \quad x_{W2} \quad x_{W3} \quad x_{W4}]^T \tag{2.37}$$

Mit Definitionsgleichung für trapezförmige Zugehörigkeitsfunktionen 2.13 kann der unscharfe Sollwert $\mu_W(x)$ berechnet werden:

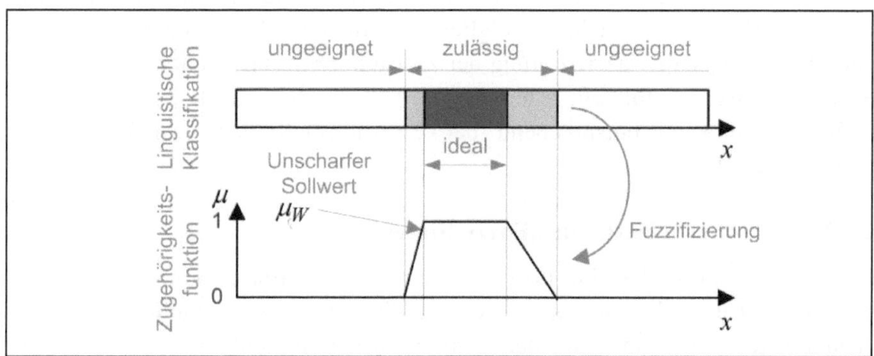

Abbildung 2-10: Fuzzifizierung der Güte von Elementen der Menge X für eine Variable x durch Unterteilung der Menge in ideale, zulässige und ungeeignete Bereiche.

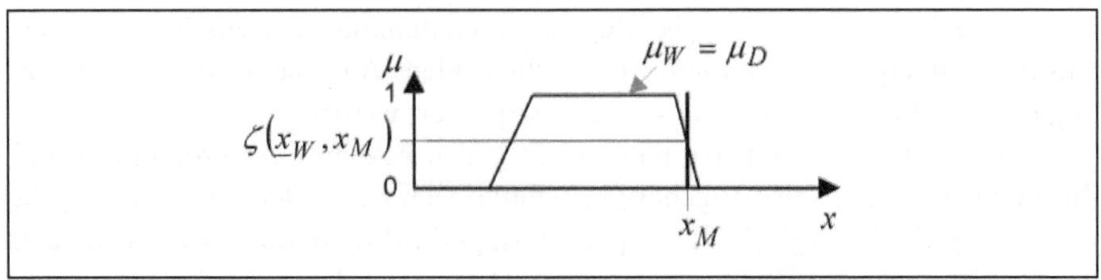

Abbildung 2-11: Bewertung eines scharfen Istwertes bei einem unscharfen Sollwert.

$$\mu_W(x) = f_{trap}(\underline{x}_W, x) \tag{2.38}$$

Die Bewertung eines Elementes x_M erfolgt dementsprechend ausschließlich über die Parameter und die Funktionsdefinition der trapezförmigen Zugehörigkeitsfunktion. Die Bewertung einer Entscheidungsoption $\mu_D(x_M)$ wird wie folgt definiert:

$$\mu_D(x_M) = \zeta(\underline{x}_W, x_M) \tag{2.39}$$

In der Literatur (z. B. [BEL70], [BAN93], [ZIM01], [SOU03]) wird zudem zwischen Fuzzy-Goals und Fuzzy-Constraints (also unscharfen Beschränkungen) unterschieden. Da jedoch normalerweise jede Beschränkung auch als eine Zielstellung umformuliert werden kann (vgl. [BER00]), werden im weiteren Verlauf der Arbeit verallgemeinert ausschließlich Fuzzy-Goals betrachtet. Die Zuordnung von scharfen Elementen zu einer unscharfen Menge wird als Fuzzifizierung („Verunschärfung") bezeichnet. Folglich kann die oben beschriebene Definition von Fuzzy-Goals als Fuzzifizierung der Zielstellungen interpretiert werden. Das Bewertungsmaß ζ für ein Element wird über die Zugehörigkeitsfunktion definiert und kann entsprechend der Funktionsdefinition ermittelt werden (Abbildung 2-11).

2.2.2 Unscharfe Zustände „Fuzzy-States"

Um eine Situation oder eine Lösungsvariante für ein Entscheidungsproblem zu bewerten, ist es nicht nur erforderlich die Zielstellung zu formulieren, sondern ebenfalls die Situation bzw. den Einfluss der Entscheidung auf die zu bewertende Größe. Bislang wurde davon ausgegangen, dass diese stets scharf sind. Die Gewinnung von Prozessinformation ist jedoch im Allgemeinen ebenfalls mit einer gewissen Unschärfe behaftet. Klassische Beispiele sind (siehe auch Beispiele in [SEI99] und [VIE06]):

- Einschätzung des Menschen: Wird die Prozessinformation über das Empfinden des Menschen gewonnen, so ist diese meist nur grob bekannt. Der Mensch verfügt im Allgemeinen nicht über eine derart genaue Sensorik, um exakte Angaben oder scharfe Mengenzugehörigkeiten zu einer Prozesssituation treffen zu können; es handelt sich daher um eine vage und somit unscharfe Information.
- Erfassung über technische Sensoren: Prozessinformationen werden in Form analoger Signale oder digitalen Codierungen erfasst. Eine exakte Erhebung ist aufgrund der Unzugänglichkeit sämtlicher Prozesszustände wie etwa der räumlichen Verteilung, der beschränkten Genauigkeit und/oder Auflösung im Allgemeinen nicht möglich.
- Rechnergestützte Beobachtung und Prädiktion: Typischerweise werden Beobachter zur Abschätzung nicht messbarer Prozesszustände sowie Prädiktionsmodelle zur Vorhersage zukünftiger Prozesszustände eingesetzt (siehe z. B. [LUN08], [DIT04]). Exakte Modelle sind meist aufgrund der Komplexität natürlicher Prozesse nicht ermittelbar, so dass vereinfachte Modelle eingesetzt werden, wodurch Beobachtungs- und Prädiktionsfehler entstehen.

Letztendlich ist festzuhalten, dass Messungen, Beobachtungen und Vorhersagen niemals den exakten Prozesszustand wiedergeben, sondern stets mehr oder weniger genau sind (vgl. [SEI99], [VIE06]). Es liegt daher der Gedanken nahe, aktuelle und zukünftige Prozesszustände ebenfalls durch unscharfe Zugehörigkeitsfunktionen darzustellen. Hierzu wird im Folgenden der Begriff „Fuzzy-State" als unscharfer Istwert eingeführt, welcher ebenfalls durch die Parameter einer trapezförmigen Zugehörigkeitsfunktion beschrieben werden kann:

$$\underline{x}_X = [x_{X1} \quad x_{X2} \quad x_{X3} \quad x_{X4}]^T \tag{2.40}$$

Um einen unscharfen Zustand $\mu_X(x)$ aus einem Mess- oder Prognosewert x_M zu definieren, ist eine geeignete Transformationsvorschrift erforderlich:

$$\mu_X(x) = f(x_M, x) \tag{2.41}$$

2.2.2.1 Typische Unschärfen in Fuzzy-States

Typischerweise besitzt ein Sensor eine gewisse Genauigkeit, welche vom Hersteller als eine statistische Größe in Form von Vertrauensintervallen und

Messunsicherheiten angegeben wird (vgl. [HOF04]). Neben stochastischen Effekten können Messungen jedoch auch durch die Ungenauigkeiten an sich als unscharf betrachtet werden, wie es beispielsweise bei digitalen Sensoren aufgrund der beschränkten Messauflösung (Quantisierungsfehler) der Fall ist (siehe Abbildung 2-12 links). Dies ist insbesondere bei schwer zu messenden Größen (wie etwa der relativen Luftfeuchte) von Bedeutung, da dort weitere Einflüsse (wie Hysterese-Effekte) das Messergebnis verfälschen können.

Weitere Unschärfen im Bereich der Entscheidungsfindung treten bei der Ermittlung stationärer, optimaler Arbeitspunkte auf. Häufig sind im zu optimierenden Prozess unterlagerte Regelkreise vorhanden, welche eine gewisse Dynamik und Genauigkeit besitzen. Folglich gibt es eine gewisse Regelunschärfe, während Sollwerte ein- und Störungen ausgeregelt werden. Insbesondere ist diese Eigenschaft bei unstetigen Regelungseinrichtungen aufgrund der Schalthysteresen vorhanden (siehe Abbildung 2-12 Mitte).

Ferner repräsentiert ein Messwert die (mehr oder weniger) grobe Erfassung eines Prozesszustandes an einer Referenzstelle. Ist im Prozess eine örtliche bzw. räumliche Verteilung der Prozessgröße vorhanden, so kann diese (bzw. deren Messwert) ebenfalls als unscharf betrachtet werden. In zahlreichen Steuerungs- und Regelungsaufgaben spielt die Erfassung der räumlichen Verteilung eine untergeordnete Rolle, da diese nicht oder nur gering vorhanden ist und somit vernachlässigt werden kann. Ist die räumliche Verteilung der Prozessgrößen jedoch zur Erfüllung der Automatisierungsaufgabe signifikant, so muss diese in einer geeigneten Form berücksichtigt werden (siehe Abbildung 2-12 rechts). Die Messgröße ist dann als eine Intervallgröße zu betrachten. Für die Realisierung im Prozess können zwei unterschiedliche Methoden zur Erfassung räumlicher Verteilungen verfolgt werden:

- Offline Erfassung: Mittels Expertenwissen oder im Vorfeld erfolgter Messungen wird die Verteilung ermittelt und als Unschärfe in der Automatisierungsfunktion berücksichtigt. Diese Vorgehensweise eignet sich besonders bei Aufgaben, in welchen keine Änderung der räumlichen Verteilung zu erwarten ist.

- Online Erfassung: Während des Betriebes der Automatisierungsfunktion werden verteilte Prozesszustände erfasst und die Verteilung in gewissen Abständen analysiert. Diese Vorgehensweise eignet sich bei Aufgabenstellungen, in welchen die räumliche Verteilung zeitvariant ist, beispielsweise durch saisonale Effekte.

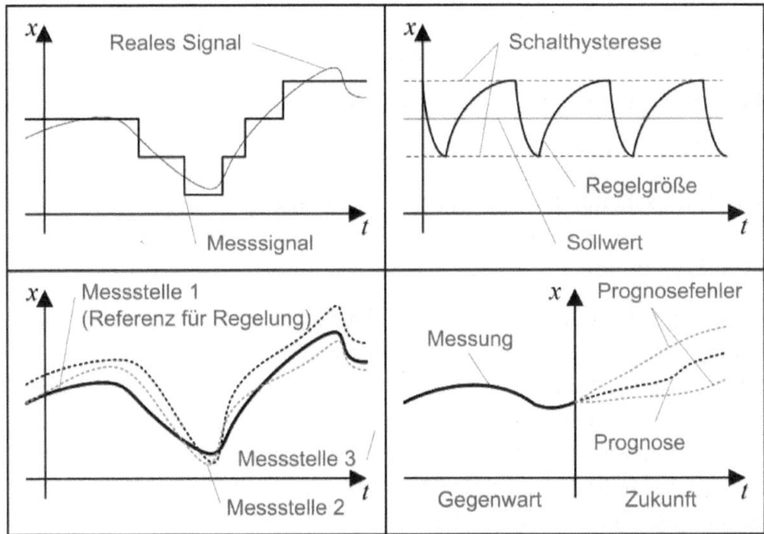

Abbildung 2-12: Unschärfen in Prozesszuständen, Quantisierungsfehler (oben links), Hysterese-Effekte von Regelungen (oben rechts), räumliche Verteilung (unten links) und Prognosefehler (unten rechts).

Welche Unschärfe(n) jeweils als Fuzzy-States zu berücksichtigen sind, hängt von den Eigenschaften und den Anforderungen des Anwendungsfalles ab und kann nicht verallgemeinert werden. Auf die Berücksichtigung der Unschärfen in den jeweiligen Leitkomponenten dieser Arbeit wird jeweils separat in Kapitel 5 eingegangen.

Die Diskussion zum Zusammenhang und zur Abgrenzung zwischen Wahrscheinlichkeitstheorie und Fuzzy-Theorie soll an dieser Stelle nicht neu aufgeworfen und zum Kernthema der Arbeit werden, da diese gewissermaßen seit Einführung der Fuzzy-Theorie zum Streitpunkt von Vertretern beider Fraktionen geworden ist (siehe. z. B. [SEI99]) und keine allgemein akzeptierte Meinung vorliegt. Die theoretischen Hintergründe werden daher nur soweit wie zum Verständnis der Arbeit erforderlich erläutert.

2.2.2.2 Wahrscheinlichkeits- und Möglichkeitstheorie

Stochastische Unsicherheiten werden meist mit Hilfe der durch die Axiome von Kolmogorov (vgl. [KOL33]) definierten Wahrscheinlichkeitstheorie analysiert.

Diese betrachtet Eigenschaften relativer Häufigkeiten und das Wahrscheinlichkeitsmaß wird mit folgenden Grundsätzen eingeführt ([BAN93]):

- die Wahrscheinlichkeit eines Ereignisses ist stets größer oder gleich Null,
- ein sicheres Ereignis hat die Wahrscheinlichkeit 1 und
- der Wahrscheinlichkeitswert der Vereinigung paarweise unvereinbarer Ereignisse ist gleich der Summe der einzelnen Wahrscheinlichkeiten (Additionsaxiom).

Die Einführung der Fuzzy-Theorie verfolgte nicht das Ziel neue Methoden zur Behandlung von Unsicherheiten zu entwickeln. Vielmehr war die Absicht Methoden bereitzustellen, um Objektklassen mit weichen Randbereichen mathematisch behandelbar zu machen. Zadeh fasst in [ZAD95] zusammen, dass die Unsicherheitstheorie (Wahrscheinlichkeitsrechnung) und die Unschärfetheorie (Fuzzy-Theorie) verschiedene Methoden sind, welche sich gegenseitig ergänzende, jedoch nicht sich gegenseitig ausschließende Disziplinen darstellen. Insbesondere reicht die Theorie der Wahrscheinlichkeitsrechnung nicht aus, um bestimmte Unsicherheiten und Ungenauigkeiten zu berücksichtigen. Von besonderem Interesse ist hierbei, dass die Beschreibung von Unschärfe über die Fuzzy-Theorie die Modellierung von Unsicherheiten nicht ausschließt. (vgl. [BAN93], [ROM94], [ZAD95], [WEB05], [VIE06])

In Anlehnung an die Wahrscheinlichkeitsverteilung führt Zadeh die Possibilitätsverteilung mit der Possibilitätstheorie ein [ZAD78]. In Abhängigkeit eines Ereignisses (bzw. eines Funktionswertes) werden durch die Verteilungsfunktion Possibilitätsgrade (also Möglichkeitsgrade) zugewiesen, welche mindestens so groß sind wie die zugehörigen Wahrscheinlichkeitsgrade. Die Funktion verläuft dabei ebenfalls zwischen 0 und 1, wobei mit der Höhe des Funktionswertes der Möglichkeitsgrad steigt, so dass ein mit 1 versehenes Element der Grundmenge als uneingeschränkt möglich und ein mit 0 versehenes Element als absolut unmöglich zu bewerten ist. Die Possibilitätsverteilung wird als eine normierte Funktion eingeführt und kann somit als Fuzzy-Menge angesehen werden. (vgl. [ZAD78], [BAN93], [ROM94])

Es ergibt sich folgende Eigenschaft: in der Wahrscheinlichkeitstheorie wird durch das Additionsaxiom gefordert, dass die Summe aus einer Wahrscheinlichkeit und deren Komplement stets 1 ergibt. Dies ist bei der Possibilitätstheorie nicht der Fall. Abgesehen vom Grenzfall des Possibiltätsgrades 1 wird das Komplement des Ereignisses stets als möglich angesehen. Durch die Verwendung der Possibibilitätstheorie können neben Unsicherheiten auch Ungenauigkeit berücksichtigt werden, was bei der Wahrscheinlichkeitstheorie nicht möglich ist. (vgl. [BAN93], [ROM94], [OTT01], [WEB05])

Analog zum menschlichen Sprachgebrauch wird somit die Bewertung der Möglichkeit stets höher eingeschätzt als die Wahrscheinlichkeit. Ein Ereignis mit geringer Wahrscheinlichkeit kann daher trotzdem einen hohen Möglichkeitsgrad zugewiesen bekommen. Die Wahrscheinlichkeitsverteilung stellt somit eine untere Grenze für die Möglichkeitsverteilung dar (Abbildung 2-13). Linguistisch kann dies folgendermaßen interpretiert werden: alles das, was als wahrscheinlich angesehen wird, muss auch möglich sein, jedoch muss nicht alles, was möglich ist, auch wahrscheinlich sein. (vgl. [BAN93], [ROM94], [WEB05])

2.2.2.3 Entwicklung trapezförmiger Fuzzy-States aus Wahrscheinlichkeitsmaßen

Nach obigen Ausführungen ist die Normalisierung der Wahrscheinlichkeitsdichtefunktion die einfachste Methode, um eine Möglichkeitsdichteverteilung zu generieren. Für die Anwendung trapezförmiger Zugehörigkeitsfunktionen ist diese Vorgehensweise jedoch nicht geeignet. Es wird daher eine alternative Vorgehensweise vorgeschlagen, wodurch der Aufwand durch Approximationen an parametrische Verteilungsfunktionen umgangen wird. Alternative Methoden nichtparametrischer Verfahren (wie etwa Dichteschätzungen, siehe [RIN08]) sind ebenfalls vielversprechend, werden jedoch nicht weiter betrachtet. Ein unscharfer Zustand $\underline{x}_X$, ausgedrückt durch eine trapezförmige Zugehörigkeitsfunktion, sei die Summe einer scharfen Messung oder Prädiktion $\hat{x}_M$ und einer bestimmten Unschärfe $\underline{\Delta x}_X$.

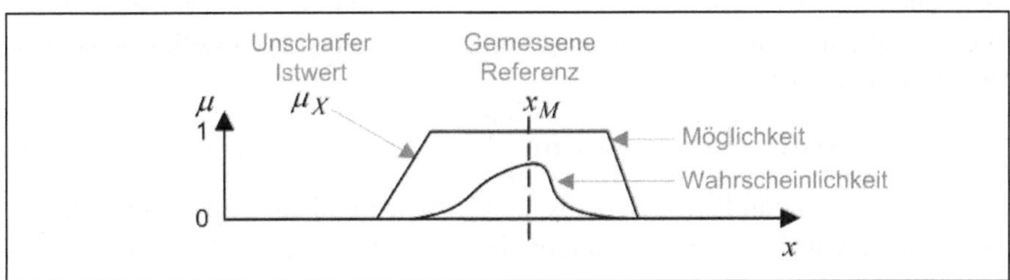

Abbildung 2-13: Zusammenhang von Wahrscheinlichkeit und Möglichkeit: das Wahrscheinlichkeitsmaß kann als eine untere Grenze für das Möglichkeitsmaß interpretiert werden.

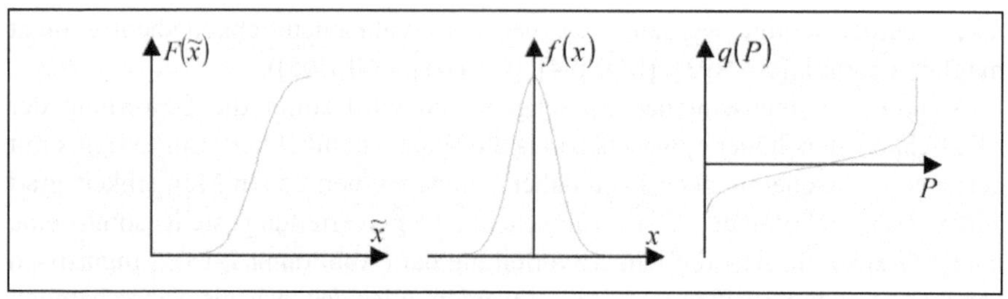

Abbildung 2-14: Wahrscheinlichkeitsverteilungs-, Wahrscheinlichkeitsdichte- und Quantil-Funktion (von links nach rechts).

Um die Parameter von $\underline{\Delta x_X}$ zu definieren, wird vorgeschlagen die diskrete Menge von Abweichungen zwischen den scharfen Messungen oder Prädiktionen $\hat{x}_M$ und den tatsächlichen Werten x_M einer statistischen Analyse zu unterziehen.

$$\underline{x}_X = \hat{x}_M \oplus \underline{\Delta x}_X = \hat{x}_M \oplus f(\{\hat{x}_M - x_M\}) \qquad 2.42$$

Die Wahrscheinlichkeitsverteilungsfunktion $F(\tilde{x})$ gibt an, mit welcher Wahrscheinlichkeit eine Zufallsgröße X einen Wert zwischen $-\infty$ und $\tilde{x}$ annimmt, was dem Integral der Wahrscheinlichkeitsdichte $f(x)$ von $-\infty$ und $\tilde{x}$ entspricht (vgl. [PAP01], [BRO06]):

$$F(\tilde{x}) = P(X \leq \tilde{x}) = \int_{-\infty}^{\tilde{x}} f(x) \cdot dx \qquad 2.43$$

Die obere Abgrenzung des Wertebereichs $\tilde{x}$ für eine Wahrscheinlichkeit P nennt man Quantil q, wobei jedem q zwischen 0 und 1 ein eindeutiger Wert $\tilde{x}$ zugewiesen werden kann und somit die Quantil-Funktion $q(\tilde{x}, P)$ definiert ist (vgl. [PAP01], [BRO06]):

$$q(X, P) = F^{-1}(P) = \inf\{\tilde{x} | F(\tilde{x}) \geq P\} \qquad 2.44$$

Die Quantil-Funktion lässt sich im kontinuierlichen Fall als Umkehrfunktion der Wahrscheinlichkeitsverteilung interpretieren. Abbildung 2-14 illustriert den Zusammenhang.

Um wiederum eine trapezförmige Zugehörigkeitsfunktion abzuleiten, ist eine Zuordnung der beschreibenden Parameter zu definierten Quantil-Werten erforderlich. Hierzu wird in den weiteren Betrachtungen folgender Ansatz vorgeschlagen: der Kern wird in Anlehnung an die Darstellung von Verteilungen durch Boxplots (siehe [RIN08]) anhand der 0,25- und 0,75-Quantil-Werte festgelegt; der Träger wird so definiert, dass die Zugehörigkeitsfunktion 95% aller Werte beinhaltet, um den Einfluss von Messausreißern zu reduzieren:

$$\underline{\Delta x}_X(X) := [q(X;0{,}025) \quad q(X;0{,}25) \quad q(X;0{,}75) \quad q(X;0{,}975)]^T \qquad 2.45$$

Abbildung 2-15 zeigt exemplarische Approximationen für Verteilungen. Die vorgeschlagene Festlegung der Quantil-Grenzen aus Gleichung 2.45 unterliegt zweifelsohne einer gewissen Willkür. Bei der Entwicklung trapezförmiger Fuzzy-States aus einer beliebigen Wahrscheinlichkeitsdichteverteilung kann nicht sichergestellt werden, dass (wie oben definiert) das Wahrscheinlichkeitsmaß immer die untere Grenze des Möglichkeitsgrades darstellt (siehe Abbildung 2-13). Eine exaktere Approximation würde jedoch eine genauere Kenntnis über die Verteilung (oder andere Zugehörigkeitsfunktionen) erfordern, wobei sich dann die Fragestellung ergibt, ob die Anwendung der Fuzzy-Theorie sinnvoll ist.

2.2.3 Soll-Istwert-Vergleich bei Unschärfe

Aufgrund der beschriebenen Unschärfen stellt sich die Frage, wie als Fuzzy-Intervall formulierte Soll- und Istwerte miteinander verglichen werden können und eine Bewertung erfolgen kann. Selbst bei dem klassischen Fuzzy-Control erfolgt ein derartiger Vergleich nicht explizit, da Prozessgrößen mit einem Zugehörigkeitsgrad einer Zustandsmenge zugeordnet werden und damit eine wissens- oder regelbasierte Entscheidungsfindung erfolgt.

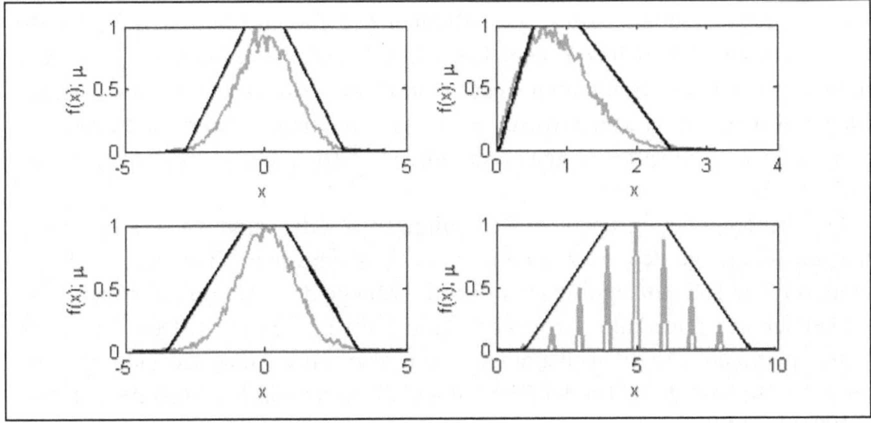

Abbildung 2-15: Beispiele für die Entwicklung trapezförmiger Fuzzy-States bei unterschiedlichen Wahrscheinlichkeitsdichteverteilungen. Oben: Normal-, Weibullverteilung, unten: Studentische t- und Binomialverteilung.

Um die Regelabweichung zu bestimmen, liegt zunächst der Gedanke nahe, wie bei klassischen Regelungen die Differenz der beiden Größen mit Hilfe der (Fuzzy-)Arithmetik zu bestimmen. Allerdings liefert dieses Vorgehen wieder eine Fuzzy-Menge auf deren Basis unterschiedliche Lösungsvarianten nicht verglichen werden können. Eine skalare Größe, welche den Grad der Übereinstimmung des Fuzzy-States mit dem Fuzzy-Goal angibt, wäre daher wünschenswert. Ein weiterer, zunächst sinnvoll erscheinender Ansatz ist die Berechnung der Differenz der Abszissenwerte zwischen den Massenschwerpunkten, wobei dabei die Unschärfeinformation verloren geht (vgl. [ARN10a]). Zur Ermittlung einer skalaren (scharfen) Bewertungsgröße ist eine alternative Vorgehensweise erforderlich, welche weniger die Differenz sondern vielmehr die Ähnlichkeit zwischen Fuzzy-State und zugehörigem Fuzzy-Goal beschreibt. Der im Folgenden vorgestellte Ansatz ähnelt der Theorie von Möglichkeits- und Notwendigkeitsmaßen, hierzu wird in Abschnitt 2.2.3.2 Stellung genommen.

2.2.3.1 Linguistische Interpretation des Vergleichs

Ein Fuzzy-Sollwert beschreibt die Menge der gewünschten Zustände (Abschnitt 2.2.1) und ein Fuzzy-Istwert die Menge der möglichen Zustände (Abschnitt 2.2.2). Eine Option zur Beurteilung einer Übereinstimmung wäre daher die Ermittlung einer skalaren (scharfen) Größe, welche ein Maß der Schnittmenge der beiden Mengen darstellt. Ziel der Entscheidungsfindung ist dann die Maximierung der Schnittmenge, so dass eine Entscheidung umso besser bewertet wird, je mehr mögliche Istwerte im Bereich gewünschter Sollwerte vorhanden sind (Abbildung 2-16 links). Gleichermaßen kann eine Minimierung der Vereinigungsmenge als Beurteilungsmaß genutzt werden, da somit eine Entscheidung umso besser bewertet wird, je weniger mögliche Istwerte außerhalb der gewünschten Sollwerte liegen (Abbildung 2-16 rechts). (vgl. [ARN10b], [ARN11a])

Die beiden oben genannten Beurteilungsmethoden sind zwar anschaulich, bringen allerdings den Nachteil mit sich, dass eine hohe Bewertung erfolgen kann, obwohl sich ein signifikanter Teil der Menge der Istwerte mit hohen Möglichkeitsgraden außerhalb der gewünschten Sollwerte befindet. Den vergleichsweise geringen Möglichkeitsgraden wird also eine hohe Bedeutung zugesprochen, so dass diese Art der Beurteilung als optimistisch einzustufen ist. (vgl. [ARN10b], [ARN11a])

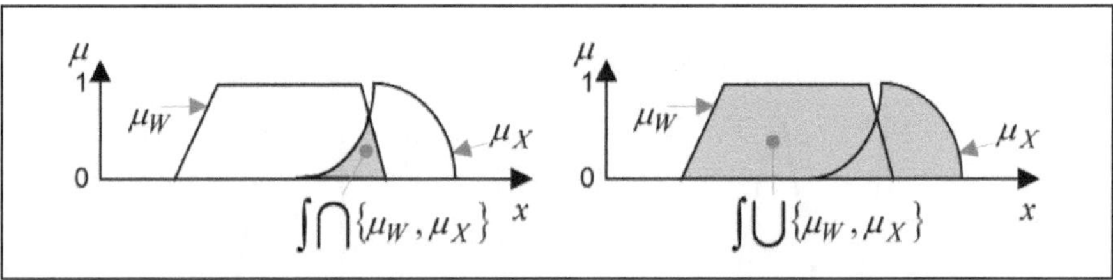

Abbildung 2-16: Optimistischer Ansatz: Optimierungsaufgabe ist die Minimierung der Schnittmenge (links) oder die Maximierung der Vereinigungsmenge (rechts) von gewünschten Soll- und möglichen Istwerten.

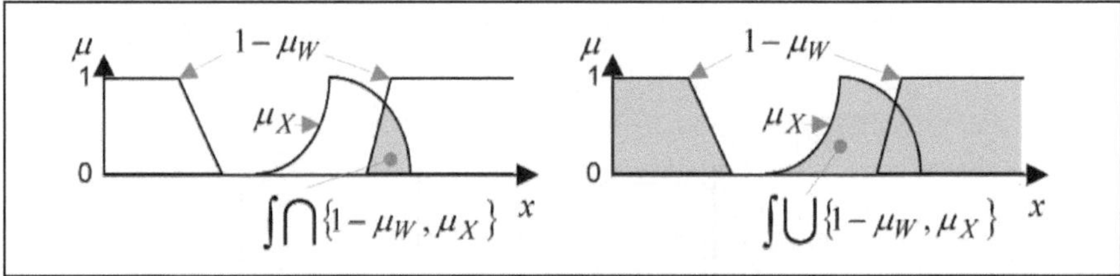

Abbildung 2-17: Pessimistischer Ansatz: Optimierungsaufgabe ist die Minimierung der Schnittmenge (links) oder die Maximierung der Vereinigungsmenge (rechts) von ungewünschten Soll- und möglichen Istwerten.

Ein pessimistischer Ansatz liefert den Vergleich möglicher Istwerte mit unerwünschten Sollwerten, indem die Komplementärmenge der Sollwerte betrachtet wird. Ziel der Entscheidungsfindung ist dann die Minimierung der Schnittmenge, da dann die möglichen Istwerte im Bereich der ungewünschten Sollwerte verringert werden (siehe Abbildung 2-17 links), oder die Maximierung der Vereinigungsmenge (siehe Abbildung 2-17 rechts), da dann eine Entscheidung umso besser bewertet wird, je mehr mögliche Istwerte den Bereich der unerwünschten Sollwerte verlassen. (vgl. [ARN10b], [ARN11a])

2.2.3.2 Vergleich des optimistischen mit dem pessimistischen Ansatz

Mittels Integration der jeweils entstehenden Flächen und dem Vergleich mit einer extremen Bewertung („best case“ oder „worst case“) resultiert eine skalare Größe (siehe Tabelle 2-3). Um die beiden Ansätze miteinander zu vergleichen, werden exemplarisch die Fuzzy-Soll- und Istwerte aus Abbildung 2-18 betrachtet.

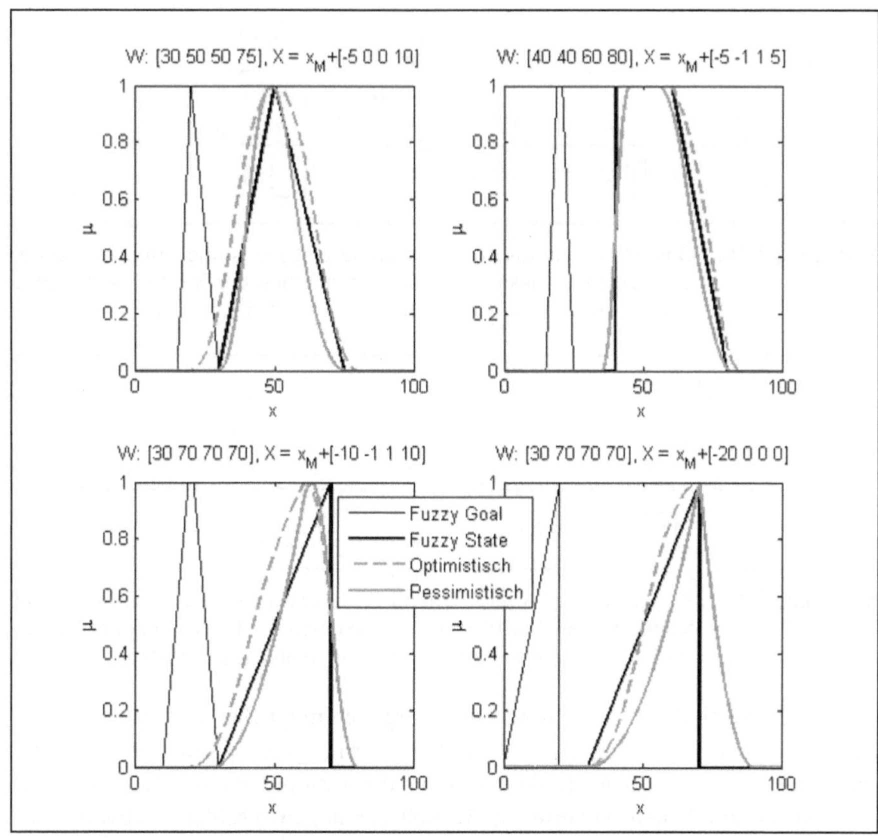

Abbildung 2-18: Beispiele zum Vergleich der optimistischen (blau) mit der pessimistischen (rot) Bewertung (normalisiert) mit unterschiedlichen Fuzzy-Goals $\underline{x}_X$ und Fuzzy States $\underline{x}_X = x_M + \underline{\Delta x}_X$.

Der Fuzzy-Istwert sei dabei eine Zugehörigkeitsfunktion, welche in Relation zu einer Messung x_M steht (Formel 2.42). Beim Verschieben des Fuzzy-Istwertes wird jeweils der Flächeninhalt (über die Integrale) der oben beschriebenen Bewertungen berechnet. Die Abbildung zeigt die sich jeweils ergebenden Einflüsse der Verschiebung und verdeutlicht den Unterschied der beiden Bewertungsansätze. Hierbei sind die Flächeninhalte zwischen 0 und 1 normiert.

Es ist zu erkennen, dass die hohen Bewertungen beim pessimistischen Ansatz deutlich weniger sind als beim optimistischen Ansatz. Zur Bewertung von Entscheidungen sollten soweit möglich Skalierungen erfolgen, da somit eine multikriterielle Entscheidung einfacher erfolgen kann. Die Normierung erfolgt, indem die beste Entscheidung mit einer 1 und die schlechteste Entscheidung mit einer 0 gekennzeichnet werden.

Für eine praktikable Anwendung wäre es wünschenswert, die jeweils beste oder schlechteste Bewertung im Vorfeld zu kennen. Hierzu werden die jeweiligen Grenzwerte in Tabelle 2-3 aufgelistet. Um eine geeignete Bewertungsfunktion ableiten zu können, muss die jeweilige Bewertung in Relation zu den Grenzwerten gesetzt werden (Tabelle 2-3 letzte Zeile). Je nach angewandter Methode zur Realisierung der T- und S-Normen (Abschnitt 2.1.2) ergeben sich unterschiedliche Methoden zur Bewertung. Exemplarische Bewertungsfunktionen sind in Tabelle 2-4 dargestellt.

Von besonderem Interesse ist im Folgenden die Anwendung des algebraischen Produktes, da dieser Ansatz sehr einfach zu realisieren ist. Es ist zudem anzumerken, dass somit die Realisierung des optimistischen und des pessimistischen Ansatzes zur gleichen Bewertungsfunktion führt und dieses Vorgehen somit in gewisser Weise ein Kompromiss der beiden Ansätze darstellt.

Die hier für den unscharfen Soll-Istwert-Vergleich vorgeschlagene Methode ähnelt der Theorie des Fuzzy-Maßes, welches (wie das Wahrscheinlichkeitsmaß) ein Maß für eine Unsicherheit ist. Es ist zwischen zahlreichen vorgeschlagenen Fuzzy-Maßen zu unterscheiden (siehe [OTT01]). Insbesondere ähneln die hier vorgeschlagenen Bewertungsansätze der Theorie vom Possibilitätsmaß Π (Analogie zum optimistischen Ansatz) und Nezessitätsmaß N (Analogie zum pessimistischen Ansatz):

$$\Pi = \sup\{\min\{\mu_W, \mu_X\}\} \qquad 2.46$$

$$N = 1 - \sup\{\min\{1 - \mu_W, \mu_X\}\} \qquad 2.47$$

Wie [OTT01] anmerkt, ist die Theorie der Fuzzy-Maße nicht als geschlossen anzusehen. Aktuellere Veröffentlichungen stellen dies ebenfalls nicht in Aussicht, sondern befassen sich mit der Anwendung und nicht der Erweiterung bestehender Theorien. Allerdings wird der Ansatz vor allem in der robusten Entscheidungsfindung immer häufiger angewandt, wie etwa [ZHA09], [KAS09], [KAS10], [KAS11] oder [HUA11] zu entnehmen ist. Die Realisierung einer Bewertungsmethode anhand der Parameter trapezförmiger Zugehörigkeitsfunktionen ist hier allerdings mit einem höheren Aufwand verbunden, so dass ein alternativer Ansatz im folgenden Abschnitt entwickelt wird.

	Optimistischer Ansatz $\int \cap\{\mu_W, \mu_X\}$ bzw. $\int \cup\{\mu_W, \mu_X\}$		Pessimistischer Ansatz $\int \cap\{\bar{\mu}_W, \mu_X\}$ bzw. $\int \cup\{\bar{\mu}_W, \mu_X\}$	
	worst case	best case	worst case	best case
T-Norm	0	$\int \mu_X$	$\int \mu_X$	0
S-Norm	$\int \cup\{\mu_W, \mu_X\}$	$\int \mu_W$	$\int \bar{\mu}_W$	$\int \cap\{\bar{\mu}_W, \mu_X\}$
Geeignete Bewertung	$\frac{\int \cap\{\mu_W, \mu_X\}}{\int \mu_X}$		$1 - \frac{\int \cap\{\bar{\mu}_W, \mu_X\}}{\int \mu_X}$	

Tabelle 2-3: Bewertungsschemen für den optimistischen und den pessimistischen Ansatz.

	Optimistischer Ansatz	Pessimistischer Ansatz
Min/Max	$\frac{\int \max\{\mu_W, \mu_X\}}{\int \mu_X}$	$1 - \frac{\int \max\{1 - \mu_W, \mu_X\}}{\int \mu_X}$
Algebraische(s) Summe/Produkt	$\frac{\int \mu_W \cdot \mu_X}{\int \mu_X}$	$1 - \frac{\int (1 - \mu_W) \cdot \mu_X}{\int \mu_X} = \frac{\int \mu_W \cdot \mu_X}{\int \mu_X}$
Beschränkte(s) Summe/Produkt	$\frac{\int \max\{0, \mu_W + \mu_X - 1\}}{\int \mu_X}$	$1 - \frac{\int \max\{0, \mu_X - \mu_W\}}{\int \mu_X}$

Tabelle 2-4: Optimistische und pessimistische Bewertung bei unterschiedlichen Operationen.

2.2.3.3 Realisierung einer vereinfachten Bewertungsmethode

Um eine einfach berechenbare Bewertungsmethode zu entwickeln, wird ein Ansatz angewandt, welcher nicht explizit alle einzelnen Elemente der Zugehörigkeitsfunktionen betrachtet, sondern lediglich mit den beschreibenden

Parametern arbeitet - ähnlich wie bei der vereinfachten Fuzzy-Arithmetik (siehe Abschnitt 2.1.3.2). Im Folgenden wird dieser auf trapezförmigen Zugehörigkeitsfunktionen basierende Lösungsansatz des unscharfen Soll-Istwert-Vergleich mit folgender Notation definiert:

$$\mu_D(x_M) = \zeta\left(\underline{x}_W, \underline{x}_X(x_M)\right) \tag{2.48}$$

Trapezförmige Zugehörigkeitsfunktionen können jeweils in drei Teilbereiche mit unterschiedlichen Geradengleichungen aufgeteilt werden (siehe Gleichung 2.13). Da prinzipiell jede stückweise Geradengleichung des Istwertes in jedem Abschnitt des Sollwertes liegen kann, ergeben sich bei der Anwendung des algebraischen Produktes nach Tabelle 2-4 maximal neun zu lösende Integrale. Diese sind jeweils wie folgt definiert (Parametrierung nach Abbildung 2-19):

$$\int_{x_A}^{x_E} (g_W \cdot g_X)dx = \int_{x_A}^{x_E} \left(\frac{x - a_W}{b_W - a_W} \cdot \frac{x - a_X}{b_X - a_X}\right) dx \tag{2.49}$$

Die Lösung dieses Integrals liefert die allgemein gültige Gleichung:

$$\int_{x_A}^{x_E} (g_W \cdot g_X)dx = \left[x \cdot \frac{a_X \cdot a_W - \frac{x}{2} \cdot (a_X + a_W) \cdot + \frac{x^2}{3}}{(b_W - a_W) \cdot (b_X - a_X)} \right]_{x_A}^{x_E} \tag{2.50}$$

Es wird die Parametrierung nach Abbildung 2-20 betrachtet. Die Integrationsgrenzen sind jeweils entsprechend den Abschnittsrandwerten zu definieren, so dass durch Aufsummieren der Integrale folgende Beziehung resultiert:

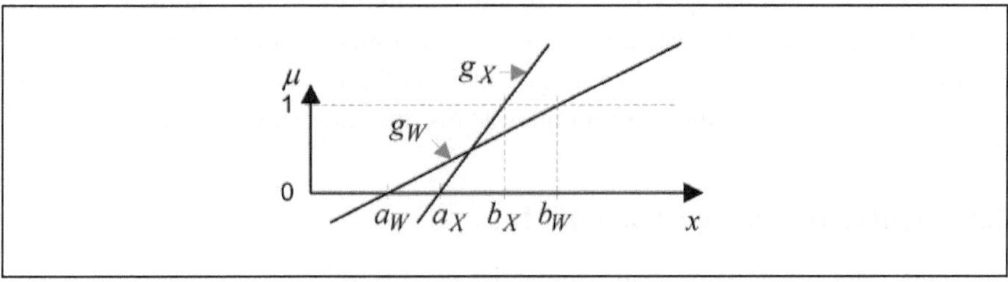

Abbildung 2-19: Veranschaulichung der Parameter der Geradengleichungen zu Formel 2.49.

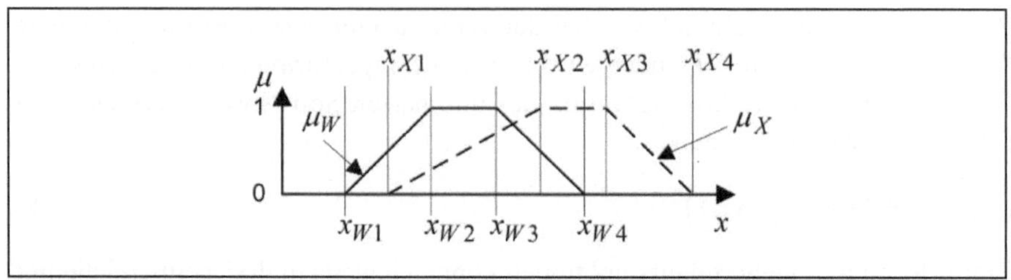

Abbildung 2-20: Unscharfer Soll-Istwert-Vergleich mit trapezförmigen Zugehörigkeitsfunktionen.

$$\zeta\left(\underline{x}_W, \underline{x}_X\right) = \frac{\int \mu_W \cdot \mu_X}{\int \mu_X}$$

$$= \sum_{j=1}^{3} \sum_{i=1}^{3} \frac{\left[x \cdot \frac{x_{X(j)} \cdot x_{W(i)} - \frac{x}{2} \cdot \left(x_{X(j)} + x_{W(i)}\right) + \frac{x^2}{3}}{\left(x_{W(i)} - x_{W(i+1)}\right) \cdot \left(x_{X(j)} - x_{X(j+1)}\right)} \right]_{\min\left\{\max\left\{\begin{matrix} x_{W(i)} \\ x_{X(i)} \end{matrix}\right\}, \; x_{W(i+1)}\right\}}^{\min\left\{\max\left\{\begin{matrix} x_{W(i)} \\ x_{X(i+1)} \end{matrix}\right\}, \; x_{W(i+1)}\right\}}}{0{,}5 \cdot \left(-x_{X1} + x_{X2} + x_{X3} - x_{X4}\right)} \qquad 2.51$$

Für die Berechnung der Bewertung sind somit keine numerischen Methoden erforderlich, so dass die Lösung lediglich durch Anwendung einfacher mathematischer und logischer Operationen mit den Parametern der Fuzzy-Goals und Fuzzy-States ermittelt werden kann. Exemplarisch zeigt Abbildung 2-21 die Bewertungsfunktionen, die sich nach der Anwendung von Gleichung 2.51 ergeben (gleiche Szenarien wie in Abbildung 2-18). Es ist zu erkennen, dass in bestimmten Fällen die Bewertung nicht das Maximum von eins erreichen kann. Dies ist der Fall, wenn ideale Lösungen nicht gefunden werden können, da die Unschärfe des Fuzzy-States ausgeprägter ist als die des Fuzzy-Goals.

2.3 Entscheiden bei Unschärfe

Das Ziel jedes Endscheidungsprozesses ist die Ermittlung derjenigen Lösungsvariante, bei welcher die aufgestellten Anforderungen (bzw. Gütekriterien) bestmöglich erfüllt werden. Aus Sicht der Optimierung stellen Fuzzy-Goals unscharfe Gütekriterien dar. Die bei der Suche nach der optimalen Lösung anzuwendende Methode ist von der jeweiligen Problemstellung abhängig.

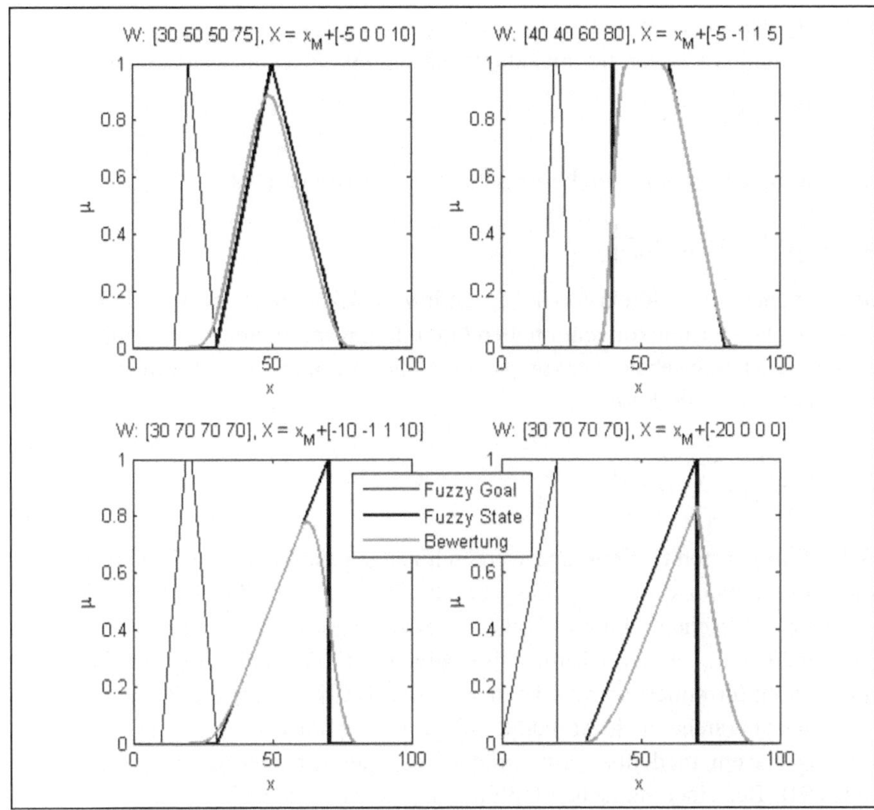

Abbildung 2-21: Bewertungen bei unscharfem Soll-Istwert-Vergleich mit trapezförmigen Zugehörigkeitsfunktionen und dem algebraischem Produkt mittels analytischer Lösung.

Hierfür wird zunächst zwischen der statischen (einstufigen) und dynamischen (mehrstufigen) Optimierung unterschieden sowie die Möglichkeiten der Gewichtung einzelner Anforderungen und verschiedene Lösungsverfahren vorgestellt.

2.3.1 Statische Optimierung

Bei der statischen Optimierung wird eine Kombination von Entscheidungsvariablen gesucht. Weiterhin wird davon ausgegangen, dass zukünftige Entscheidungen nicht von vorhergehenden abhängig sind, so dass es sich um einen einstufigen Entscheidungsprozess handelt. Ist dies nicht der Fall, entsteht ein mehrstufiges Optimierungsproblem, welches mit Hilfe der dynamischen

Optimierung zu lösen ist (siehe Abschnitt 2.3.2). Eine Kombination von n_j der Entscheidungsvariablen $\boldsymbol{u}$ zum aktuellen Zeitpunkt k sei definiert durch:

$$\boldsymbol{u}^k = \left[u_1^k; u_2^k; \ldots; u_{n_j}^k\right]^T \qquad 2.52$$

Die optimale Kombination der Entscheidungsvariablen $\boldsymbol{u}^*$ ist

$$\boldsymbol{u}^{*k} = \left[u_1^{*k}; u_2^{*k}; \ldots; u_{n_j}^{*k}\right]^T \qquad 2.53$$

bei welcher die Gütekriterien f_m (mit $m = 1{,}2 \ldots, n_m$) bestmöglich erfüllt werden. Die meisten konventionellen Optimierungsprobleme können als Kostenfunktionen beschrieben werden, so dass die Aufgabe die Minimierung einer Summe ist (vgl. [PAP96]):

$$J(\boldsymbol{u}^{*k}) = \min_{\boldsymbol{u}^k} \sum_{m=1}^{n_m} f_m(\boldsymbol{u}^k) \qquad 2.54$$

Bei der unscharfen Optimierung werden hingegen sämtliche n_m Gütekriterien als Zugehörigkeitsfunktionen μ_w ausgedrückt. Bellman und Zadeh [BEL70] unterscheiden zwischen Fuzzy-Goals (Zielsetzungen) und Fuzzy-Constraints (Begrenzungen). Da jedoch im Allgemeinen jede Beschränkung zu einer Zielfunktion umformuliert werden kann (vgl. [BER00]), genügt die Betrachtung der Fuzzy-Goals (siehe auch Abschnitt 2.2.1). Prinzipiell kann jede Entscheidungsfindung als ein modellbasiertes prädiktives Konzept interpretiert werden (vgl. [RIC09]). Bei einer statischen Optimierung werden zukünftige Prozesszustände $\underline{\boldsymbol{x}}_X^{k+1}$ bei verschiedenen Kombinationen von Eingriffen $\boldsymbol{u}^k$ unter Berücksichtigung nicht beeinflussbarer Störungen $\boldsymbol{z}^k$ berechnet und mit den zukünftigen Anforderungen an den Prozess $\underline{\boldsymbol{x}}_W^{k+1}$ verglichen (Abbildung 2-22). Das dabei verwendete Prädiktionsmodell wird mit dem aktuellen Prozesszustand $\underline{\boldsymbol{x}}_X^k$ initialisiert.

Im Gegensatz zum konventionellen Verfahren nach Gleichung 2.54 werden hier die einzelnen Bewertungen nicht aufsummiert, sondern untereinander über den Minimumoperator verglichen, so dass das Ziel die Maximierung der schlechtesten Bewertung eines Gütekriteriums darstellt:

$$\mu_D(\boldsymbol{u}^{*k}) = \max_{\boldsymbol{u}^k} \bigwedge_{m=1}^{n_m} \mu_m(\boldsymbol{u}^k) = \max_{\boldsymbol{u}} \bigwedge_{m=1}^{n_m} \zeta\left(\underline{x}_{m,W}^{k+1}, x_m^{k+1}(\boldsymbol{u}^k)\right) \qquad 2.55$$

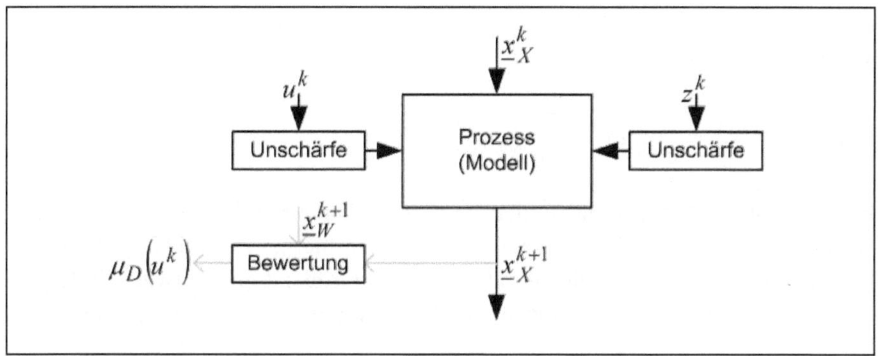

Abbildung 2-22: Einstufiger Entscheidungsprozess (Eingrößenfall, in Anlehnung an [KAC97]).

Das Verfahren ist in der Fachliteratur unter dem Begriff „Fuzzy-Decision-Making" bekannt und stellt ein multikriterielles Optimierungsverfahren dar (siehe z. B. [BEL70], [SOU03]). Dieser Ansatz berücksichtigt lediglich die Unschärfe der Fuzzy-Goals. Um die Unschärfe der Zustände zu berücksichtigen, wird das Problem mit der Methode nach Gleichung 2.51 umformuliert. Folglich wird die Möglichkeitsverteilung des zukünftigen Zustandes berücksichtigt und die Robustheit der zu treffenden Entscheidung erhöht (siehe auch [KAS09]).

$$\mu_D(\boldsymbol{u}^{*k}) = \max_{\boldsymbol{u}^k} \bigwedge_{m=1}^{n_m} \zeta\left(\underline{x}_{m,W}^{k+1}, \underline{x}_{m,X}^{k+1}(\boldsymbol{u}^k)\right) \qquad 2.56$$

2.3.2 Dynamische Optimierung

In der dynamischen Optimierung ist das Problem komplexer, da innerhalb des Prädiktionshorizontes n_P (zwischen den Zeitpunkten k und $k + n_P - 1$) mehrstufige Kombinationen von Entscheidungsvariablen $\boldsymbol{u}^{k\to k+n_P-1}$ zu ermitteln sind:

$$\boldsymbol{u}^{k\to k+n_P-1} = \begin{bmatrix} u_1^k & u_1^{k+1} & \cdots & u_1^{k+n_P-1} \\ u_2^k & u_2^{k+1} & \cdots & u_2^{k+n_P-1} \\ \vdots & \vdots & \ddots & \vdots \\ u_{n_j}^k & u_{n_j}^{k+1} & \cdots & u_{n_j}^{k+n_P-1} \end{bmatrix} \qquad 2.57$$

Das Optimierungsproblem ist in zweierlei Hinsichten multikriteriell: n_m Prozesszustände werden zu verschiedenen zukünftigen Zeitpunkten im Prädiktionshorizont n_P bewertet. Die Optimierungsaufgabe aus Gleichung 2.54 wird entsprechend komplexer:

$$J(\boldsymbol{u}^{*k\rightarrow k+n_P-1}) = \min_{u^{k\rightarrow k+n_P-1}} \sum_{m=1}^{n_m} f_m(\boldsymbol{u}^{k\rightarrow k+n_P-1}) \qquad 2.58$$

Eine besondere Anwendung findet die dynamische Optimierung in der modellbasierten prädiktiven Regelung (Einführungen hierzu in [DIT04], [RIC09], [ADA09]). Dabei werden die zu optimierenden Größen typischerweise in Regelgrößen und Stellgrößenänderungen unterteilt und mit Faktoren q gewichtet:

$$J(\boldsymbol{u}^{*k\rightarrow k+n_P-1}) = \min_{u^{k\rightarrow k+n_P-1}} \sum_{i=0}^{n_P-1} \left(\begin{array}{c} \underbrace{\sum_{m=1}^{n_m} \left| q_m^{k+i+1} \cdot (x_m^{k+i+1} - w_m^{k+i+1}) \right|^2}_{\text{Bewertung zukünftiger Regelgrößen}} \\ + \\ \underbrace{\sum_{j=1}^{n_j} \left| q_{\Delta u}^{k+i} \cdot (u_j^{k+i} - u_j^{k+i-1}) \right|^2}_{\text{Bewertung zukünftiger Stellgrößenänderungen}} \end{array} \right) \qquad 2.59$$

Offensichtlich werden im Gütekriterium scharfe Differenzen als Bewertungsmaß (bzw. deren Quadrat) verwendet. Unterteilungen des Sollwertes in ideale, zulässige und ungeeignete Bereiche sind nicht möglich. Analog zur statischen Optimierung (Abschnitt 2.3.1) kann das Problem mit Fuzzy-Goals formuliert werden:

$$\mu_D(\boldsymbol{u}^{*\rightarrow k+n_P-1}) = \max_{u^{k\rightarrow k+n_P-1}} \bigwedge_{i=0}^{n_P-1} \left(\begin{array}{c} \underbrace{\bigwedge_{m=1}^{n_m} \zeta\{\underline{x}_{m,W}^{k+i+1}, \underline{x}_{m,X}^{k+i+1}(\boldsymbol{u}^{k\rightarrow k+n_P-1})\}}_{\text{Bewertung zukünftiger Regelgrößen}} \\ \wedge \\ \underbrace{\bigwedge_{j=1}^{n_j} \zeta\{\underline{\Delta u}_{j,W}^{k+i}, u_j^{k+i} - u_j^{k+i-1}\}}_{\text{Bewertung zukünftiger Stellgrößenänderungen}} \end{array} \right) \qquad 2.60$$

Zukünftige Prozesszustände $\underline{\boldsymbol{x}}_X^{k+1\rightarrow k+n_P}$ sollen die zukünftigen Anforderungen $\underline{\boldsymbol{x}}_W^{k+1\rightarrow k+n_P}$ bestmöglich erfüllen. Wie bei der statischen Optimierung können nicht veränderbare Einflüsse $z^{k \to k+n_P-1}$ berücksichtigt werden. Eine schematische Darstellung zeigt Abbildung 2-23. Diese Methode wird in der Literatur als „Multistage-Fuzzy-Control" bezeichnet (siehe [KAC97]). Im Gegensatz zum konventionellen Vorgehen werden die Sollwerte mittels Fuzzy-Goals formuliert und einzelne Bewertungen über den Minimumoperator aggregiert. Weiterführende Literatur zum Unterschied zwischen Multistage-Fuzzy-Control und der konventionellen prädiktiven Regelung können insbesondere [SOU96] und [MEN06] entnommen werden.

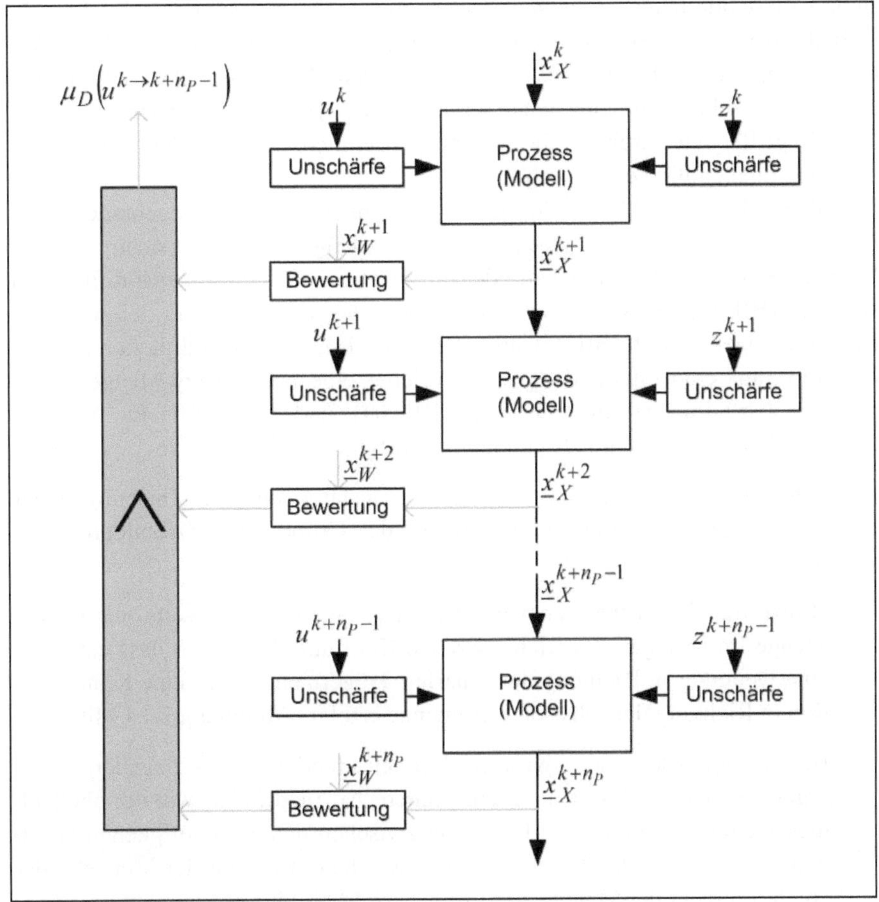

Abbildung 2-23: Mehrstufiger Entscheidungsprozess (Eingrößenfall, in Anlehnung an [KAC97]).

2.3.3 Gewichtung von Fuzzy-Goals

Unter einer multikriteriellen Bewertung (auch Mehrkriterienoptimierung, vgl. [GER04]) wird im Allgemeinen die Beurteilung einer Entscheidung unter Berücksichtigung mehrerer (möglicherweise verschiedenartiger) Gütefunktionen verstanden. Folglich stellen die oben aufgezeigten Problemstellungen multikriterielle Optimierungsaufgaben dar. Bislang wurde davon ausgegangen, dass einzelne Fuzzy-Goals alle gleichermaßen in der Entscheidungsfindung zu berücksichtigen sind. Allerdings sind Fuzzy-Goals nicht immer gleich wichtig, so dass diese durch Gewichtungen genauer zu spezifizieren sind.

In der natürlichen Sprache werden Umschreibungen verwendet, um Spezifikationen oder Aufweichungen aus einer bestehenden Menge (z. B. "warm") in eine neue (z. B. "sehr warm") entstehen zu lassen (vgl. [BIE97]). Typische Vertreter sind Begriffe wie „sehr“, „besonders“, „ziemlich“, „mehr oder weniger“, „extrem“ oder „außergewöhnlich“.

Zadeh führt in [ZAD72] für derartige Elemente des Sprachgebrauchs den Begriff der "linguistischen Hecke" ein und schlägt zur Berücksichtigung der Vagheit der natürlichen Sprache in der Fuzzy-Theorie sogenannte Modifikatoren vor (vgl. [BIE97]). Eine Übersicht mathematischer Konzepte und tiefergehende Beschreibungen liefert [BIE97] und [DEC04]. Ein Fuzzy-Modifikator ist eine Operation auf eine Fuzzy-Menge, bei welcher eine neue Fuzzy-Menge in der gleichen Grundmenge entsteht (vgl. [DEC04] und [BOS06]). Es wird im Wesentlichen zwischen drei Typen unterschieden:

- „Shifting“-Modifikatoren verursachen translatorische Verschiebungen der Zugehörigkeitsfunktion auf der Achse der Grundmenge (Abbildung 2-24 links).
- „Powering“-Modifikatoren verändern die Zugehörigkeitswerte der Fuzzy-Menge im Übergangsbereich zwischen Kern und Träger, so dass entweder eine Dehnung in Richtung der scharfen Trägermenge oder eine Konzentration in Richtung der scharfen Kernmenge erfolgt (Abbildung 2-24 Mitte).
- Bei der „Intensification“ wird der Bereich unterhalb eines Zugehörigkeitsgrades (eines α-Schnittes) auf eine andere Art modifiziert wie der oberhalb dieser Grenze, so dass der Übergang zwischen den Zugehörigkeiten von 0 und 1 schärfer verläuft: der Kontrast zwischen „Element der Menge“ oder „nicht Element der Menge“ wird verschärft (Abbildung 2-24 rechts).

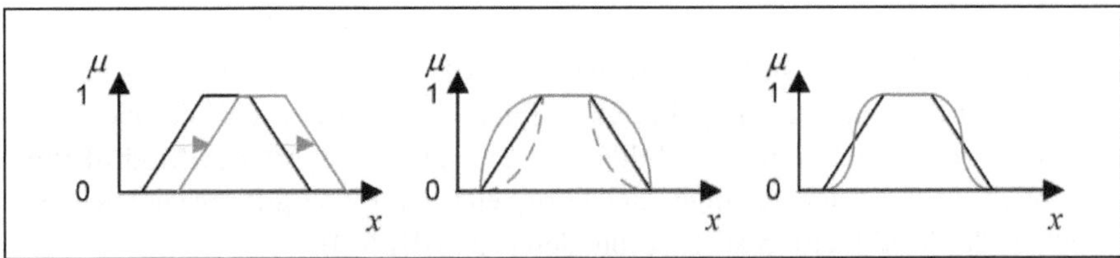

Abbildung 2-24: Modifikationen von Fuzzy-Mengen von links: Shifting, Powering und Intensification.

Für die Gewichtung von Fuzzy-Goals ist besonders der Powering-Modifikator von Interesse. Durch die Dehnung in Richtung der scharfen Trägermenge wird der Sollwert weniger stark gewichtet, hingegen bewirkt eine Konzentration in Richtung der scharfen Kernmenge eine stärkere Gewichtung des Fuzzy-Goals. In der Literatur (z. B. [BOS06]) wird zudem zwischen expansiven und restriktiven Modifikatoren unterschieden. Expansive Modifikatoren erhöhen einzelne Zugehörigkeitsgrade und vergrößern somit die Fuzzy-Menge, hingegen verringern restriktive Modifikatoren die Zugehörigkeitsgrade und verkleinern somit die Fuzzy-Menge. Meist wird dies durch Potenzieren sämtlicher Mengenelemente realisiert, wobei für Exponenten kleiner 1 eine Dehnung und für Exponenten größer 1 eine Konzentration erfolgt.

$$\tilde{\mu}(x) = \left(\mu(x)\right)^{\alpha_P} \qquad 2.61$$

Für eine intuitive Gewichtung der Fuzzy-Goals ist die unsymmetrische Skalierung (restriktiv für $1 < \alpha_P < \infty$ und expansiv für $0 < \alpha_P < 1$) ungeeignet. Eine anschaulichere Gewichtung ist hingegen durch die Einführung eines zusätzlichen Parameters λ_P möglich, welcher wie folgt definiert ist (vgl. [ARN11b]):

$$\alpha_P = \begin{cases} 1/(1-\lambda_P) & \text{für } 0 \leq \lambda_P < 1 \\ 1+\lambda_P & \text{für } 0 > \lambda_P > -1 \end{cases} \qquad 2.62$$

Somit erfolgt die Gewichtung für die Restriktion mittels $0 \leq \lambda_P < 1$ und für die Expansion mittels $-1 > \lambda_P > 0$. Da hier die Modifikator-Operation auf die Elemente der Zugehörigkeitsfunktion angewandt wird, ist die explizite mathematische Beschreibung der Zugehörigkeitsfunktion nicht zwingend erforderlich. Allerdings können die in den Abschnitten 2.1 und 2.2 vorgestellten Konzepte, bei welchen lediglich die Parameter der trapezförmigen Zugehörigkeitsfunktionen betrachtet werden, nicht angewandt werden.

Es wird ein alternativer Ansatz vorgeschlagen, um die in den vorhergehenden Abschnitten vorgestellten Methoden, welche lediglich mit den Parametern der trapezförmigen Zugehörigkeitsfunktionen arbeiten, weiterhin anwenden zu können. In Anlehnung an [BOS06] und [MAR01] werden je nach Gewichtung nicht die Elemente der Zugehörigkeitsfunktion, sondern die definierenden Parameter modifiziert (siehe Abbildung 2-25). Da diese Art der Modifikation ausschließlich für trapezförmige Zugehörigkeitsfunktionen gilt, bezeichnet man diese Art der Modifikation als typgebunden (vgl. [BIE97]).

Im alternativen Ansatz wird bei einer Konzentration der Zugehörigkeitsfunktion der Träger an den Kern und bei einer Dehnung der Kern an den Träger gemäß folgender Definition durch Parameterverschiebung realisiert:

$$\underset{\sim}{\tilde{x}}_W = \langle \underset{\sim}{x}_W \rangle^{\lambda_S} = \begin{cases} \begin{bmatrix} \tilde{x}_{W1} \\ \tilde{x}_{W2} \\ \tilde{x}_{W3} \\ \tilde{x}_{W4} \end{bmatrix} = \begin{bmatrix} x_{W1} \\ x_{W2} + (x_{W2} - x_{W1}) \cdot \lambda_S \\ x_{W3} - (x_{W4} - x_{W3}) \cdot \lambda_S \\ x_{W4} \end{bmatrix} & \text{für } 0 > \lambda_S > -1 \\ \begin{bmatrix} \tilde{x}_{W1} \\ \tilde{x}_{W2} \\ \tilde{x}_{W3} \\ \tilde{x}_{W4} \end{bmatrix} = \begin{bmatrix} x_{W1} + (x_{W2} - x_{W1}) \cdot \lambda_S \\ x_{W2} \\ x_{W3} \\ x_{W4} - (x_{W4} - x_{W3}) \cdot \lambda_S \end{bmatrix} & \text{für } 0 \leq \lambda_S < 1 \end{cases} \tag{2.63}$$

Abbildung 2-26 stellt zum Vergleich unterschiedliche Gewichtungen mit den beiden Realisierungsansätzen dar. Es ist zu erkennen, dass die beiden Ansätze auf die Zugehörigkeitsfunktion in ähnlicher Weise wirken.

2.3.4 Erzwingen eines Rankings

Es ist möglich, dass die Schnittmenge des Fuzzy-Goals und des Fuzzy-States leer ist, wodurch alle Lösungsvarianten mit Null bewertet werden und keine optimale Lösung selektiert werden kann.

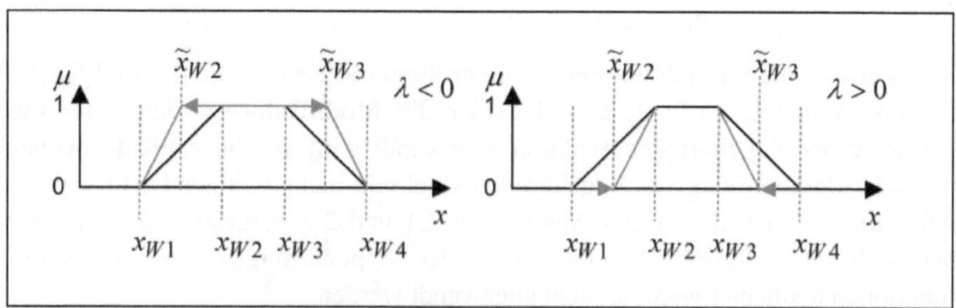

Abbildung 2-25: Vorschlag zur Gewichtung von Fuzzy-Goals über Verschiebung der Definitionsparameter: links Dehnung und rechts Konzentration.

Ist die Entscheidungsfindung zu automatisieren, muss jedoch eine Lösung ausgegeben werden, wozu folgende Voraussetzung zu erfüllen ist:

$$\min_{x_M}\left(\zeta\left(\underline{x}_W, \underline{x}_X(x_M)\right)\right) > 0 \tag{2.64}$$

Die Unschärfe der Entscheidung (bzw. des darauf folgenden Fuzzy-States $\underline{x}_X$) wird durch den Prozess oder das Prozessmodell definiert und kann nicht verändert werden. Folglich muss eine Modifikation des Fuzzy-Goals $\underline{x}_W$ erfolgen und somit die gestellten Anforderungen gelockert werden. Zur Erhaltung des Bezugs zum als ideal definierten Wertebereiches, wird die Modifikation des Trägers vorgeschlagen und somit der als zulässig definierte Bereich aufgeweitet (Abbildung 2-27 rechts, vgl. [BER98]):

$$\underline{\tilde{x}}_W = \begin{bmatrix} x_{X1}\cdot(1-\varepsilon_S) + x_{X2}\cdot\varepsilon_S \\ x_{X2} \\ x_{X3} \\ x_{X4}\cdot(1-\varepsilon_S) - x_{X3}\cdot\varepsilon_S \end{bmatrix} \tag{2.65}$$

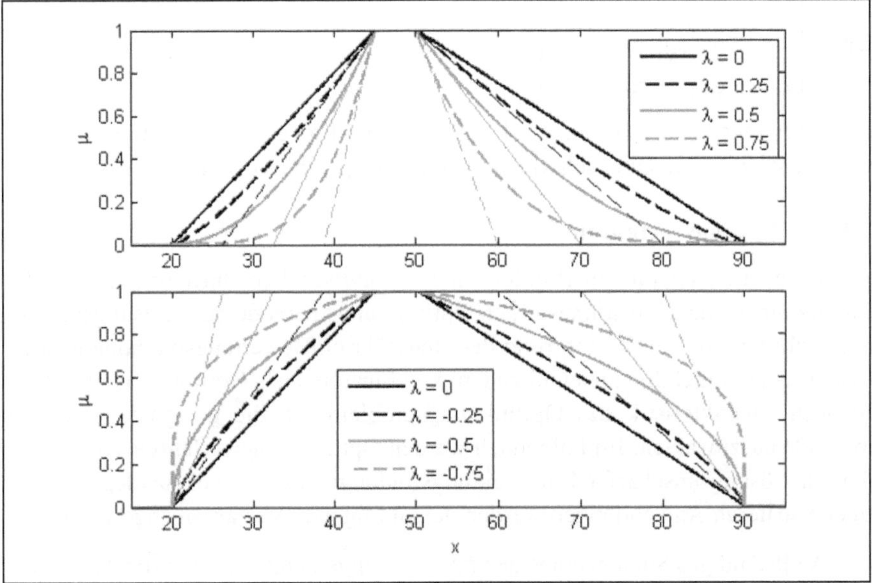

Abbildung 2-26: Vergleich von Fuzzy-Goals bei Gewichtung über Exponenten (λ_P nach Gleichung 2.62, dicke Linien) und über Verschiebung der Definitionsparameter (λ_S nach Gleichung 2.63, dünne Linien).

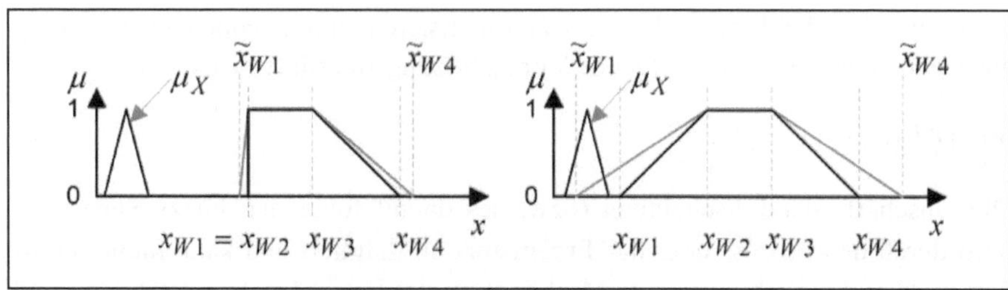

Abbildung 2-27: Erzwingen einer Lösung durch Spreizen des Trägers. Links: die Grenzen des Fuzzy-Goals werden zunächst in Abhängigkeit der Kernbreite minimal aufgeweitet, um die scharfe Grenze zu lockern. Rechts: der Träger wird in Abhängigkeit der Unschärfen aufgeweitet.

Im Fall einer scharfen Grenze ($x_{W1} = x_{W2}$ oder $x_{W3} = x_{W4}$) wird diese Vorgehensweise erfolglos bleiben, da eine Aufweitung nach Gleichung 2.65 nicht möglich ist. Hierzu muss zunächst die scharfe Grenze gelockert werden (Abbildung 2-27 links):

$$\underline{\tilde{x}}_W = \begin{bmatrix} x_{X1} - (x_{X4} - x_{X2}) \cdot \varepsilon_H \\ x_{X2} \\ x_{X3} \\ x_{X4} + (x_{X3} - x_{X1}) \cdot \varepsilon_H \end{bmatrix} \qquad 2.66$$

Das Erzwingen der Lösung wird als iterativer Prozess nach Abbildung 2-28 vorgeschlagen. Um dabei scharfe Grenzen zu respektieren, sollte $\varepsilon_H \ll \varepsilon_S$ gelten.

2.3.5 Lösungsverfahren

Kann eine Lösung für ein Problem nicht analytisch berechnet werden, ist der Einsatz eines Suchalgorithmus (auch Optimierungsmethode oder Lösungsverfahren) erforderlich. Bereits aufgrund der eingeführten Bewertungsmethode handelt es sich um ein nichtlineares und zudem kombinatorisches Optimierungsproblem. Je nach Charakteristik des Optimierungsproblems ist die geeignete Lösungsmethode auszuwählen. Im Folgenden werden Optimierungsverfahren vorgestellt, die zur Lösung unscharfer Entscheidungsfindungen angewandt werden können. In den späteren Anwendungen werden davon folgende Verfahren angewandt:

- Vollständiges Suchen eines diskreten Lösungsraums (Abschnitt 5.1)
- Vollständiges Suchen mit dynamischer Programmierung (Abschnitt 5.3)
- Iteratives, lokales Suchverfahren (Abschnitt 5.2)

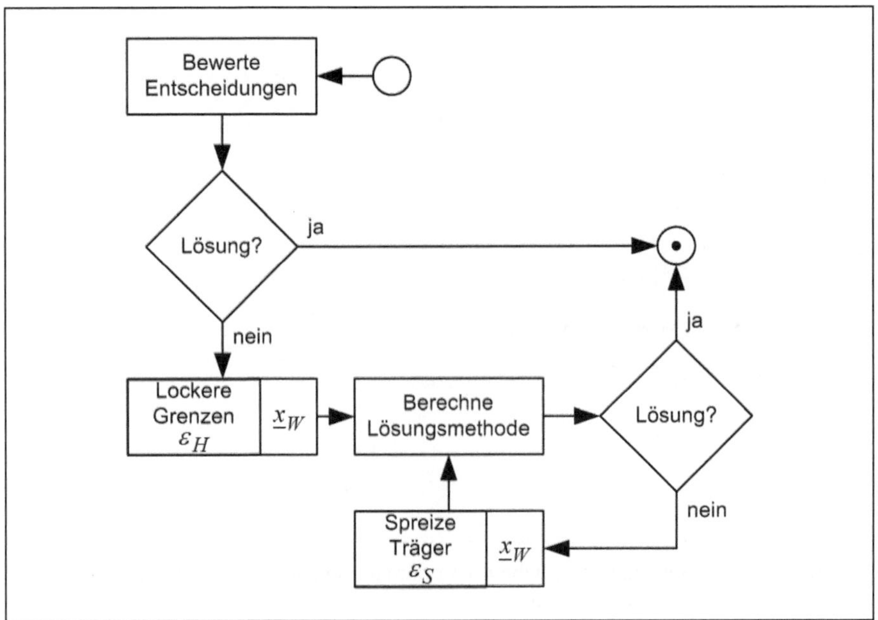

Abbildung 2-28: Flowchart zum Algorithmus für das Erzwingen einer Bewertung durch Spreizen des Trägers.

2.3.5.1 Vollständiges Durchsuchen eines diskreten Lösungsraums

Sind die Entscheidungsvariablen nicht beliebig exakt (bzw. nicht wertkontinuierlich) wählbar, liegt ein diskretes Entscheidungsproblemen vor. Prinzipiell können Lösungsverfahren nach unterschiedlichen Kriterien klassifiziert werden. Nicht iterierende Verfahren durchsuchen den gesamten (diskreten) Lösungsraum nach der optimalen Lösung, so dass der Rechenaufwand mit der Anzahl in Frage kommender (diskreter) Entscheidungen steigt. Ist allerdings die Anzahl in Frage kommender Lösungen gering, so ist die Anwendung der vollständigen Suche durchaus einfach und gerechtfertigt.

Um die optimale Entscheidung zu selektieren, ist es erforderlich, die Bewertungen in Frage kommender Entscheidungen u einem Ranking zu unterziehen. Typischerweise werden dabei die schlechtesten Bewertung der einzelnen Entscheidungen miteinander verglichen. Es kann daher vorkommen, dass mehrere Lösungsvarianten die Aufgabenstellung gleichermaßen gut erfüllen, so dass die Selektion der Entscheidung nach weiteren Kriterien erfolgen muss.

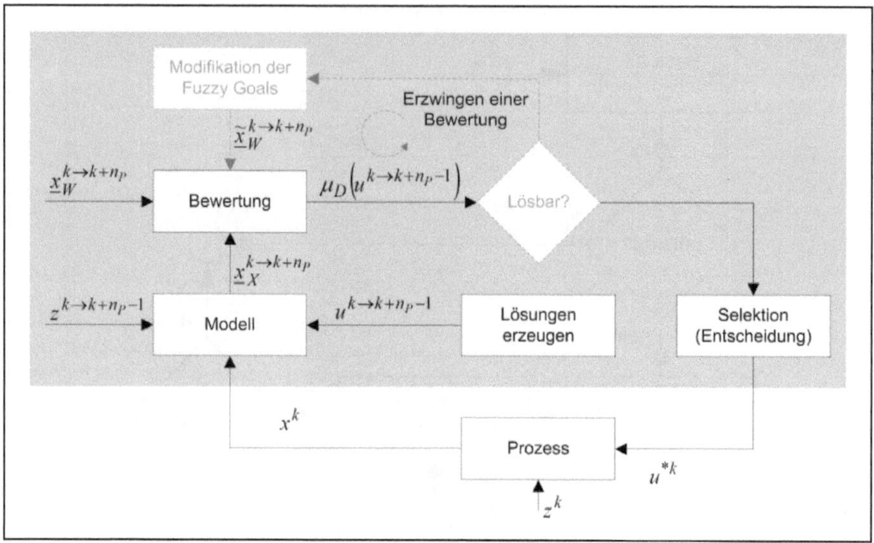

Abbildung 2-29: Vollständige Suche nach optimaler Lösung für ein diskretes Entscheidungsproblemen.

Hierbei kann auf die vorgestellten Methoden des kleinsten (Gleichung 2.10) oder größten Maximums (Gleichung 2.11) zurückgegriffen werden. Allerdings ist auch ein komplexeres Ranking denkbar, wobei nach dem Vergleich der schlechtesten Bewertung die zweitschlechtesten, dann die drittschlechtesten Bewertungen usw. verglichen werden. Letztendlich führt diese Vorgehensweise zur Ermittlung der sogenannten „Pareto Front", in welcher alle Entscheidungen vorhanden sind, die gleichwertig gut bzw. optimal sind (vgl. [POH00]). Für eine automatisierte Entscheidungsfindung sollte allerdings eine eindeutige optimale Lösung ermittelbar sein, so dass eine rechnergestützte Selektion erfolgen kann. Es kann zudem der Fall eintreten, dass das Optimierungsproblem mit den zur Verfügung stehenden Entscheidungsvarianten nicht gelöst werden kann. Um dennoch die beste Lösung zu finden, wurde im vorhergehenden Abschnitt 2.3.4 eine Methode vorgeschlagen. Die beste Lösung wird ausgewählt und an den Prozess ausgegeben (Abbildung 2-29).

Prinzipiell können statische und dynamische Optimierungsaufgaben mit denselben Verfahren gelöst werden. Bei mehrstufigen Entscheidungsproblemen wächst allerdings die Anzahl möglicher Lösungen nicht nur mir der Anzahl der Entscheidungsvariablen n_j sondern auch mit der Anzahl der Entscheidungsstufen im Prädiktionshorizont n_P. Für derartige Problemstellungen sind daher spezielle

Lösungsverfahren bekannt. Besondere Anwendung findet dabei das „Branch and Bound“ Verfahren (siehe z. B. in [ZIM08]), welches den Entscheidungsraum sukzessive verkleinert und somit bestimmte Entscheidungen im Vorfeld ausschließt. Im ungünstigsten Fall wird trotzdem der gesamte Lösungsraum durchsucht. Das Verfahren wurde in Publikationen wie etwa [KAC79] zur Optimierung bei Unschärfe vorgeschlagen; es wird jedoch in der vorliegenden Arbeit nicht verwendet und wurde nur der Vollständigkeit halber erwähnt. Ein weiteres Verfahren ist die „dynamische Programmierung“ zu nennen, welche im folgenden Abschnitt näher beschrieben und in Abschnitt 5.3 angewandt wird.

2.3.5.2 Vollständige Suche mit dynamischer Programmierung

Die dynamische Programmierung stellt ein effizientes Verfahren zur Lösung von mehrstufigen Entscheidungsprozessen dar. Basierend auf der These, dass eine Teillösung der optimalen Gesamtlösung ebenfalls optimal sein muss, erfolgt eine schrittweise Suche nach der optimalen Gesamtlösung, wobei das Problem nicht vom Ursprung, sondern von der Zielsetzung des Problems aus betrachtet wird. Grundvoraussetzung für die Anwendung des Verfahrens ist allerdings, dass jeder mögliche Zustand einer Entscheidungsstufe bekannt ist und diese (zumindest theoretisch) unabhängig von der vorhergehenden Entscheidung erreicht werden können. (vgl. [BEL57], [PAP96], [ZIM08])

Das Lösungsverfahren ist das am meisten in Publikationen zur Lösung mehrstufiger Entscheidungsprozesse bei Unschärfe verwendete Verfahren; insbesondere sei hierzu auf [KAC96], [KAC01] und [LIK01] verwiesen. Die Bewertung der zukünftigen Regelgröße zu einem bestimmten Zeitpunkt hängt nicht mehr von den Entscheidungen aller Stufen $\mathrm{u}^{*k \to k+n_P-1}$, sondern nur von der vorhergehenden Entscheidung einer Stufe ab. Folglich vereinfacht sich das Problem zu:

$$\mu_D(\boldsymbol{u}^{*k \to k+n_P-1}) = \max_{\boldsymbol{u}^{k \to k+n_P-1}} \bigwedge_{i=0}^{n_P-1} \left(\underbrace{\bigwedge_{m=1}^{n_m} \zeta\{\underline{x}_{m,W}^{k+i+1}, \underline{x}_{m,X}^{k+i+1}(\boldsymbol{u}^{k+i})\}}_{\text{Bewertung zukünftiger Regelgrößen}} \wedge \underbrace{\bigwedge_{j=1}^{n_j} \zeta\{\underline{\Delta u}_{j,W}^{k+i}, u_j^{k+i} - u_j^{k+i-1}\}}_{\text{Bewertung zukünftiger Stellgrößenänderungen}} \right) \quad 2.67$$

Im Bellmanschen Prinzip (siehe [BEL57]) werden die Folgebewertungen einer Entscheidung mit folgender Formel bestimmt:

$$\boldsymbol{\mu}_{DP}^{k+i}(\boldsymbol{u}^{k+i-1}) = \max_{u(k+i)} \left\{ \begin{array}{c} \underbrace{\bigwedge_{m=1}^{n_m} \zeta\{\underline{x}_{m,W}^{k+i+1}, \underline{x}_{m,X}^{k+i+1}(\boldsymbol{u}^{k+i})\}}_{\text{Bewertung zukünftiger Regelgrößen}} \\ \wedge \\ \underbrace{\bigwedge_{j=1}^{n_j} \zeta\{\underline{\Delta u}_{j,W}^{k+i}, u_j^{k+i} - u_j^{k+i-1}\}}_{\text{Bewertung zukünftiger Stellgrößenänderungen}} \\ \wedge \\ \underbrace{\boldsymbol{\mu}_{DP}^{k+i+1}(\boldsymbol{u}^{k+i})}_{\text{Bewertung für Folgeentscheidungen}} \end{array} \right\} \quad 2.68$$

Zunächst muss $\boldsymbol{\mu}_{DP}^{k+i}(\boldsymbol{u}^{k+i-1})$ iterativ mit Gleichung 2.68 „rückwärts“ von $i = n_P - 1$ bis $i = 1$ berechnet werden. Hierzu wird die letzte Folgebewertung am Ende des Prädiktionshorizontes $\boldsymbol{\mu}_{DP}^{k+n_P} = 1$ gesetzt:

$$\boldsymbol{\mu}_{DP}^{k+n_P}(\boldsymbol{u}^{k+n_P-1}) = 1 \Rightarrow \boldsymbol{\mu}_{DP}^{k+n_P-1}(\boldsymbol{u}^{k+n_P-2}) \Rightarrow \cdots \Rightarrow \boldsymbol{\mu}_{DP}^{k+1}(\boldsymbol{u}^{k}) \quad 2.69$$

Anschließend wird wiederum die optimale Trajektorie von Entscheidungen mit Gleichung 2.68 „vorwärts“ von $i = 1$ bis $i = n_P - 1$ berechnet.

$$\boldsymbol{u}^{*k}(\boldsymbol{\mu}_{DP}^{k+1}) \Rightarrow \boldsymbol{u}^{*k+1}(\boldsymbol{\mu}_{DP}^{k+2}) \Rightarrow \cdots \Rightarrow \boldsymbol{u}^{*k+n_P-1}(\boldsymbol{\mu}_{DP}^{k+n_P}) \quad 2.70$$

Bei der Ermittlung der Trajektorie kann der Fall eintreten, dass mehrere gleichwertige Lösungen auftreten und die rechnergestützte Auswahl der optimalen Entscheidung über den Maximumoperator zu einer suboptimalen Lösung führt. Es wird daher, wie oben erwähnt, der Einsatz eines Rankings aller Teilbewertungen vorgeschlagen.

2.3.5.3 *Iterative Sucherverfahren*

Im Gegensatz zu den im letzten Abschnitt vorgestellten Verfahren nähern sich iterative Suchverfahren der optimalen Lösung eines Problems an. Hierzu existieren zahlreiche Suchalgorithmen. Derartige Verfahren werden eingesetzt, um den Raum möglicher Lösungen schneller zu durchsuchen und mittels einer bestimmten Suchstrategie zu einer optimalen Entscheidung zu gelangen.

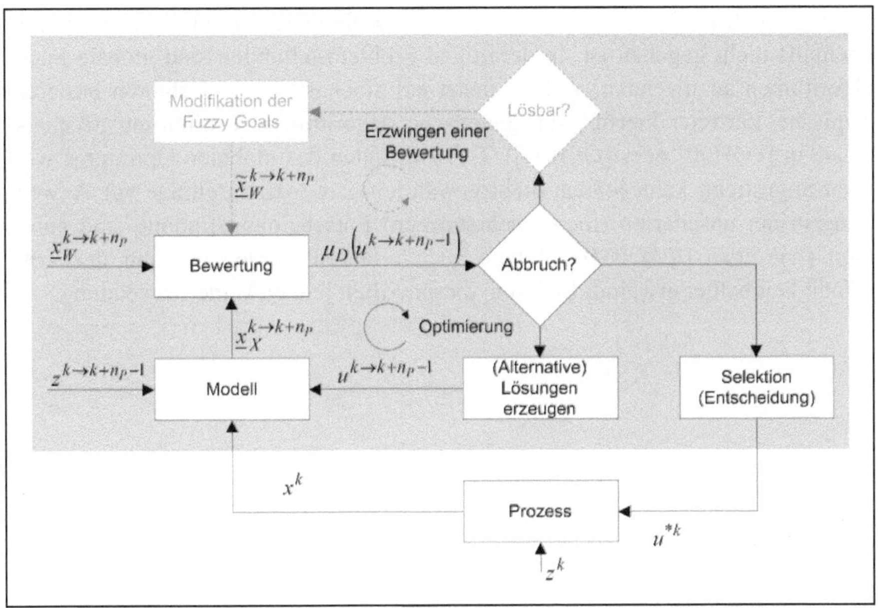

Abbildung 2-30: Iterative Lösung von Optimierungsproblemen.

Es liegt keine wertdiskrete Entscheidungsmenge vor, sondern der Lösungsvorschlag (oder eine Menge von Lösungsvorschlägen) wird sequentiell modifiziert und bewertet bis eine bestimmte Abbruchbedingung erfüllt ist. Es kann ebenfalls das oben erwähnte Problem der Unlösbarkeit eintreten, so dass die Fuzzy-Goals modifiziert werden müssen (siehe Abschnitt 2.3.4). Die Struktur zur Lösung des Optimierungsproblems wird entsprechend Abbildung 2-30 ergänzt.

Sofern die Konvexität des Lösungsraumes gegeben ist, können einfache Verfahren, wie etwa Gradienten- oder Simplexverfahren (siehe [PAP96], [GER04] und [ZIM08]) angewandt werden. In einer Leitkomponente (Abschnitt 5.2) wird hierzu die in MATLAB implementierte „fminsearch"-Funktion (siehe [TWO11]) zur Lösung nichtlinearer unbeschränkter Optimierungsprobleme verwendet. Diese basiert auf einem Simplex-Algorithmus zum Auffinden eines lokalen Minimums.

Von der Konvexität des Entscheidungsproblems kann jedoch nicht immer ausgegangen werden, da beispielsweise nichtlineare Modellkomponenten lokale Maxima erzeugen und somit die Konvergenz im globalen Maximum nicht gegeben ist. Außerdem können sich durch die Fuzzy-Bewertung Plateaus ergeben, so dass die meist geforderte stetige Differenzierbarkeit dieser Verfahren ebenfalls nicht gegeben ist. In derartigen Problemstellungen sind globale Suchalgorithmen anzuwenden, welche meist auf stochastischen Verfahren basieren. Typische Vertreter hierfür sind genetische Algorithmen (Einführung beispielsweise in [POH00] oder [GER04]). Das Auffinden des globalen Optimums wird zwar angestrebt, kann jedoch nicht gewährleistet werden. Beiträge zur Anwendung in der unscharfen (meist mehrstufigen) Entscheidungsfindung sind publiziert (wie etwa [KAC95]). Globale Suchverfahren werden hier nur der Vollständigkeit halber erwähnt, finden in dieser Arbeit jedoch keine Anwendung.

3 Bauklimatische Grundlagen und Modelle

Der Begriff „Klima“ wurde durch Alexander von Humboldt geprägt. Er definierte Klima zunächst aus geophysikalischer Sicht als (vgl. [RIC08]) "*sämtliche Veränderungen der Atmosphäre, von denen unsere Organe merklich affiziert werden*“. Diese Definition lässt sich hinsichtlich des Raumklimas übertragen als (vgl. [RIC08]) „*die Summe aller Umweltfaktoren, die unmittelbar oder mittelbar Einfluss nehmen auf die Gesundheit und das Befinden von Menschen und Tieren, auf die Entwicklung von Pflanzen sowie auf den Zustand von Lagergütern, Produktionsverfahren, Maschinen, Apparaten und Bauwerken*“.

In [HIL02] wird wiederum das Klima als Zustand der Atmosphäre eines Raumes bezeichnet, was für den Fokus der vorliegenden Arbeit eine angebrachte Festlegung ist. Eine weitaus größere Begriffsvielfalt ist bei den Definitionen zur „Raumlufttechnik“, „Klimatisierung“ oder „Klimatechnik“ vorhanden (siehe [TRO10]), gleiches kann für die Begriffe „Bauklimatik“ und „Gebäudeautomation“ festgestellt werden. Um die Begrifflichkeiten für die vorliegende Arbeit zu definieren, wird kurz auf die Aufgaben und Funktionen der Bauklimatik eingegangen. Sie ist ein interdisziplinäres Fachgebiet und befasst sich mit den Wechselwirkungen zwischen dem Gebäude und dem Klima innerhalb (Raumklima) und außerhalb (Außenklima) des Gebäudes (vgl. [ROL06]). Die bauklimatischen Aufgaben eines Gebäudes sind gemäß obiger Definition demnach (vgl. [RIC08]):

- im Gebäude befindliche Lebewesen und Objekte vor schädigenden Einflüssen des Außenklimas zu schützen,
- ein den Nutzerbedürfnissen genügendes Raumklima zu schaffen und
- dabei klimabedingte Gebäudeschäden zu vermeiden.

Es ist leicht ersichtlich, dass das Raumklima bereits in der Planungs- und Entstehungsphase des Bauwerks von Architekten und Bauingenieuren geprägt wird, indem diese die Gebäudehülle (bzw. die Fassade) an das lokale Außenklima die vorgesehene Nutzung anpassen. Gleiches gilt für Veränderungen am Bauwerk im Rahmen von Sanierungen. Diese Baumaßnahmen können als „passive“ Methoden bezeichnet werden.

Dem gegenüber stehen das (zielgerichtete) Hinzufügen zusätzlicher innerer Lasten und das Verändern der Kopplung zu äußeren Lasten. Anpassungen solcher steuerbaren Einflüsse werden zu den „aktiven“ Methoden zusammengefasst, welche auf eine Konditionierung des Raumklimas nach den Baumaßnahmen während der Gebäudenutzung abzielen. Letztendlich muss zwischen der Bereitstellung der Anlagentechnik (passive Maßnahme) und deren Betrieb (aktive Maßnahme) unterschieden werden.

3.1 Optimierung der Bauklimatik

Optimal ausgelegte Fassaden und Speichermassen reduzieren die Notwendigkeit aktiver Methoden zur Gestaltung des Innenklimas, so dass damit verbunden die Ansprüche an die benötige Anlagentechnik reduziert und der erforderliche Energiebedarf minimiert werden. Häufig sind in der Fachliteratur Leitsätze wie "*Klimagerechtes Bauen ist besser als baugerechtes Klimatisieren*" (Karl Petzold, vgl. [HÄU08]) oder "*Intelligente Gebäude statt intelligenter Technik*" (vgl. [HAU03]) genannt. Der optimale Einsatz passiver Methoden scheint daher im Vordergrund zu stehen. Andererseits kann jedes Gebäude als ein komplexes System mit verschiedenen manipulierbaren Einfluss- und Stellgrößen interpretiert werden, so dass stets Optimierungspotenzial zur Verbesserung der klimatischen Situation durch eine angepasste Betriebsführung (von Anlagentechnik und Nutzungsverhalten) besteht (vgl. [DEM03]).

Für konventionelle Gebäude sind insbesondere die passiven Methoden (Optimierung der Gebäudehülle und der Anlagentechnik) von Interesse, da ein enormes Energieeinsparpotenzial vorhanden ist und somit auch der Betriebskosten gesenkt werden können (siehe Abbildung 3-1). Es ist anzumerken, dass unter der bauklimatischen Optimierung hier meist die Steigerung der Energieeffizienz, bzw. die Reduktion des Energiebedarfs bei gleichzeitiger Erfüllung personenspezifischer Anforderungen (Behaglichkeit und Gesundheit, siehe Abschnitt 1.1) zu verstehen ist.

3.1.1 Besonderheiten der präventiven Konservierung

In der präventiven Konservierung sind neben ökonomischen und personenspezifischen Anforderungen an die Bauklimatik zusätzliche, materialspezifische Aspekte zum Erhalt von Kulturgütern zu berücksichtigen. Neben der Regulierung der Temperatur ist hier insbesondere die Beeinflussung der relativen Feuchte von Interesse. Weiterhin sind zur Erhaltung der verschiedenen Materialien Klimaschwankungen zu vermeiden (siehe auch Abschnitt 1.1), was in konventionellen Anwendungen (wenn überhaupt) eine eher untergeordnete Rolle spielt.

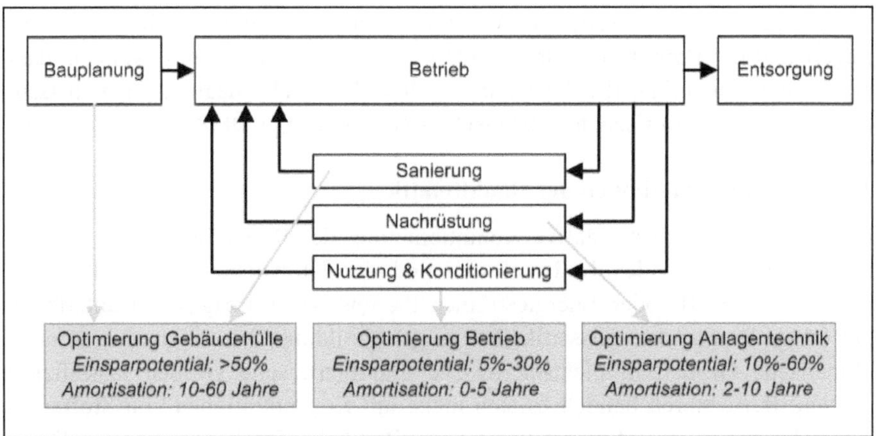

Abbildung 3-1: Optimierungspotenziale in der Bauklimatik im Lebenszyklus eines konventionellen Gebäudes (in Anlehnung an [BEC06], [RIT11]).

Die Bewertungen der Optimierungspotenziale nach Abbildung 3-1 können somit nicht ohne weiteres auf Räumlichkeiten und Gebäude mit Anforderungen der präventiven Konservierung übertragen werden. Gleichzeitig ergibt sich das Problem, dass moderne raumlufttechnische Lüftungs- und Klimaanlagen oftmals nicht installiert werden können. Hierzu sind folgende Gründe zu nennen (vgl. [KIL05], [GAR08]):

- Raumlufttechnische Anlagen erfordern oft hohe Investitions- und Betriebskosten und stellen somit eine erhebliche finanzielle Belastung dar.
- Raumlufttechnische Anlagen benötigen einen nicht zu unterschätzenden Platzbedarf, welcher nicht immer zur Verfügung steht.
- Die Installation dieser Anlagen erfordert in aller Regel einen massiven Eingriff in die Bausubstanz, welcher aus konservatorischer Sicht nicht immer gerechtfertigt werden kann.

Es besteht somit das Problem, dass in diesen Gebäuden zwar wesentlich höhere Ansprüche an das Raumklima gestellt werden, jedoch erhebliche Restriktionen zur Installation raumlufttechnischer Anlagen bestehen. Entsprechend ist das Optimierungspotenzial der Betriebsführung deutlich höher zu werten als in Abbildung 3-1 für konventionelle Gebäude angegeben. Aus den oben genannten Gründen müssen daher meist einfachere Lüftungs- und Klimatisierungskonzepte angewandt werden. Allerdings zeigt [GAR04], dass bereits dadurch die klimatische Situation verbessert, das Voranschreiten von Klimaschädigungen verringert und der Betrieb optimiert werden kann. Es ist zudem zu erwähnen, dass bereits eine Richtlinie des VDI zur „Technischen Gebäudeausrüstung in Baudenkmalen und historischen Gebäuden“ existiert (siehe [VDI3817]).

3.1.2 Aktive Methoden der Bauklimatik

Prinzipiell lässt sich die aktive Konditionierung des Raumklimas in Verfahren der Lüftung (bzw. des Luftwechsels) und der Klimatisierung (Quellen und Senken von Stoff- oder Energieströmen thermischer Klimagrößen) unterteilen [TRO10]. Eine grobe Klassifikation zeigt Abbildung 3-2. Weiterhin können klimatische Größen in nicht-thermische und thermische Größen klassifiziert werden. Bei ersteren handelt es sich meist um Konzentrationen von Stoffen in einem Volumen, wie etwa die von Gasen, Partikeln, Staub oder Sporen. Da es sich dabei überwiegend um Verschmutzungen der Raumluft handelt, ist das Ziel, diese Konzentrationen auf ein Minimum zu reduzieren oder zumindest unterhalb gewisser Grenzwerte zu halten. Abgesehen von Filteranlagen im Umluftbetrieb stehen normalerweise keine Senken zur Verfügung, so dass die einzige Alternative die Abfuhr von Raumlasten durch den Luftwechsel mit dem Außenklima darstellt. Thermische Klimagrößen sind im Wesentlichen Temperatur, Feuchte und Luftgeschwindigkeit. Temperatur und relative Feuchte sollten im Gegensatz zu nicht-thermischen Größen nicht auf ein Minimum reduziert werden, sondern bestimmte Bereiche vermeiden, ein Zielgebiet einhalten oder sogar einen Sollwert anstreben. Hier kann sowohl die Lüftung als auch die Klimatisierung unterstützen. (vgl. [KEL08])

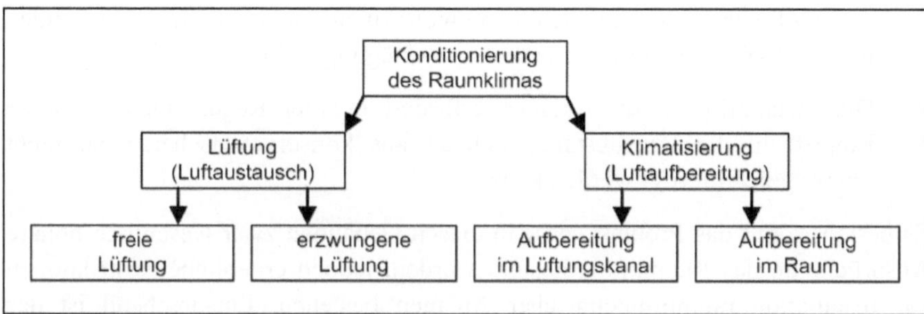

Abbildung 3-2: Klassifikation aktiver Methoden zur Raumluftkonditionierung (in Anlehnung an [TRO10]).

3.1.2.1 Lüftung

Der natürliche Austausch der Raum- mit der Außenluft ist im Allgemeinen auf Druckdifferenzen zurückzuführen. Bei der freien (oder auch natürlichen) Lüftung kann der Luftwechsel durch Öffnungen in der Gebäudehülle wie Türen, Fenster oder Leckagen ermöglicht werden, was jedoch nicht bedeutet, dass dieser auch stattfindet. Die im Außenklima herrschenden Windverhältnisse und die durch Temperaturdifferenzen im Raum hervorgerufenen Ausgleichsströmungen stellen die zum Luftwechsel erforderlichen Drücke bereit, allerdings wird der tatsächliche Luftwechsel durch die Dichtheit des Gebäudes bestimmt (vgl. [WEI03]). Diese kann manuell oder maschinell verändert werden, z. B. indem ein Fenster geöffnet wird. Die freie Lüftung kann folglich zwar beeinflusst werden, jedoch resultiert kein definierter Luftwechsel. Beim erzwungenen Luftaustausch wird ein Volumenstrom maschinell verursacht. Man unterscheidet Anlagen mit konstantem oder variablem Volumenstrom, zentrale oder dezentrale Anlagen sowie Anlagen ohne und mit Luftaufbereitung. Aufgrund der oben genannten Installationsbeschränkungen werden in der vorliegenden Arbeit insbesondere die manuelle Lüftung (Abschnitt 5.1) und die dezentrale Lüftung (Abschnitt 5.2) untersucht.

3.1.2.2 Klimatisierung

Die Luftaufbereitung umfasst neben den oben erwähnten Filterfunktionen die Methoden der Klimatisierung: Heizen, Kühlen, Be- und Entfeuchten. Wie in Abbildung 3-2 dargestellt, kann die Klimatisierung im Raum oder in einem Lüftungskanal erfolgen. Findet die Luftaufbereitung im Lüftungskanal einer technischen Anlage statt, spricht man von einer Klimaanlage. Bei Klimaanlagen entsteht eine Hauptströmungsrichtung entlang einer Kanalachse im Raum, so dass eine Kanal-Regelstrecke entsteht (vgl. [JUN84]).

Die Regelung im Raum (Raum-Regelstrecke) bringt hingegen kompliziertere Strömungsverhältnisse, räumliche Klimaverteilungen und somit auch kompliziertere Regelstrecken mit sich (vgl. [JUN84]). Aufgrund oben genannter Installationsbeschränkungen liegen in historischen Gebäuden meist Raum-Regelstrecken vor. In der Arbeit wird hierzu die Planung von Temperatursollwertfolgen (Abschnitt 5.3), die Führung von Feuchteregelkreisen (Abschnitt 5.4.1) und die Führung von Heizungsregelkreisen ohne Behaglichkeitskriterien (Abschnitt 5.4.2) betrachtet.

3.2 Wärme

Die Temperatur ϑ ist eine Zustandsgröße und beschreibt den Wärmezustand eines Mediums, beispielsweise der Raumluft. Typischerweise beeinflusst die Temperatur etliche medienspezifische Eigenschaften, wie etwa Widerstände oder Kapazitäten. Zur Änderung der Temperatur $\dot{\vartheta}$ eines Mediums ist die Zu- oder Abfuhr von Wärmeenergie $\dot{Q}$ erforderlich. In Abhängigkeit der spezifischen Wärmekapazität c und der betrachteten Masse m kann die zur Temperaturänderung erforderliche Wärmemenge bestimmt werden. Aus dem Zusammenhang von Dichte ρ, Wärmekapazität c und dem Volumen V ergibt sich schließlich: (vgl. [KUC04])

$$\dot{Q}(t) = m \cdot c \cdot \dot{\vartheta}(t) = \rho \cdot c \cdot V \cdot \dot{\vartheta}(t) \qquad 3.1$$

3.2.1 Raumbilanz

Die Änderung der Raumlufttemperatur $\dot{\vartheta}_R$ wird von der Summe zu- und abfließender Wärmeströme $\dot{Q}_R$ beeinflusst, was durch eine entsprechende Energiebilanz beschrieben werden kann. Hierzu werden die Dichte ρ_L und die Wärmekapazität c_L der Raumluft als annähernd konstant angenommen ($\rho_L = 1{,}2\,\mathrm{kg/m^3}$ und $c_L = 1000\,\mathrm{J/kg \cdot K}$, dies entspricht der Annahme aus [BER00]). Streng genommen sind diese Größen von verschiedenen Faktoren, wie etwa dem Luftfeuchtegehalt, dem Umgebungsdruck und sogar von der Temperatur selbst abhängig (vgl. [BER76], [KOH85]), was jedoch hier vernachlässigt wird. Mit dem Raumvolumen V_R folgt aus Gleichung 3.1:

$$\dot{\vartheta}_R(t) = \frac{1}{\rho_L \cdot c_L \cdot V_R} \cdot \dot{Q}_R(t) \qquad 3.2$$

Wärme kann durch Transmission (Wärmeleitung), Konvektion und Strahlung übertragen werden (vgl. [LIE11]). Für die Modellierung des Wärmehaushaltes eines Raumes sind neben den inneren Wärmequellen und -senken besonders der Wärmedurchgang durch Wände (Transmission) und der Austausch der Wärmemengen durch die Lüftung (Konvektion) von Interesse. Wärme kann nicht nur in der Raumluft sondern auch in Materialien gespeichert werden. Da dieser Effekt einen signifikanten Einfluss auf den Energiebedarf bei der Temperaturregelung und die Pufferung von Klimaschwankungen hat, ist er ebenfalls in geeigneter Weise zu beschreiben. In der Energiebilanz werden folgende Einflüsse berücksichtigt (Abbildung 3-3):

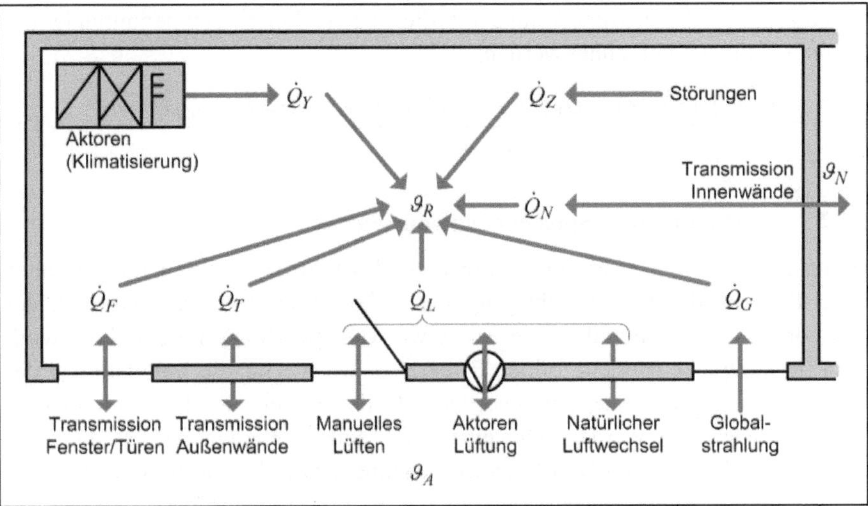

Abbildung 3-3: Bilanzierung der Wärmeströme in einem Raum (in Anlehnung an [BER00] und [HÄU08]).

- Stationärer Wärmedurchgang (Abschnitt 3.2.2.1) über Innenwände zu umliegenden Räumen: $\dot{Q}_N$
- Stationärer Wärmedurchgang (Abschnitt 3.2.2.1) über Fenster und Türen der Außenwände: $\dot{Q}_F$
- Instationärer Wärmedurchgang (Abschnitt 3.2.2.2) über Außenwände: $\dot{Q}_T$
- Austausch von Wärmemengen über die Lüftung (Abschnitt 3.2.2.3) mit dem Außenklima: $\dot{Q}_L$
- Wärmestrom durch die Globalstrahlung: $\dot{Q}_G$
- Störgrößen nicht beeinflussbarer Quellen und Senken: $\dot{Q}_Z$
- Stellgrößen beeinflussbarer Quellen und Senken $\dot{Q}_Y$

Es wird somit vereinfacht angenommen, dass Innenwände, Fenster, Türen sowie Inventar des Raumes keine Wärmespeicherfähigkeit besitzen und folglich die Wärmespeicherung ausschließlich in der Raumluft und in den Außenwänden erfolgt. Um dennoch zusätzliche Wärmekapazitäten des Raumes nachzubilden, wird im späteren Simulationsmodell die Berücksichtigung eines konstant beheizten Nachbarraums vorgeschlagen (Abschnitt 4.1.4). Durch Aufsummieren der einzelnen Wärmeströme kann somit die sich ergebende Temperaturänderung aus Gleichung 3.2 berechnet werden:

$$\dot{\vartheta}_R(t) = \frac{\dot{Q}_N(t) + \dot{Q}_F(t) + \dot{Q}_T(t) + \dot{Q}_L(t) + \dot{Q}_G(t) + \dot{Q}_Z(t) + \dot{Q}_Y(t)}{\rho_L \cdot c_L \cdot V_R} \qquad 3.3$$

3.2.2 Transport- und Speicherung von Wärme

Streng genommen erfordert die Berechnung des Wärme- und Feuchtehaushaltes eines Raumes die Berücksichtigung des gekoppelten Wärme- und Feuchtetransportes durch Bauteile, wie sie etwa von [KÜN94] beschrieben wird. Derartig komplexe Modelle bilden Effekte ab, welche für die Simulationen der vorliegenden Arbeit eine untergeordnete Rolle spielen, so dass vereinfachte Modelle angewandt werden. Die einzelnen Modellkomponenten für den stationären und den instationären Wärmedurchgang sowie der Einfluss der Lüftung werden im Folgenden beschrieben. In der Bauphysik wird bei „stationärem" Wärmedurchgang angenommen, dass keine Wärme im Bauteil gespeichert wird und somit die Temperaturverteilung im Bauteil nicht von der Zeit abhängt. Hingegen wird beim „instationären" Wärmedurchgang die Wärmespeicherfähigkeit einzelner Bauteilschichten berücksichtigt, wodurch ein verteilt-parametrisches System vorliegt.

3.2.2.1 Stationärer Wärmedurchgang durch Bauteile

Kann die Wärmespeicherfähigkeit von Materialien aufgrund des geringen Einflusses auf den Wärmehaushalt vernachlässigt werden, genügt es den stationären Wärmedurchgang durch das Material zu berechnen. Dabei ergibt sich der Wärmestrom durch ein Bauteil aus der Temperaturdifferenz zwischen der betrachteten Außentemperatur ϑ_A und der Raumtemperatur ϑ_R sowie dem Wärmedurchgangskoeffizienten U und der wirksamen Fläche A: (vgl. [BER00] und [LIE11]):

$$\dot{Q}_R(t) = U \cdot A \cdot [\vartheta_A(t) - \vartheta_R(t)] \qquad 3.4$$

Der Wärmedurchgangskoeffizient U ist der flächenbezogene Leitwert einer Wand, wobei die flächenbezogenen Wärmedurchlasswiderstände R_i einzelner Bauteilschichten i zuzüglich die der Luftschichten R_A und R_R zu berücksichtigen sind. Der Wärmeübergangswiderstand einer Bauteilschicht i kann aus deren Dicke Δx_i dem materialspezifischen Wärmeleitwert λ_i und der wirksamen Wandfläche A berechnet werden:

$$U \cdot A = \left(\frac{1}{\alpha_A \cdot A} + \sum_{i=1}^{n} \frac{\Delta x_i}{\lambda_i \cdot A} + \frac{1}{\alpha_I \cdot A} \right)^{-1} = \left(R_A + \sum_{i=1}^{n} R_i + R_R \right)^{-1} \qquad 3.5$$

Zur Festlegung der Wärmeübergangskoeffizienten in den Luftschichten α_A und α_I kann auf unterschiedliche Empfehlungen, beispielsweise auf die der WTA (vgl. [WTA6-2-01]), zurückgegriffen werden. Im Folgenden werden die von [RIE06] angenommenen Werte für die flächenbezogenen Wärmeleitwerte α_A und α_I verwendet:

$$\alpha_A = 25 \frac{\mathrm{W}}{\mathrm{m}^2 \cdot \mathrm{K}}; \quad \alpha_I = 7{,}35 \frac{\mathrm{W}}{\mathrm{m}^2 \cdot \mathrm{K}} \qquad 3.6$$

Abbildung 3-4 zeigt schematisch anhand eines äquivalenten elektrischen Ersatzschaltbildes den Verlauf des stationären Wärmedurchgangs. Auf diese Weise werden in den späteren Simulationsmodellen (Abschnitt 4.1) Fenstern, Türen, dünne bzw. leichte Außenwänden sowie Innenwände zu Nachbarräumen modelliert.

3.2.2.2 Instationärer Wärmedurchgang durch Bauteile

Der instationäre Wärmedurchgang ist nicht nur von der Zeit, sondern auch vom Ort abhängig, so dass eine partielle Differentialgleichung zu lösen ist. Im Beukenmodell nach Feist [FEI94] werden ausgehend von der Fourierschen Differentialgleichung Zwischenschichttemperaturen über Rückwärtsdifferenzenquotienten gebildet (genauere Beschreibung in [RIE06] und [BER00]). Hierbei wird das betrachtete Bauteil in eine vorher festzulegende Anzahl von Schichten unterteilt, wodurch eine örtliche Diskretisierung des Modells erfolgt und ein verteilt-parametrisches System resultiert (Abbildung 3-4). In einer Schicht der Dicke Δx_j wird die spezifische Wärmeleitfähigkeit λ_j als konstant angenommen. Der flächenbezogene Wärmeleitwert einer Schicht k_j ergibt sich analog zum stationären Wärmedurchgang zu: (vgl. [RIE06])

$$k_j = \frac{\lambda_j}{\Delta x_j} \quad \text{für} \quad j = 1,2, \dots, n-1 \qquad 3.7$$

Als Randbedingungen außerhalb der Wand gelten analog zum stationären Wärmedurchgangsmodell: (vgl. [RIE06])

$$k_0 = \alpha_A \quad \text{und} \quad k_n = \alpha_I \qquad 3.8$$

Weiterhin wird angenommen, dass die materialspezifische Dichte ρ_j und Wärmekapazität c_j in einem definierten Intervall konstant sind. Für eine Wärmekapazität zwischen den Wärmeübergangswiderständen gilt folglich: (vgl. [RIE06])

$$C_j = c_{j-1} \cdot \rho_{j-1} \cdot \frac{\Delta x_{j-1}}{2} + c_j \cdot \rho_j \cdot \frac{\Delta x_j}{2} \quad \text{für} \quad j = 2, \dots, n-1 \tag{3.9}$$

Für die Oberflächenkapazitäten gelten daher folgende Randbedingungen: (vgl. [RIE06])

$$C_1 = c_1 \cdot \rho_1 \cdot \frac{\Delta x_1}{2} \quad \text{und} \quad C_n = c_{n-1} \cdot \rho_{n-1} \cdot \frac{\Delta x_{n-1}}{2} \tag{3.10}$$

Mit Hilfe der berechneten Ersatzwärmewiderstände k_j und Kapazitäten C_j kann ein Differentialgleichungssystem als Zustandsraummodell abgeleitet werden, so dass die Modellierung des Systems vereinfacht wird: (vgl. [RIE06])

$$\begin{bmatrix} \dot{\vartheta}_1(t) \\ \dot{\vartheta}_2(t) \\ \vdots \\ \dot{\vartheta}_n(t) \end{bmatrix} = \boldsymbol{A_T} \cdot \begin{bmatrix} \vartheta_1(t) \\ \vartheta_2(t) \\ \vdots \\ \vartheta_n(t) \end{bmatrix} + \boldsymbol{B_T} \cdot \begin{bmatrix} \vartheta_A(t) \\ \vartheta_R(t) \end{bmatrix} \tag{3.11}$$

mit

$$\boldsymbol{A_T} = \begin{bmatrix} -\frac{k_0 + k_1}{C_1} & \frac{k_1}{C_1} & 0 & 0 & 0 \\ \frac{k_1}{C_2} & -\frac{k_1 + k_2}{C_2} & \frac{k_2}{C_2} & 0 & \vdots \\ 0 & \ddots & \ddots & \ddots & 0 \\ \vdots & 0 & \frac{k_{n-2}}{C_n} & -\frac{k_{n-2} + k_{n-1}}{C_n} & \frac{k_{n-1}}{C_n} \\ 0 & 0 & 0 & \frac{k_{n-1}}{C_n} & -\frac{k_{n-1} + k_n}{C_n} \end{bmatrix} \tag{3.12}$$

und

$$\boldsymbol{B_T} = \begin{bmatrix} -\frac{k_0}{C_1} & 0 \\ 0 & \vdots \\ \vdots & 0 \\ 0 & -\frac{k_n}{C_n} \end{bmatrix} \tag{3.13}$$

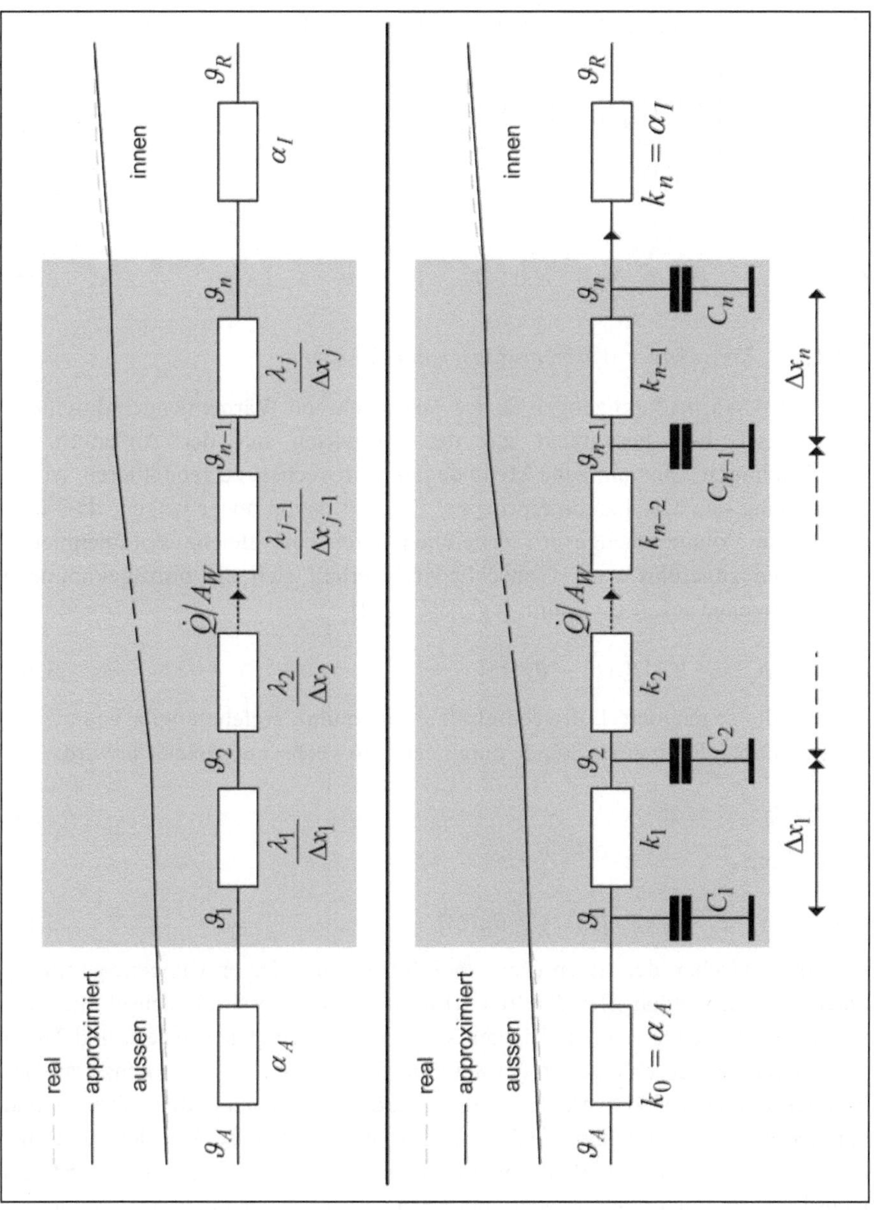

Abbildung 3-4: Schematische Darstellung des stationären (oben) und des instationären (unten) Wärmedurchgangs (in Anlehnung an [BER00]).

Der Wärmestrom in den Raum kann somit wie folgt berechnet werden

$$\dot{Q}_T(t) = \boldsymbol{C_T} \cdot \begin{bmatrix} \vartheta_1(t) \\ \vartheta_2(t) \\ \vdots \\ \vartheta_n(t) \end{bmatrix} + \boldsymbol{D_T} \cdot \begin{bmatrix} \vartheta_A(t) \\ \vartheta_R(t) \end{bmatrix} \quad 3.14$$

mit

$$\boldsymbol{C_T} = [0 \quad \cdots \quad 0 \quad \alpha_I \cdot A_W] \text{ und } \boldsymbol{D_T} = [0 \quad -\alpha_I \cdot A_W] \quad 3.15$$

3.2.2.3 Konvektiver Wärmeaustausch durch Lüftung

Neben den Wärmedurchgängen ist der Austausch von Wärmemengen durch den Luftwechsel, hier beschränkt auf den Austausch mit der Außenluft, zu berücksichtigen. Eine einfache Methode den Luftwechsel zu modellieren, ist die Anwendung des Mischkammerprinzips. Es wird davon ausgegangen, dass eine abgeführte Volumenmenge pro Zeiteinheit durch eine gleiche Volumenmenge von außen zugeführt wird – anschließend verteilt sich die hinzugekommene Volumenmenge sofort im Raum: (vgl. [BER00])

$$\dot{Q}_L(t) = \rho_L \cdot c_L \cdot \dot{V} \cdot [\vartheta_A(t) - \vartheta_R(t)] \quad 3.16$$

Es wird die sogenannte Luftwechselrate ξ eingeführt, welche angibt wie oft das Raumvolumen V_R in einer Stunde durch den Luftwechsel ausgetauscht wird:

$$\xi = \dot{V}/V_R \quad 3.17$$

Somit folgt:

$$\dot{Q}_L(t) = \rho_L \cdot c_L \cdot V_R \cdot \xi \cdot [\vartheta_A(t) - \vartheta_R(t)] \quad 3.18$$

Es muss zwischen der freien (bzw. natürlichen) und der erzwungenen Lüftung unterschieden werden. Bei der freien Lüftung findet der Luftwechsel aufgrund von Undichtigkeiten, Fugenlüftungen sowie von geöffneten Fenstern und Türen statt. Bereits bei geschlossenen Fenstern und Türen kann die Luftwechselrate des Raumes nur geschätzt werden, da diese Größe von Temperatur-, Druck- und Windverhältnissen abhängig und somit zeitlich variabel ist. Bei der zur Beurteilung der Gebäudedichtheit angewandten Blower-Door-Messung wird ein Überdruck im Innenraum erzeugt und der zur Aufrechterhaltung des Überdrucks erforderliche Luftstrom ausgewertet – eine direkte Bestimmung der natürlichen Luftwechselrate ist hiermit jedoch ebenfalls nicht möglich. Tracergas-Methoden ermöglichen die Messung des Luftwechsels, indem eine bestimmte Konzentration eines definierten Gases in einem Raum hergestellt wird. Entweder wird im Anschluss das Abklingverhalten der Konzentration ausgewertet (Konzentrations-Abfall-Methode) oder eine bestimmte Konzentration des definierten Gases wird aufrechterhalten und der dafür erforderliche Stoffstrom analysiert (Konstant-Konzentrations-Methode). Allerdings liefern diese Messungen ebenfalls nur Werte der Luftwechselrate zu einem Zeitpunkt. (vgl. [WEI03])

Zur Schätzung der durch Fugenlüftungen bedingten natürlichen Luftwechselrate schlagen [WEI03] und [LIE11] auf Basis von mittleren Fugenlängen und Fugendurchlasskoeffizienten entsprechende Formeln vor, allerdings existieren lediglich grobe Richtwerte für die Durchlasskoeffizienten (siehe z. B. [CZI09]), so dass eine theoretische Betrachtung ebenfalls nur eine grobe Schätzung sein kann. Auch bei geöffneten Fenstern ist der sich einstellende Luftwechsel von Temperatur-, Druck- und Windverhältnissen abhängig, so dass kein definierter Luftwechsel erfolgt und allenfalls Richtwerte angegeben werden können (siehe z. B. [WIL06], [LAI09] und [LIE11]). Für die Gebäudemodellierung kann daher jeweils nur eine grobe Einschätzung der natürlichen Luftwechselraten getroffen werden, so dass die Nachbildung eines bestimmten Gebäudes erschwert wird. Hingegen können grundsätzliche Aussagen zum Einfluss der Gebäudedynamik getroffen werden, beispielsweise in wie weit diese das Potenzial von Optimierungsstrategien für Lüftung und Klimatisierung beeinflussen. Neben der Grundluftwechselrate ξ_G (natürliche Luftwechselrate aufgrund Undichtheit des Gebäudes) und Störungen ξ_Z (z. B. durch unkontrolliertes Öffnen von Fenstern), kann ein Luftwechsel ξ_Y durch einen gezielten Eingriff erfolgen. Schließlich lassen sich alle Luftwechselraten zusammenfassen:

$$\dot{Q}_L(t) = \rho_L \cdot c_L \cdot V_R \cdot [\xi_G + \xi_Z(t) + \xi_Y(t)] \cdot [\vartheta_A(t) - \vartheta_R(t)] \qquad 3.19$$

3.3 Feuchte

Analog zur Modellierung des Wärmehaushaltes wird in diesem Abschnitt der Feuchtehaushalt eines Raumes beschrieben. Für das weitere Verständnis ist es zunächst erforderlich, den Unterschied (bzw. den Zusammenhang) zwischen relativer und absoluter Feuchte zu erläutern. Die Modellierung des Feuchtehaushaltes kann durch eine Massenstrombilanz der absoluten Feuchte erfolgen. Entsprechend können Modellansätze auf andere Gaskonzentrationen übertragen werden (z. B. Kohlendioxidbelastung bzw. CO2-Konzentrationen).

3.3.1 Thermodynamische Grundlagen

Die absolute Luftfeuchte beschreibt die in feuchter Luft enthaltene Menge Wasserdampf. Sofern der Anteil anderer Gase als vernachlässigbar betrachtet werden kann, ist die Masse der feuchten Luft m_F gleich der Summe aus der Masse trockener Luft m_T und der des Wasserdampfes m_W: (vgl. [BER76])

$$m_F = m_T + m_W \tag{3.20}$$

Entsprechend gilt für die Aufteilung der Partialdrücke innerhalb eines Volumens (auch bekannt als Gesetz der Partialdrücke oder als Daltonsches Gesetz):

$$p_F = p_T + p_W \tag{3.21}$$

Über die allgemeine Gasgleichung ist der Zusammenhang zwischen absoluter Temperatur T_0, Druck p und Volumen V bekannt, wobei R_S die spezifische Gaskonstante repräsentiert: (vgl. [KUC04])

$$p(\vartheta) \cdot V = m \cdot R_S \cdot T_0 \tag{3.22}$$

Als spezifische Gaskonstanten für trockene Luft R_L und Wasserdampf R_W werden folgende Werte nach [WIL06] angenommen:

$$R_L = 287{,}05 \frac{\mathrm{J}}{\mathrm{kg} \cdot \mathrm{K}} \; ; \; R_W = 461{,}5 \frac{\mathrm{J}}{\mathrm{kg} \cdot \mathrm{K}} \tag{3.23}$$

3.3.1.1 Sättigungsdampfdruck

Ein Volumen kann nicht beliebig viel Wasserdampf aufnehmen, sondern nur so viel, bis der Sättigungsdampfdruck erreicht ist. Dieser ist temperaturabhängig, wobei der theoretische Zusammenhang analytisch nur schwer beschrieben werden kann und dieser daher typischerweise durch approximierte Kennlinien angenähert wird. In [KUS10] werden unterschiedliche Approximationen verglichen, im Folgenden wird die in der Norm [DIN4108-3] empfohlene Potenzfunktion verwendet:

$$p_s(\vartheta) = a \cdot \left(b + \frac{\vartheta}{100}\right)^n \tag{3.24}$$

Hierbei sind die Konstanten entsprechend den Angaben aus Tabelle 3-1 definiert.

Konstanten	$\vartheta \geq 0°C$	$\vartheta < 0°C$
a	288,68 Pa	4,689 Pa
b	1,098	1,486
n	8,02	12,3

Tabelle 3-1: Koeffizienten zur Berechnung des Sättigungsdampfdruckes nach DIN4108-3 [DIN4108-3].

Folglich lässt sich mit Gleichung 3.22 aus dem Sättigungsdampfdruck die temperaturabhängige maximale Wasserdampfmenge der Luft ableiten:

$$m_{Wmax} = \frac{p_s(\vartheta) \cdot V}{R_S \cdot T_0} \tag{3.25}$$

3.3.1.2 Zusammenhang zwischen relativer und absoluter Feuchte

Die relative Feuchte ist definiert als das Verhältnis des Wasserdampfpartialdruckes zum Sättigungsdampfdruck: (vgl. [KUC04])

$$\varphi = \frac{p_W}{p_s(\vartheta)} = \frac{m_W}{m_{Wmax}} \tag{3.26}$$

Die absolute Feuchte σ ist definiert als der Quotient der Masse des Wasserdampfes durch das Volumen: (vgl. [KUC04])

$$\sigma = \frac{m_W}{V} \tag{3.27}$$

Da für die Bilanzierungsaufgaben der Fokus auf der absoluten Feuchte liegt, ist eine Umrechnung erforderlich, welche nichtlinear und temperaturabhängig ist:

$$\sigma = \frac{\varphi \cdot m_{Wmax}}{V} = \frac{\varphi \cdot p_s(\vartheta)}{V} \cdot \frac{m_W}{p_W} = \frac{\varphi \cdot p_s(\vartheta)}{V} \cdot \frac{V}{R_W \cdot T_0} = \frac{\varphi \cdot p_s(\vartheta)}{R_W \cdot T_0} \tag{3.28}$$

Weiterhin ist der Wassergehalt x als das Verhältnis der Wassermasse m_W zur Masse trockener Luft m_T definiert: (vgl. [BER76])

$$x = \frac{m_W}{m_T} \tag{3.29}$$

Der thermodynamische Zusammenhang zwischen Enthalpie (Energie eines thermodynamischen Systems), Wasserdampfpartialdruck, Temperatur, relativer

Feuchte und Feuchtegehalt wird vereinfacht durch das h-x-Diagramm nach Mollier dargestellt (siehe Abbildung 3-5), womit Zustandsänderungen durch Klimatisierung und Lüftung veranschaulicht werden können. (vgl. [WIL06])

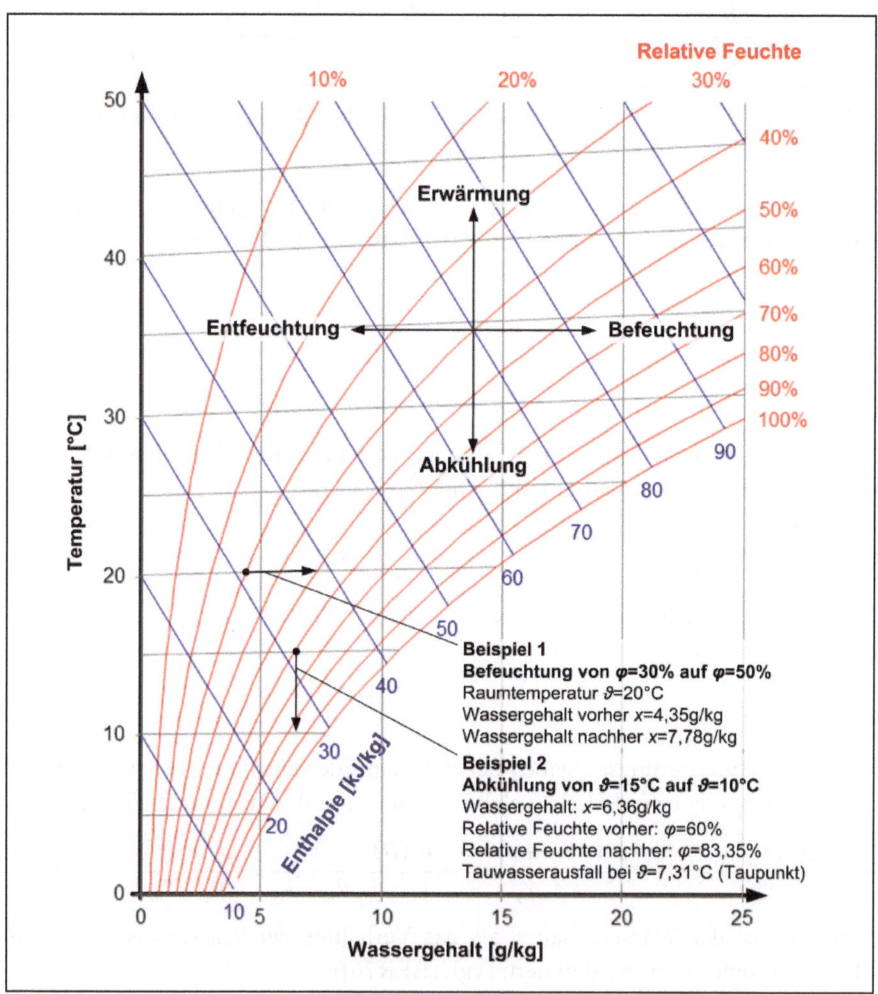

Abbildung 3-5: Mollier-h-x-Diagramm für feuchte Luft mit Beispielen zur vereinfachten Darstellung der Zustandsänderung bei Befeuchtung bzw. Abkühlung der Luft.

3.3.1.3 Unscharfe Berechnungen relativer und absoluter Feuchte

In den späteren Anwendungsfällen der entwickelten Konzepte dieser Arbeit wird die Umrechnung der absoluten in die relative Feuchte (und umgekehrt) mit unscharfen Mess- und Prognosewerten erforderlich sein (siehe Abschnitt 5.1). Es ist daher notwendig, die Gleichung 3.28 unter Berücksichtigung der Unschärfen in der jeweiligen Feuchte- und Temperaturgröße zu berechnen. Für eine exakte Ermittlung der unscharfen Menge des möglichen Sättigungsdampfdrucks in Abhängigkeit von einer unscharfen Temperatur müssen sämtliche Elemente der Trägermenge durch den Funktionsverlauf nach Gleichung 3.24 transformiert werden (siehe Abbildung 3-6). Dieses Vorgehen ist entsprechend aufwendig. Eine Berechnung auf Basis der Parameter der Zugehörigkeitsfunktion wäre daher wünschenswert. Es wird vorgeschlagen, nur die Eckpunkte der trapezförmigen Zugehörigkeitsfunktion zu berechnen und linear zu interpolieren:

$$\underline{p_S}(\underline{\vartheta}) = [p_s(\vartheta_1) \quad p_s(\vartheta_2) \quad p_s(\vartheta_3) \quad p_s(\vartheta_4)]^T \tag{3.30}$$

Abbildung 3-6 zeigt unten rechts den Vergleich der exakten Methode mit der Approximation. Es fällt auf, dass der resultierende Fehler selbst über einen relativ breiten Temperaturbereich einen sehr geringen Einfluss hat.

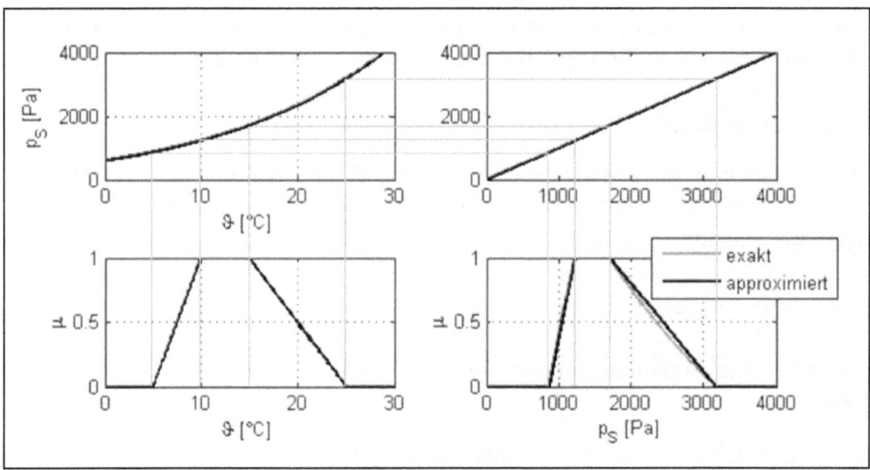

Abbildung 3-6: Ermittlung des Sättigungsdampfdruckes für eine unscharfe Temperaturmenge.

Ebenso wird die Berechnung der absoluten Feuchte aus der unschafen Quantität der relativen Feuchte unter Anwendung der vereinfachten Fuzzy-Arithmetik aus Abschnitt 2.1.3.2 vorgeschlagen:

$$\underline{\sigma} = \left(\underline{\varphi} \odot \underline{p_S}(\underline{\vartheta})\right) \oslash \left(R_W \odot \underline{T_0}\right) \qquad 3.31$$

Abbildung 3-6 vergleicht die Ergebnisse unterschiedlicher Berechnungen der vereinfachten mit der exakten Methode. Es ist leicht ersichtlich, dass der Kern nahezu fehlerfrei approximiert wird, während ein Fehler in der Approximation des Trägers entsteht. Die Berechnung der relativen Feuchte aus der unscharfen Quantität der absoluten Feuchte kann entsprechend übertragen werden:

$$\underline{\varphi} = \left(R_W \odot \left(\underline{\sigma} \odot \underline{T_0}\right)\right) \oslash \underline{p_S}(\underline{\vartheta}) \qquad 3.32$$

Auch hier liefert der grafische Vergleich (Abbildung 3-6) der vereinfachten mit der exakten Methode die Erkenntnis, dass der Kern im Gegensatz zum Träger nahezu fehlerfrei approximiert wird. Es ist festzuhalten, dass der durch die Anwendung der vereinfachten Fuzzy-Arithmetik entstehende Fehler von der Größe der Operanden-Menge (insbesondere der des Trägers) abhängt und die Approximation für kleine Mengen als hinreichend genau angesehen werden kann. Da sich durch die Approximationen eine signifikante Reduktion des Rechenaufwandes ergibt, werden diese Methoden im Folgenden angewandt.

3.3.2 Raumbilanz

Zur Berechnung des Feuchtehaushaltes müssen die Masseströme des Wasserdampfes bilanziert werden. Der Fokus der Bilanz liegt schließlich auf der absoluten Feuchte:

$$\dot{\sigma}_R(t) = \frac{1}{V_R} \cdot \dot{m}_R(t) \qquad 3.33$$

In der Feuchtestrombilanz werden folgende Einflüsse berücksichtigt (Abbildung 3-8):

- Austausch von Stoffmengen über die Lüftung: $\dot{m}_L$ (Abschnitt 3.3.3.1)
- Sorptionsströme über die Feuchtepufferung $\dot{m}_S$ (Abschnitt 3.3.3.2)
- Störfeuchteströme von nicht beeinflussbaren Quellen: $\dot{m}_Z$
- Stellfeuchteströme von beeinflussbaren Quellen $\dot{m}_Y$

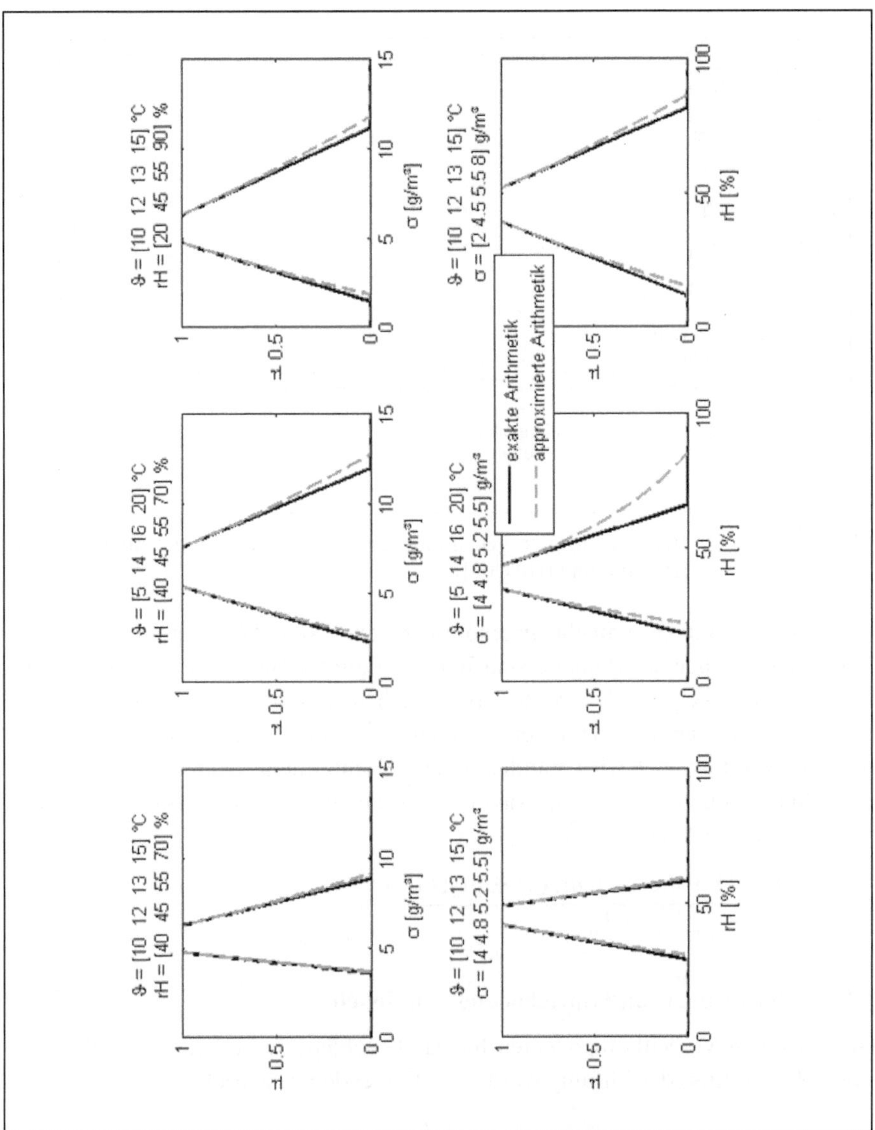

Abbildung 3-7: Beispiele zur Berechnung der absoluten Feuchte bei exakter und approximierter Fuzzy-Arithmetik (oben) sowie zur Berechnung der absoluten Feuchte bei exakter und approximierter Fuzzy-Arithmetik (unten).

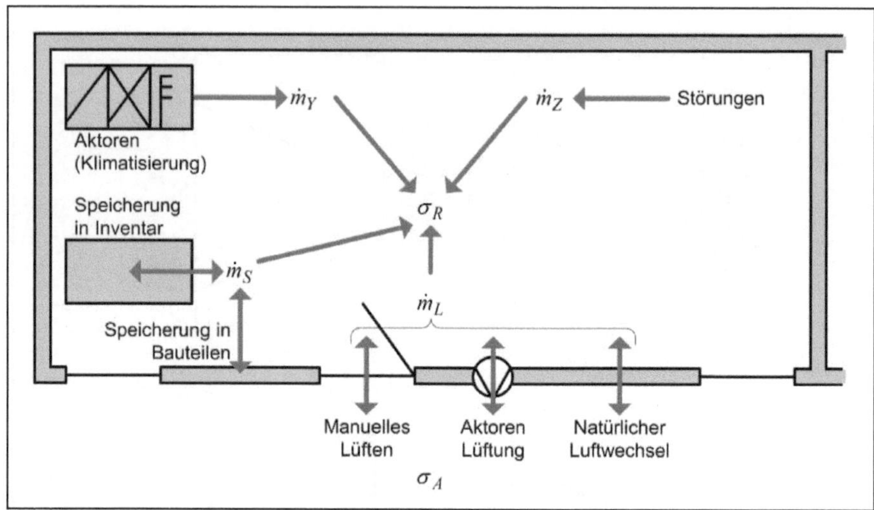

Abbildung 3-8: Bilanzierung der Feuchteströme in einem Raum (in Anlehnung an [BER00] und [HÄU08]).

Es wird somit vereinfacht angenommen, dass kein Feuchtetransport durch Transmission über die Bauteile stattfindet. Folglich können mit diesem Modell keine Räume nachgebildet werden, bei welchen derartige Feuchteeinträge (wie etwa durch längeren Schlagregen oder aufsteigende Bodenfeuchte) vorhanden sind. In Abschnitt 5.2 wird stattdessen zur Nachbildung einer Feuchtelast eine zusätzliche Feuchtequelle im Raum vorgeschlagen. Das Aufsummieren der Stoffströme liefert: (vgl. [HÄU08])

$$\dot{\sigma}_R(t) = \frac{\dot{m}_L(t) + \dot{m}_S(t) + \dot{m}_Y(t) + \dot{m}_Z(t)}{V_R} \qquad 3.34$$

3.3.3 Transport- und Speicherung von Feuchte

Die einzelnen Modellkomponenten für das Feuchtepufferverhalten von Räumen sowie der Einfluss der Lüftung werden im Folgenden beschrieben.

3.3.3.1 Konvektiver Feuchteaustausch durch Lüftung

Analog zur Wärmebilanzierung (Abschnitt 3.2.1) kann der Einfluss des Luftwechsels nach dem Mischkammerprinzip und den unterschiedlichen Luftwechselraten modelliert werden:

$$\dot{m}_L(t) = V_R \cdot [\xi_G + \xi_Z(t) + \xi_Y(t)] \cdot [\sigma_A(t) - \sigma_R(t)] \qquad 3.35$$

Es bestehen hierbei nach wie vor die in Abschnitt 0 erwähnten Probleme bei der Ermittlung der Luftwechselrate.

3.3.3.2 Puffernde Feuchtespeicherung durch Gebäude und Inventar

Die Aufnahme und Abgabe von Feuchte aus bzw. an die Umgebung durch Materialien ist im Wesentlichen durch zwei Effekte gegeben. Zum einen können Materialien durch direkten Kontakt mit Wasser Feuchte aufnehmen (kapillarer Transportprozess). Derartige Materialien werden auch als kapillaraktiv bezeichnet. Materialen können zudem hygroskopische Eigenschaften besitzen, bei welchen ein Austausch von Material- und Luftfeuchte stattfindet. Hierbei binden und lösen sich Wassermoleküle an das materialinnere Porensystem bis ein Gleichgewichtszustand erreicht ist, bei welchem im Material der Ausgleichswassergehalt vorliegt. (vgl. [KÜN94])

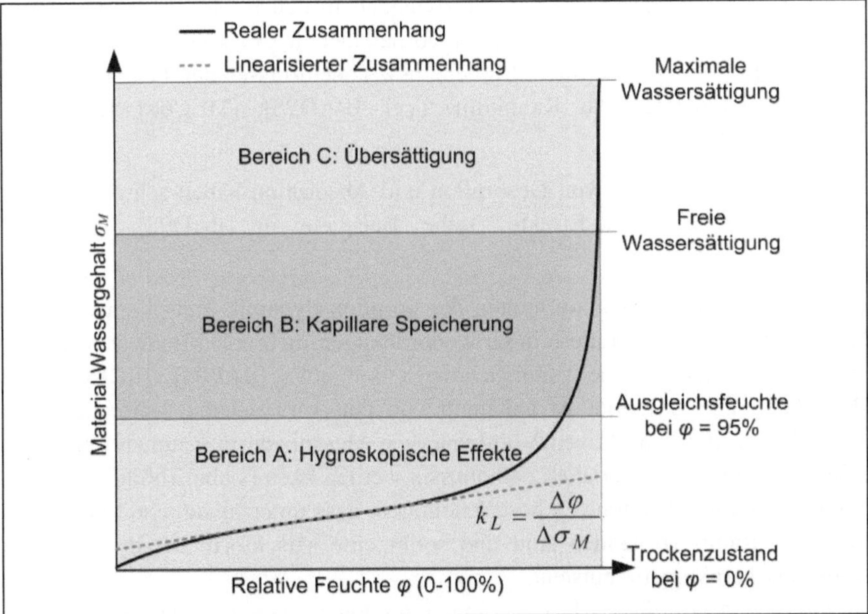

Abbildung 3-9: Statischer Zusammenhang relativer Luftfeuchte und Materialwassergehalt und Linearisierung für den hygroskopischen Bereich (in Anlehnung an [KÜN94]).

Der stationäre Zusammenhang zwischen dem Wassergehalt eines Baustoffes und der relativen Luftfeuchte der Umgebung kann durch eine materialspezifische Kennlinie beschrieben werden. Eine derartige Funktion kann im Allgemeinen in drei verschiedene Bereiche unterteilt werden (Abbildung 3-9). Der erste Teil dieser Funktion (Bereich A) beschreibt das hygroskopische Verhalten des Materials. Im zweiten Teil der Kennlinie (Bereich B) tritt die kapillare Feuchtespeicherfunktion auf, bis schließlich eine Übersättigung im Bereich C erreicht ist. (vgl. [KÜN94])

Für die Simulationen des Raumklimas ist insbesondere der Bereich A von Interesse. Hinsichtlich der stationären Eigenschaften ergeben sich folgende Probleme:

- Sorptionsisotherme sind materialspezifisch und daher individuell zu definieren. Da innerhalb eines Raumes unterschiedliche Materialien existieren, muss eine Art Mischkurve definiert werden, welche in praktischen Anwendungen nur schwer identifiziert werden kann.
- Diese Materialien müssen nicht zwingend in den Bauteilen des Gebäudes vorhanden sein, auch im Raum vorhandene hygroskopische Materialien (wie in Büchern, Textilien, Möbeln, usw.) beeinflussen den Feuchtehaushalt und stabilisieren das Raunklima (vgl. [PAD98], [MEC06], [DER07a], [DER07b]).
- Sorptionsisotherme von Desorption und Absorption haben schwer nachzubildende Hysterese-Effekte (siehe Beispiele in [PAD98], [MEC06], [DER07a]).

Gleichzeitig sind die Zeitkonstanten der Sorptionsdynamik nicht vernachlässigbar. In der Regel liegen diese in Größenordnungen mehrerer Minuten bis hin zu mehreren Stunden (siehe Untersuchungen wie etwa [SAL04], [ECK06] und [KÜN06]). Die Dynamik ist abhängig von den verwendeten Materialen, den Oberflächen und den aktiven Volumina, wie Messungen in Räumen mit unterschiedlichen Puffermaterialien entnommen werden kann (siehe Abbildung 3-10). Weiterhin ist die Tatsache zu berücksichtigen, dass unterschiedliche Materialien in einem Raum vorhanden sind und somit eine Mischform der dynamischen Sorptionscharakteristik entsteht.

Ausgehend von diesen Betrachtungen zur Feuchtespeicherung stellt sich die Frage, wie die Sorptionscharakteristik für einen Raum modelliert werden kann. Zur späteren Bilanzierung ist der Sorptionsmassenstrom in bzw. aus den

Materialien von Interesse, wobei dieser offensichtlich von der Änderung der relativen Luftfeuchte im Raum abhängt.

Zur vereinfachten Modellierung der Feuchtepufferwirkung von Räumen werden in der Literatur unterschiedliche Methoden vorgeschlagen. Beispielsweise schlägt [PAD11] die Einführung eines zusätzlichen virtuellen Raumvolumens vor, welches einen äquivalenten Feuchtespeicher der Materialien repräsentieren soll. In [VER11] wird hingegen ein Ansatz beschrieben, in welchem eine Feuchtepuffergröße einführt wird, die das Ausgleichsverhalten der Feuchteströme in und aus den Materialien anhand von Kennwerten zu bestimmten Zeitpunkten beschreibt. Einen für die Modellierung dynamischer Systeme recht praktikablen Ansatz liefert [REI99] und [REI00]: es wird eine „Feuchtepufferfunktion“ für einen Raum vorgeschlagen, welche auf Basis eines Diffusions-Sorptions-Modells die Massenänderung nach einem Impuls der relativen Raumluftfeuchte beschreibt. In der Impulsantwort $F(t)$ repräsentieren die Parameter R_F und τ_F raumspezifische Konstanten:

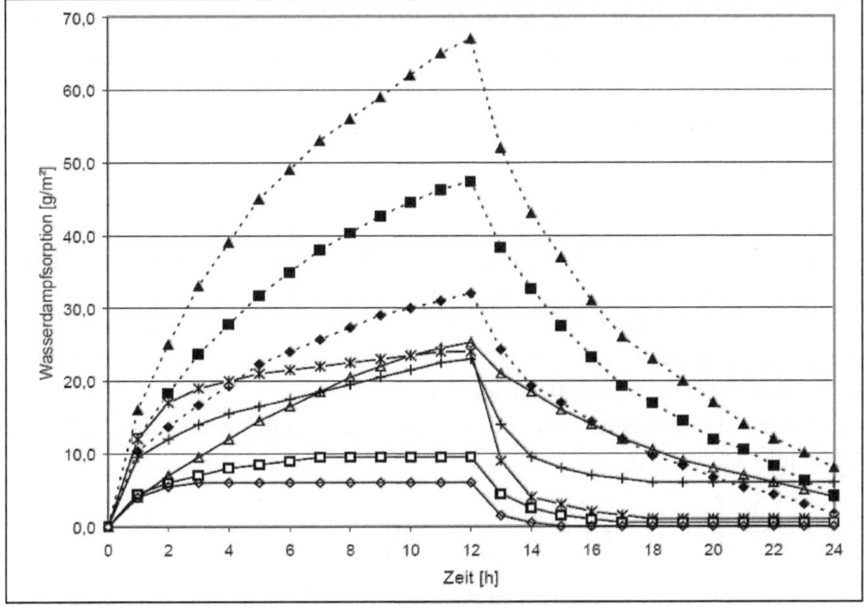

Abbildung 3-10: Sprungantworten der Wasserdampfsorption bei Änderungen der relativen Luftfeuchte, Sprung von 50% auf 80% (bei $t = 0\text{h}$) und von 80% auf 50% bei $t = 12\text{h}$ bei verschiedenen Materialien (Bildquelle: Eckermann und Ziegert, siehe [ECK06]).

$$F(t) = \frac{1}{R_F} \cdot \sum_{i=0}^{\infty} e^{-t \cdot \frac{(2 \cdot i+1)^2}{\tau_F}} \tag{3.36}$$

Nach einer Laplace-Transformation (siehe [LUT10]) resultiert folgende Übertragungsfunktion $F(s)$, wobei der Massestrom in die Materialen $\dot{m}_M$ von der Raumbilanz nach Gleichung 3.34 subtrahiert werden muss $\left(\dot{m}_M(t) = -\dot{m}_S(t)\right)$:

$$F(s) = \frac{\dot{m}_M(t)}{\dot{\varphi}_R(s)} = \frac{-\dot{m}_S(t)}{\dot{\varphi}_R(s)} = \frac{1}{R_F} \cdot \sum_{i=0}^{\infty} \frac{\frac{\tau_F}{(2 \cdot i + 1)^2}}{1 + \frac{\tau_F}{(2 \cdot i + 1)^2} \cdot s} \tag{3.37}$$

Da der mittlere Sorptionsstrom in die Materialien nicht messtechnisch erfasst werden kann, ist eine praktische Ermittlung (bzw. messtechnische Bestimmung) der Modellparameter nicht möglich. Mit dem Modell soll der Einfluss der Gebäudedynamik auf die entwickelten Konzepte (insbesondere in Abschnitt 5.2) untersucht werden, so dass die exakte Nachbildung eines bestimmten Raumes hier nicht im Vordergrund steht. Stattdessen wird die obige Summe nach dem ersten Summanden abgebrochen und davon ausgegangen, dass die dynamischen Feuchtepuffereffekte durch ein dominantes Verzögerungsglied erster Ordnung hinreichend genau beschrieben werden können:

$$F(s) \approx \frac{\tau_F / R_F}{1 + \tau_F \cdot s} := \frac{K_{sorp}}{1 + \tau_{sorp} \cdot s} \tag{3.38}$$

Untersuchungen zur Verbesserung des Modells durch die Berücksichtigung weiterer Summanden von Gleichung 3.37 werden in [ROS12] angestellt. Um zu verdeutlichen, welchen Einfluss die Parameter auf die Gebäudedynamik haben und wie diese in der Simulation zu interpretieren sind, erfolgt eine weiterführende Analyse. Das Feuchtepuffermodell nach Gleichung 3.39 wird in die Bilanzgleichung 3.34 eingesetzt und die Einflüsse der Lüftung und der Stellgröße vernachlässigt werden:

$$\dot{\sigma}_R(s) = \frac{1}{V_R} \cdot \left[\dot{m}_Z(s) - \frac{K_{sorp}}{1 + \tau_{sorp} \cdot s} \cdot \dot{\varphi}_R(s)\right] \tag{3.39}$$

Unter der Annahme, dass die Temperatur konstant bleibt und der Zusammenhang zwischen relativer und absoluter Feuchte über den linearisierten Zusammenhang mit einem Parameter k_L (siehe Abbildung 3.11)

$$\dot{\varphi}_R(s) = k_L \cdot \dot{\sigma}_R(s) \qquad 3.40$$

hinreichend genau approximiert werden kann, resultiert folgende Beziehung:

$$\frac{\sigma_R(s)}{\sigma_Z(s)} = \frac{1 + \tau_{sorp} \cdot s}{1 + \frac{K_{sorp} \cdot k_L}{V_R} + \tau_{sorp} \cdot s} = \frac{1 + \tau_{sorp} \cdot s}{1 + \frac{K_{sorp} \cdot k_L}{V_R} + \tau_{sorp} \cdot s} \qquad 3.41$$

Für eine sprungförmige Störung der Höhe σ_H:

$$\sigma_Z(t) = \begin{cases} 0 & \text{für} \quad t < 0 \\ \sigma_H & \text{für} \quad t \geq 0 \end{cases} \quad \Rightarrow \quad \sigma_Z(s) = \frac{1}{s} \cdot \sigma_H \qquad 3.42$$

ergibt sich gemäß den Grenzwertsätzen (siehe Laplace-Transformation in [LUT10]):

$$\sigma_R(t = 0) = \sigma_H \qquad 3.43$$

$$\sigma_R(t \to \infty) = \frac{V_R}{V_R + K_{sorp} \cdot k_L} \cdot \sigma_H \qquad 3.44$$

Folglich verteilt sich die sprungförmig zugeführte Wasserdampfkonzentration zunächst vollständig in der Raumluft, bevor die Sorptionsprozesse beginnen. Offensichtich beeinflussen die Parameter K_{sorp} und k_L die Aufteilung der gespeicherten Wasserdampfmenge zwischen der Raumluft und den Materialien. Je höher der Parameter K_{sorp} gewählt wird, desto weniger wird der Feuchtehaushalt in der Luft durch die Störung längerfristig beeinflusst. Eine Erhöhung des Parameters K_{sorp} bedeutet somit eine Erhöhung der im Raum enthaltenen Feuchtespeicherkapazität der Materialien, die zur Feuchtepufferung beitragen. Findet keine Feuchtepufferung statt, so ist entsprechend $K_{sorp} = 0$ zu setzen, wodurch schließlich $\sigma_R(t = 0) = \sigma_R(t \to \infty) = \sigma_H$ resultiert. Um das dynamische Raumklimaverhalten bei einer sprungförmigen Störung zu analysieren, erfolgt eine Transformation von Gleichung 3.41 und 3.42 in den Zeitbereich (siehe Laplace-Transformation in [LUT10]):

$$\sigma_R(t) = \frac{V_R + K_{sorp} \cdot k_L \cdot e^{-\frac{t \cdot \left(1 + \frac{K_{sorp} \cdot k_L}{V_R}\right)}{\tau_{sorp}}}}{V_R + K_{sorp} \cdot \alpha} \cdot \sigma_H \qquad 3.45$$

Zum einen werden hier die Ergebnisse der Grenzwerte 3.43 und 3.44 bestätigt und zum anderen wird der Einfluss des Parameters τ_{sorp} ersichtlich: je größer die Zeitkonstante gewählt wird, desto länger dauern die Ausgleichsvorgänge. τ_{sorp} beschreibt somit die Geschwindigkeit der Feuchtepufferung bzw. der Ein- und Auslagerung des Wasserdampfes. Abbildung 3-11 veranschaulicht den Zeitverlauf für eine Sprungantwort. Zu Beginn wird die gesamte Wasserdampfmenge von der Raumluft aufgenommen, gleichzeitig beginnen jedoch die Sorptionsprozesse der Materialien. Mit der Zeitkonstante τ_{sorp} klingt der Sorptionsvorgang ab, bis ein stationärer Endwert erreicht wird, welcher vom Raumvolumen V_R, dem als linear angenommen Kennwert k_L und der Verstärkung K_{sorp} abhängig ist.

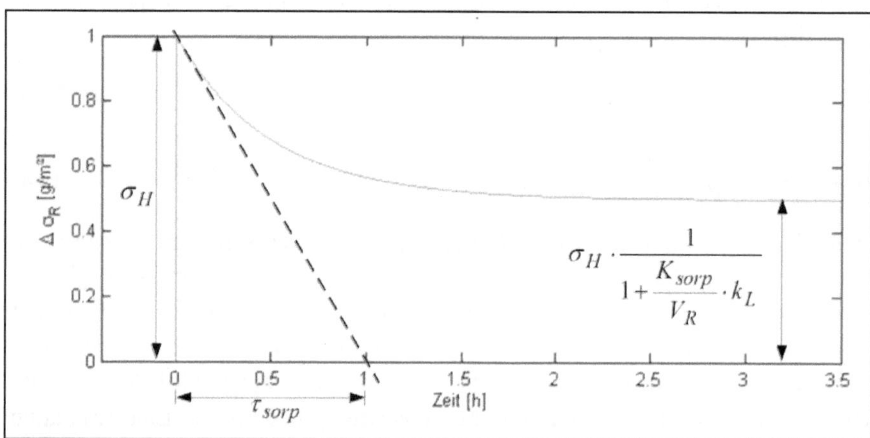

Abbildung 3-11: Modellierung der Feuchtepufferung durch vereinfachte Übertragungsfunktion (Annahme der Parameter hier $\tau_{sorp} = 1h$ und $V_R/(V_R + K_{sorp} \cdot k_L) = 0{,}5$.

4 Versuchsumgebung

Die Untersuchungen zu den in Kapitel 5 entwickelten Leitkomponenten sind sowohl in Simulation als auch praktischer Anwendung erforderlich, so dass eine Simulationsumgebung und ein Testfeld aufgebaut wurden. Da bauklimatische Prozesse sehr träge ablaufen, ist die Beurteilung der Leitkomponenten im Vergleich zu konventionellen Lösungen sowie die Untersuchung von Einflüssen der Parametrierung in der praktischen Anwendung entsprechend zeitaufwendig. Zudem ist es schwierig (wenn nicht sogar unmöglich) vergleichbare Untersuchungen in realen Räumen und Gebäuden durchzuführen, da es sehr unwahrscheinlich ist, dass in den Experimenten jeweils gleiche oder vergleichbare Rahmenbedingungen herrschen (z. B. Außenklima oder Initialzustände des Raumes). Um die Möglichkeit der praktischen Realisierung zu demonstrieren, sind hingegen exemplarische Anwendungen und experimentelle Betriebsphasen geeigneter als Simulationen und theoretische Konzepte. Da es sich bei den betrachteten Anwendungsbeispielen um reale Gebäude und Räume mit kulturellen Werten handelt, welche nicht durch die Experimente beschädigt werden dürfen, können Vergleichsuntersuchungen mit konventionellen (gegebenenfalls schlechteren) Methoden lediglich in Simulationen angestellt werden.

Für die Programmierung wurden Bibliotheken zur Berechnung der in Kapitel 2 und 3 beschrieben Methoden erstellt. Als Entwicklungsumgebung wurde MATLAB (siehe 4.1.2) verwendet. Die einzelnen Konzepte wurden zunächst in einer geeigneten Simulationsumgebung (MATLAB/Simulink) erprobt und untersucht. Anschließend sind die Konzepte mit entsprechenden Schnittstellenanpassungen in ein ausführbares Programm überführt worden, so dass diese im jeweiligen Anwendungsbeispiel zyklisch vom Taskmanager des Leitsystems ausgeführt werden können (Abbildung 4-1).

In diesem Kapitel werden zunächst die Simulationsumgebung und anschließend der Aufbau des Testfeldes für die praktischen Experimente beschrieben. Der Fokus liegt dabei auf dem grundsätzlichen Aufbau des Testfeldes (siehe auch [ARN12a]); Struktur, Kommunikationswege und Schnittstellen werden in den jeweiligen Anwendungen der entwickelten Leitkomponente (Kapitel 5) individuell beschrieben.

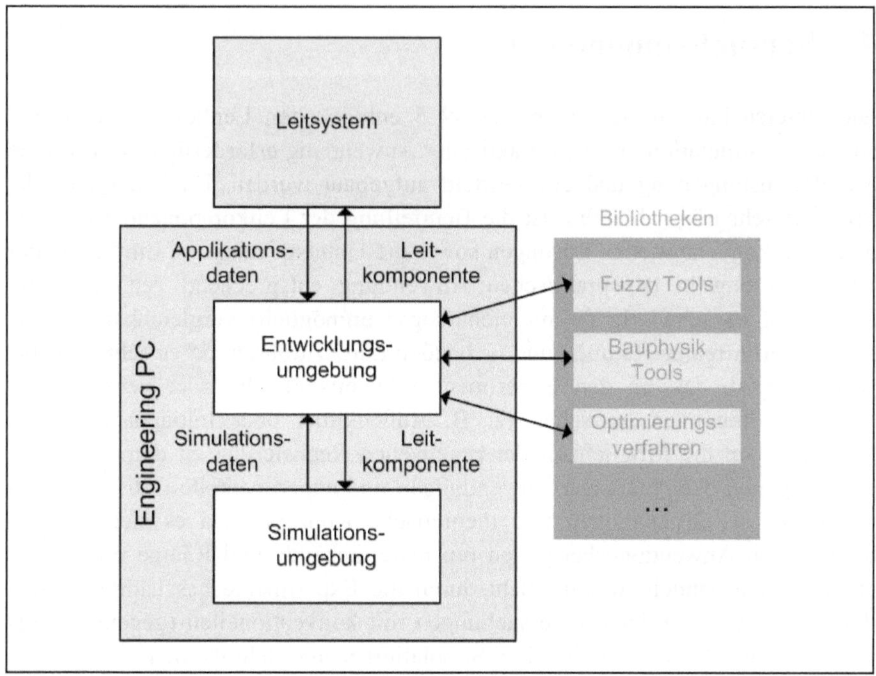

Abbildung 4-1: Entwicklung, Simulation und Implementierung der Leitkomponenten in das Leitsystem.

4.1 Simulation

Zur simulativen Untersuchung der Leitkomponenten (Kapitel 5) ist eine Simulationsumgebung erforderlich, welche Wärme- und Feuchteströme innerhalb eines Raumes bilanziert, den instationären Wärmedurchgang durch Außenwände sowie die Feuchtepufferwirkung des Raumes berücksichtigt. Modellparameter, Initialzustände, Simulationsschrittweiten, Außenklimaszenarien und innere Lastprofile sollen frei definierbar sein. Insbesondere ist es jedoch erforderlich, dass die Algorithmen der Leitkomponenten über geeignete Schnittstellen implementiert und zyklisch ausgeführt werden können.

4.1.1 Recherche verfügbarer Simulationssoftware

Auf dem Markt existieren zahlreiche Simulationstools, welche allerdings meist nicht alle oben genannte Anforderungen gleichzeitig erfüllen. Es wurde eine

Recherche verfügbarer Softwareprodukte zur Gebäudesimulation durchgeführt, wobei insbesondere die Listung im Internetportal des „U.S. Department of Energy“ zu erwähnen ist; eine zusammengefasste Übersicht verfügbarer Gebäudesimulationen liefern auch wissenschaftliche Arbeiten wie etwa [MER02], [SCH07], [NOU08] und [HOF09]. Viele Simulationsumgebungen sind zur Berechnung ganzer Gebäudekomplexe (teilweise Mehrzonenmodelle), Nachbildung technischer Anlagen sowie bauphysikalischer Details entwickelt worden. Entsprechend komplex sind der Rechenaufwand und die erforderlichen bauphysikalischen Kenntnisse zur Bedienung der Simulation. Die meisten Simulationstools berücksichtigen den (stationären) Wärme-, Feuchte- und Lufttransport, jedoch sind deutlich weniger Simulationstools verfügbar, welche hygrothermische Effekte des (instationären) Transports und der Speicherung von Wärme- und Feuchte in Gebäudekonstruktionen nachbilden (vgl. [NOU08]). Inwieweit Feuchtepufferwirkungen von Räumen überhaupt (und gegebenenfalls auch nur näherungsweise) berücksichtigt werden können, ist daher jeweils individuell zu prüfen.

Insbesondere ist jedoch die Integration eigener Algorithmen über offengelegte Schnittstellen oft nicht gegeben. Exemplarisch ist hierfür die Simulationsumgebung WUFI-Plus (siehe z. B. [HOL02], [HOL04]) zu nennen: Effekte der Feuchtepufferwirkungen können sowohl durch die Einflüsse der Gebäudekonstruktion und innere Komponenten berücksichtigt werden (siehe z. B. [KLE11]). WUFI-Plus wird zudem häufig zur Simulation und Beurteilung raumklimatischer Verhältnisse in historischen Gebäuden eingesetzt (siehe z. B. [BIC10] und [HOL10]), bietet jedoch keine Schnittstellen für selbst entwickelte Algorithmen. Das wahrscheinlich am häufigsten genutzte kommerzielle Simulationswerkzeug, welches in der Lage ist Raumpufferwirkungen nachzubilden, ist TRNSYS (siehe z. B. [SOL10]). Hier können zwar eigene Algorithmen implementiert werden (siehe z. B. [ADL07], [RIE09] oder [GÖR10], jedoch handelt es sich um ein sehr mächtiges Simulationswerkzeug, welches die Anforderungen der hier angestellten Untersuchungen bei Weitem übertrifft.

4.1.2 Motivation für eine selbstentwickelte Simulationsumgebung

Kommerzielle Tools stellen für die vorgesehenen Untersuchungen mit relativ geringen Anforderungen an die Simulation eine nicht zu unterschätzende Investition dar und sind mit entsprechendem Einarbeitungsaufwand verbunden. Fokus der Simulationen ist (besonders in Abschnitt 5.2.2) die Untersuchung des Einflusses grundsätzlicher Raumeigenschaften (z. B. die Parametrierung der

Feuchtepufferfunktion, aus Abschnitt 3.3.3.2) auf das Optimierungspotenzial durch die Leitkomponente. Derartig generische Modellparameter sind in verfügbaren Simulationsumgebungen nicht einstellbar, so dass wie in anderen wissenschaftlichen Arbeiten mit vergleichbarem Fokus (siehe z. B. [BER00] oder [HOF09]) eine Simulationsumgebung entwickelt wurde, welche den speziellen Bedürfnissen der Untersuchungen angepasst wurde. Wie von [NOU08] erkannt, werden zur Berechnung der Modellgleichungen komplexer Gebäudemodelle immer öfter externe Solver eingesetzt. Die Eigenentwicklung wurde auf Vorarbeiten einer Diplomarbeit (siehe [RIE06]) in MATLAB/Simulink aufgebaut.

MATLAB („Matrix Laboratory") ist ein auf Vektor- und Matrizenrechnung optimiertes Softwarepaket für die numerische Mathematik. Durch Toolboxen kann der Funktionsumfang erweitert werden, beispielsweise für Aufgaben der Optimierung, Regelung, Signal- und Bildverarbeitung, System- oder Datenanalyse. Simulink ist eine spezielle Toolbox zur Simulation dynamischer Systeme, die über Signalflusspläne in einer grafischen Benutzeroberfläche definiert (bzw. programmiert) werden. MATLAB ist ein flexibles Werkzeug und legt Schnittstellen zu weiteren Programmiersprachen (wie etwa C) und Hardware offen. Eine Einführung und weiterführende Informationen sind beispielsweise in [ANG11] zu finden. Es existiert eine Reihe von Bibliotheken für die Raumklimasimulation mit Simulink, die jedoch nicht vom Hersteller (Mathworks) selbst, sondern von anderen Institutionen entwickelt wurden. Hier sind insbesondere die vom Solar-Institut Jülich entwickelten Toolboxen „LACASA" und „CARNOT-Blockset" (vgl. [SCH04]) sowie „HAMFitPlus", „HAMLab" und „HAM-Tools" (siehe [NOU08] und die dort aufgeführten Quellen) zu nennen, welche jedoch die oben geforderten Ansprüche für die Untersuchungen nicht erfüllen.

4.1.3 Raumklimamodell

Kern der Simulationsumgebung ist ein Raumklimamodell, welches auf den in Kapitel 3 hergeleiteten Modellgleichungen basiert und eine Klimazone bilanziert. Abbildung 4-2 veranschaulicht die Struktur des Simulink-Modells. Die Zeitreihen des Simulationsszenarios werden über den programmspezifischen Variablenspeicher („Workspace") geladen und definieren das Außenklima, die Globalstrahlung, die Temperatur der Nachbarräume sowie innere Feuchte- und Wärmequellen (bzw. Senken). Gleichermaßen werden die Parameter der Raumklimamodelle in einer Variablenstruktur festgelegt. Die in dieser Arbeit verwendeten Parameter der Modelle sind in Abschnitt 4.1.4 aufgelistet.

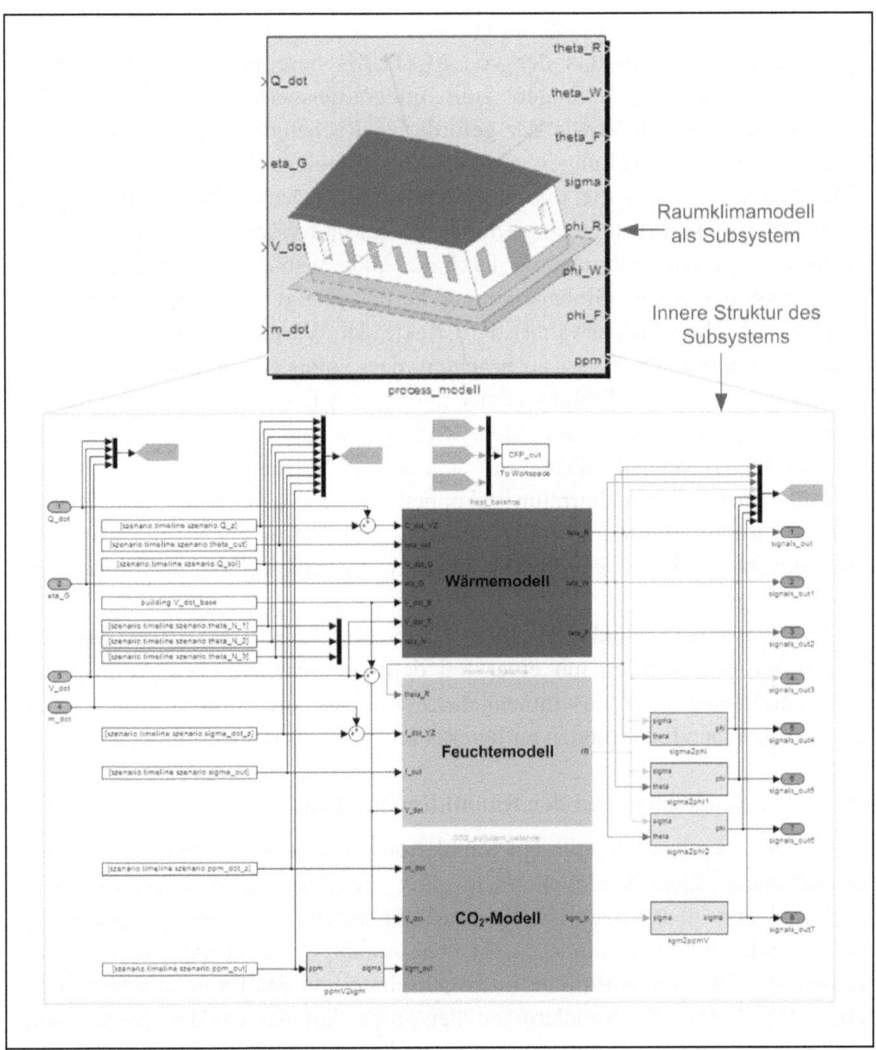

Abbildung 4-2: Aufbau des Simulink-Modells mit Ausschnitten der Subsysteme zur Berechnung der Raumklimas über Energie- und Stoffbilanzen in einem Raum.

Die Wärme- und Feuchtebilanz, wie auch eine zusätzliche, hier nicht weiter betrachtete Bilanz der Kohlendioxidkonzentration, werden jeweils in einem Subsystem berechnet. Sämtliche Integratoren, Verzögerungs- und Zustandsraummodelle werden über zeitkontinuierliche Übertragungsglieder nachgebildet, so dass die Lösung mittels der von MATLAB bereitgestellten Integrationsverfahren erfolgt. Einstellungen zum Integrationsverfahren, der tolerierten Integrationsschrittweite sowie der geforderten Rechengenauigkeit werden über die Konfigurationseinstellungen von Simulink festgelegt.

Abbildung 4-3 zeigt die Implementierung des Wärmemodells. Hier werden die stationären Wärmedurchgänge durch Fenster und Wände zu Nachbarräumen, der instationäre Wärmedurchgang durch die Außenwand, der Luftwechsel sowie der Eintrag durch die Globalstrahlung berücksichtigt. Folglich werden (wie bereits in Abschnitt 3.2 erwähnt) die Effekte der Wärmespeicherung in Innenwänden vernachlässigt. Es ist zu beachten, dass somit ein signifikanter Teil der Wärmekapazität realer Räume vernachlässigt wird. Um dennoch Räume mit hoher Wärmekapazität nachzubilden, wird in Abschnitt 4.1.4 ein Raummodell vorgeschlagen, welches über den stationären Wärmedurchgang zu einem konstant beheizten Nachbarraum gekoppelt ist. Die Umsetzung des Feuchtemodells wird in Abbildung 4-4 veranschaulicht. Entsprechend den Modellansätzen aus Abschnitt 3.3 werden die Feuchtepufferwirkung und der Luftwechsel berücksichtigt.

Alle relevanten Simulationsdaten (Zeitvektor, Eingangs-, Zustands- und Ausgangsgrößen) werden mit einer frei definierbaren zeitlichen Auflösung in einer Variablenstruktur zusammengefasst, so dass die Simulationsergebnisse durch entsprechende Methoden aufbereitet und ausgewertet werden können.

4.1.4 Parametrierungen der Raumklimamodelle

Neben den Zeitreihen, welche ein Simulationsszenario definieren, werden auch die raumspezifischen Modellparameter über Variablen aus dem Workspace an die Simulation übergeben. Hierbei sind für einen Raum die Parameter der Außenwände, der Innenwände zu Nachbarräumen, der Feuchtepufferung sowie die Fensterfläche, die natürliche Luftwechselrate und das Raumvolumen vorzugeben. Der Fokus der Simulationen liegt nicht auf der exakten Nachbildung eines realen Raumes, vielmehr soll der grundlegende Einfluss bauphysikalischer Parameter auf das Optimierungspotenzial der Klimasituation durch die entwickelten Leitkomponenten analysiert werden. Es wird je eine Parametrierung für

- einen einzelnen Raum ohne Kopplungen zur Nachbarräumen und
- einen umschlossenen Raum mit Wärmekopplung zu Nachbarräumen (stationärer Wärmedurchgang, siehe 3.2.2.1)

für je zwei verschiedene Bauweisen verwendet. Bei der leichten Bauweise wurden die Parameter an die bauphysikalischen Eigenschaften eines Fachwerkbaus angelehnt, bei der schweren Bauweise wurde hingegen versucht, ein Ziegelmauerwerk nachzubilden.

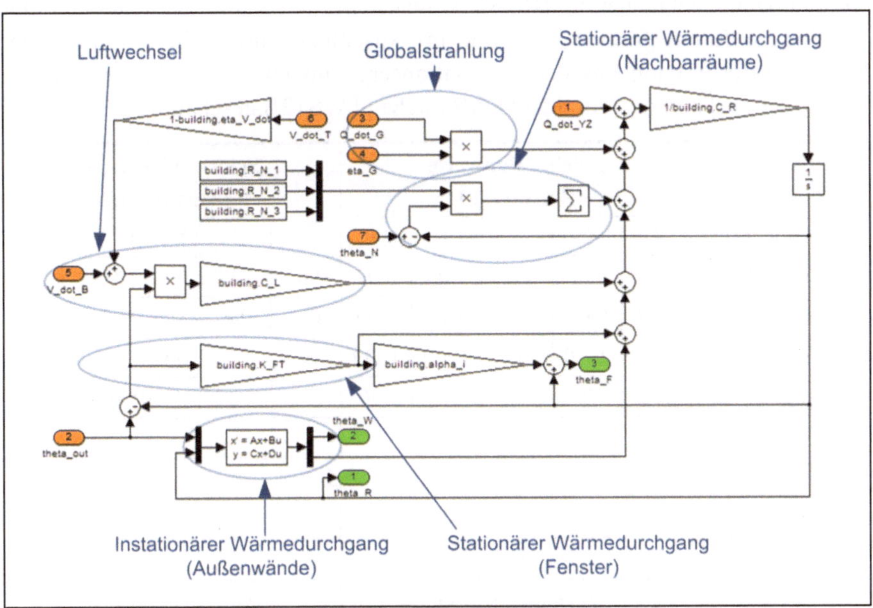

Abbildung 4-3: Subsystem zur Berechnung des Wärmehaushaltes nach Abschnitt 3.2.

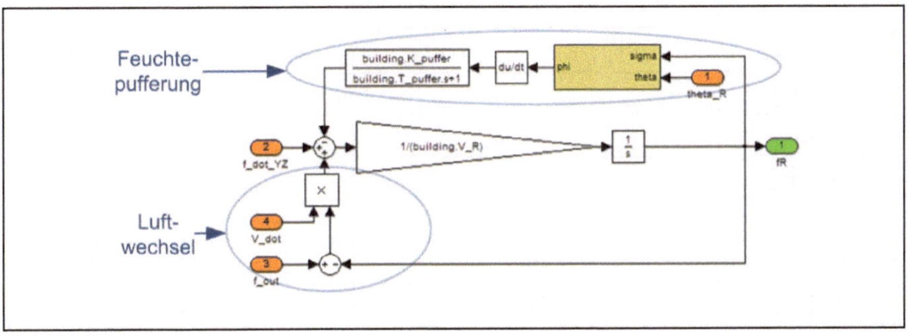

Abbildung 4-4: Subsystem zur Berechnung des Wärmehaushaltes nach Abschnitt 3.3.

Tabelle 4-1 listet die Parameter der verwendeten Raumklimamodelle auf. Die Parametrierung der Außen- und Innenwände orientiert sich dabei an den Vorschlägen aus [BER00], [RIE06] sowie den in WUFI-Plus hinterlegten Modellen. Um die Parameter der Feuchtepufferfunktion angemessen festzulegen, wurden Untersuchungen in [ROS12] angestellt. Hier sind Simulationen mit WUFI-Plus durchgeführt worden und im Anschluss wurden die Parameter der Feuchtepufferfunktion aus den Simulationsergebnissen mit Hilfe der „System Identification Toolbox" von MATLAB (siehe [TWS12]) geschätzt.

Typ:	**Leichte Bauweise (Fachwerk)**					**Schwere Bauweise (Massivbau)**				
Schicht	1	2	3	4	5	1	2	3	4	5
Δx [m]	0,08	0,32	0,02	0,03	0,02	0,02	0,12	0,12	0,12	0,12
λ [W/m · K]	0,09	0,04	0,05	0,18	0,09	0,2	0,6	0,6	0,6	0,8
c [J/kg · K]	1500	2500	1500	1000	1500	850				
ρ [kg/m^3]	400	70	300	1,2	400	850	1900			
U_F [W/kg · K]	2,5					5				
U_T [K/kg · K]	1,5									
U_N [K/kg · K]	0,2					0,25				
ξ_G [h^{-1}]	0,1					0,15				

Typ:	**einzelner Raum**		**umschlossener Raum**	
Bauweise:	**Leicht**	**Schwer**	**Leicht**	**Schwer**
K_{sorp} [kg/%]	0,13729	0,20241	0,10761	0,16347
τ_{sorp} [h]	5,385	3,5139	3,7898	2,9745
V_R [m^3]	150			
A_W [m^2]	40		50	
A_F [m^2]	5		10	
A_T [m^2]	-		2	
A_N [m^2]	150		50	
ϑ_N [°C]	21		ϑ_A	

Tabelle 4-1: Übersicht zu den verwendeten Parameter betrachteter Raumklimamodelle (nach den in Kapitel 3 beschriebenen Modellstrukturen).

4.1.5 Schnittstellen und Simulationssteuerung

Da das Raumklimamodell als ein Subsystem mit definierten Ein- und Ausgangsgrößen erstellt wurde, können Steuerungen und Regelungen der Basisautomation sowie die Leitkomponenten über die entsprechenden Schnittstellen verbunden und gemeinsam simuliert werden. Die zyklische Ausführung der Leitkomponente erfolgt über getriggerte Subsysteme. Abbildung 4-5 veranschaulicht exemplarisch den Simulationsaufbau für die Untersuchungen zu Abschnitt 5.2.

Wie bereits oben erwähnt, werden die Parameter des Raumklimamodells und das Simulationsszenario über den programmspezifischen Variablenspeicher an das Simulink-Modell übergeben. Die erstellten Simulink-Modelle können über die MATLAB-Kommandozeile ausgeführt werden. Somit ist es möglich, Parameter der Leitkomponenten oder der Raumklimamodelle automatisiert zu variieren und deren Einfluss zu simulieren.

4.2 Testfeld

Für die sichere und fehlerfreie Durchführung der Experimente wurde ein zentrales Leitsystem bestehend aus einem Webserver und einem Leitrechner mit TCP/IP-Verbindungen aufgebaut (Abbildung 4-6). Der Leitrechner befindet sich im Labor der Hochschule, hingegen wird der Webserver von einem externen Provider bereitgestellt.

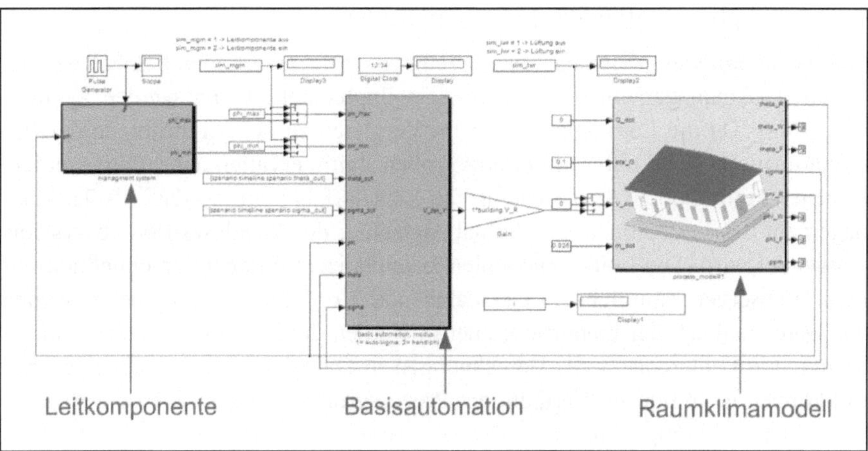

Abbildung 4-5: Exemplarischer Aufbau der Simulationsumgebung mit Basisautomation und Leitsystem für die Untersuchungen von Abschnitt 5.2.2.

Diese Struktur bietet den Vorteil, dass sich die Rechner der Applikationen als Clients in das Leitsystem integrieren und somit lediglich der Webserver eine statische IP-Adresse im Netz besitzen muss. Kern des Webservers ist eine Datenbankstruktur, welche universell und erweiterbar aufgebaut wurde ([FLA12]).

Um Daten aus externen Quellen zu importieren (wie etwa Wettervorhersagen), verbindet sich der Leitrechner mit der Datenquelle, ruft die Daten über entsprechende Schnittstellen (z. B. HTTP, FTP, DBC, siehe Abbildung 4-6) ab und übergibt diese an den Webserver. Folglich stellt der Leitrechner ebenfalls einen Client im Testfeld dar. Weiterhin übernimmt er Aufgaben der Primärdatenverarbeitung (z. B. Filterung, Ausreißererkennung, siehe z. B. [SCH01] und [RUN10]), der Datenverdichtung und überwacht den Betrieb in den Gebäuden. Die Methoden der Nachrichtentechnik und Systemvernetzung spielen in den folgenden Betrachtungen eine untergeordnete Rolle, so dass hierzu auf grundlegende Literatur wie [WER11] und [MAN10] verwiesen wird. Während der Erstellung dieser Arbeit wurden im Rahmen von F&E-Projekten mehrere Gebäude als Versuchsobjekte für das Klimamanagement in der präventiven Konservierung integriert. Stellvertretend seien hierzu die in der Arbeit betrachteten Anwendungsbeispiele Schloss Fasanerie (Hessische Hausstiftung), Räumlichkeiten der Bibliothek des bischöflichen Priesterseminars der Theologischen Fakultät Fulda sowie der Hochschul- und Landesbibliothek Fulda und Versuchsstände an der Hochschule zum Klimamonitoring und zur Raumklimaregelung genannt.

4.2.1 Implementation der Leitkomponenten

Die in der Entwicklungsumgebung erzeugten Tasks (Leitkomponenten) wurden in das Taskmanagement des Leitrechners implementiert und werden zyklisch ausgeführt. Da die Leitkomponenten im Vergleich zu den Algorithmen der Basisautomation (siehe unten) in relativ großen Zeitintervallen ausgeführt werden, bestehen keine hohen Ansprüche an die Echtzeitfähigkeit, so dass als Taskmanagement des Leitrechners die Aufgabenplanung des Windows-Betriebssystems verwendet wird. Die Leitkomponenten kommunizieren dabei ausschließlich mit dem Webserver: sämtliche Prozessdaten und Konfigurationsparameter werden aus Datenbanktabellen importiert, ebenso werden die Ergebnisse (und eventuell auftretende Fehlercodes) der Berechnungen in Datenbanktabellen abgelegt. Somit können nicht nur die Verläufe der Prozessgrößen, sondern auch die Arbeitsweise der Leitkomponente rekonstruiert werden, was für die experimentellen Untersuchungen von Vorteil ist. Zur Analyse der Experimente werden die angefallenen Daten wiederum über den Webserver aus der Datenbank exportiert.

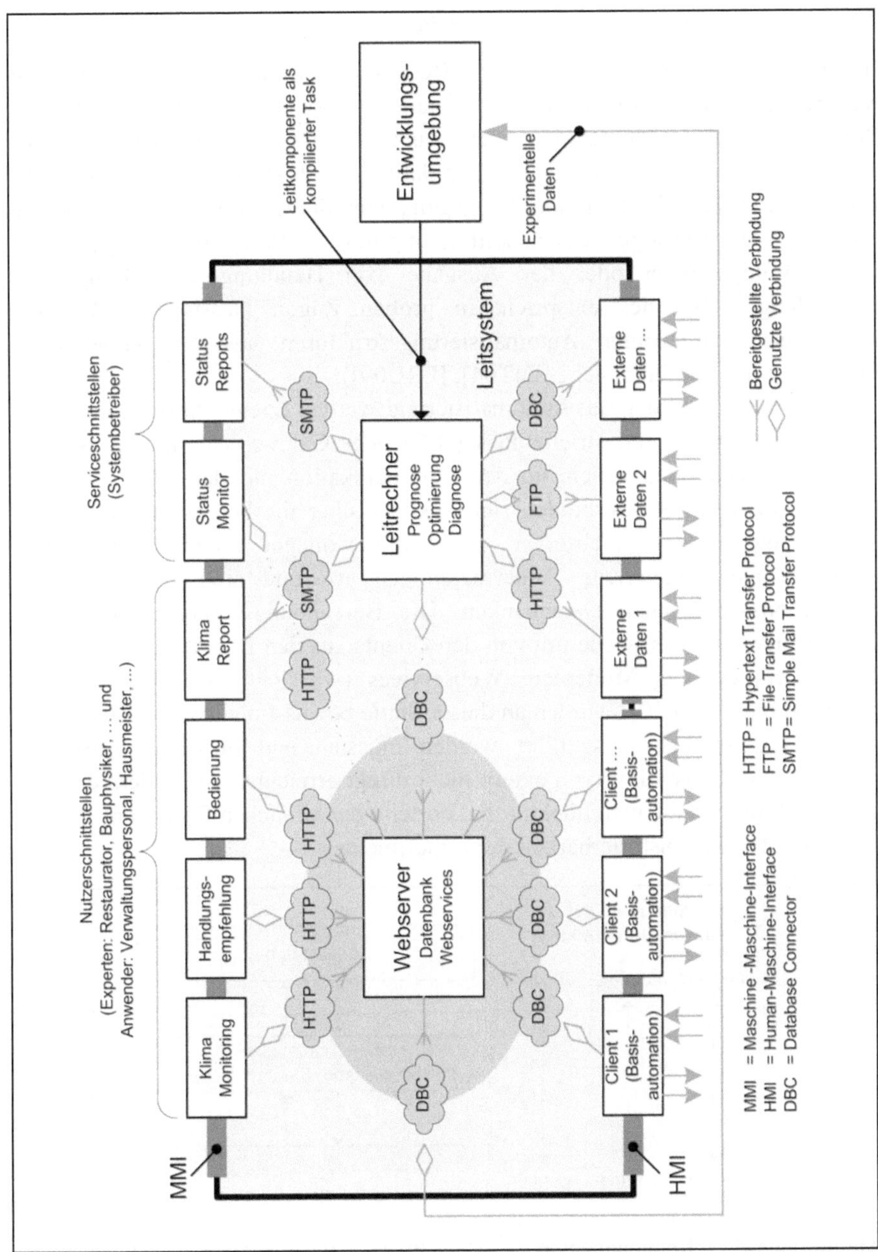

Abbildung 4-6: Leitsystem mit Schnittstellen zu Maschine und Mensch

4.2.2 Schnittstelle zur Basisautomation

In dieser Arbeit werden unter dem Begriff „Basisautomation" prozessnahe Komponenten der Automatisierung verstanden, welche die Aufgaben Messen, Steuern und Regeln übernehmen. Diese Funktionen umfassen hinsichtlich Steuerung und Regelung die operative Manipulation des Prozesses durch kurzfristige Eingriffe mit schneller Reaktion. Hingegen zielen die Leitkomponenten auf eine mittel- bis längerfristige Betriebsoptimierung mittels strategischer Manipulation von Führungsgrößen oder der Ausgabe von Handlungsempfehlungen ab (Abbildung 4-7). Dies entspricht in groben Zügen klassischen Modellen hierarchisch aufgebauter Automatisierungsstrukturen aus der industriellen Prozessautomatisierung (siehe [DIT04], [FRÜ09]).

Zur Realisierung der Basisautomatisierung werden Speicherprogrammierbare Steuerungen (SPS), Industrielle PCs (IPC) oder Gateways drahtloser Sensornetzwerke verwendet, welche in der Kommunikation mit dem Webserver als Clients fungieren. Sie verbinden sich zyklisch über die bereitgestellte TCP/IP Verbindung mit dem Webserver, tauschen gewonnene Prozessdaten, Aktorzustände und aufgetretene Fehlermeldungen aus und archivieren diese in applikationsspezifischen Datenbanken. Die Berechnungsergebnisse der Leitkomponenten werden wiederum von den Clients aus den Datenbanktabellen des Webservers gelesen. Modernere Webservices (wie RPC oder SOAP, siehe [BEN04] und [MEL10]) wurden an dieser Stelle bewusst nicht verwendet, da sie auf dem Leitrechner ausgeführt werden müssten und dieser aufgrund der gewählten Systemstruktur von extern nicht direkt erreichbar ist. Zudem ergeben sich durch diese Systemarchitektur die Vorteile der einfachen Datenbankstruktur und der guten Rekonstruierbarkeit der Experimente.

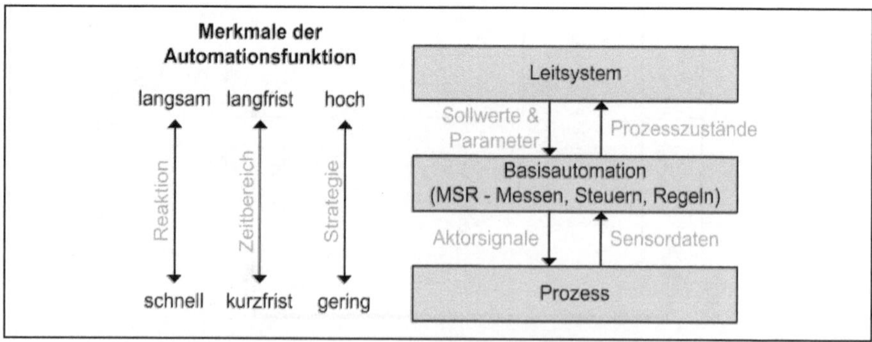

Abbildung 4-7: Kommunikation zwischen Prozess, Basisautomation und Leitsystem mit Merkmalen der Automatisierungsfunktionen.

4.2.3 Mensch zu Maschine Schnittstellen

Neben den oben genannten Schnittstellen zur Basisautomation und externen Datenquellen verfügt das Leitsystem über Schnittstellen zum Menschen (siehe Abbildung 4-6). Es wird hierbei zwischen den drei Nutzergruppen „Systembetreiber", „Anwender" (Verwaltungspersonal, Hausmeister, usw.) und „Experte" (Restaurator, Bauphysiker, usw.) unterschieden. Für alle besteht die Möglichkeit der Visualisierung und des Exports gesammelter Klimadaten der jeweiligen Gebäude über eine Homepage (Abbildung 4-8). Weiterhin werden Reports des Klimazustandes über einen vergangenen Zeitraum (z. B. für eine Woche) automatisch generiert und an den Anwender via Email gesendet.

Der Systembetreiber ist verantwortlich für den Betrieb der Automatisierung. Für die Gebäude, welche in Kapitel 5 als Anwendungsbeispiele dienen, stellt die Hochschule Fulda im Rahmen der jeweiligen F&E-Projekte den Systembetreiber dar. Zur Erkennung von Betriebsstörungen wurde ein entsprechendes Überwachungssystem entwickelt. Dieses besteht aus einem Statusmonitor und einem Statusreport. Der Statusmonitor ist eine Homepage, auf welcher aktuelle Warnungen und Alarme aller integrierten Räumlichkeiten aufgelistet werden. Typische Warnungen sind beispielsweise über einen kürzeren Zeitraum fehlende Rückmeldungen der Clients (etwa aufgrund mangelhafter Internetverbindungen) oder niedrige Batteriepegel der Messstellen drahtloser Funksensornetzwerke. Alarme sind hingegen eher kritischer Natur und werden daher parallel via Email über einen Statusreport an den Systembetreiber gesendet. Typische Alarme sind beispielsweise über einen längeren Zeitraum fehlende Rückmeldungen der Clients (etwa aufgrund defekter Internetverbindungen), hohe Datenverlustraten von Messstellen drahtloser Funksensornetzwerke (etwa aufgrund leerer Batterien), nicht erreichbare externe Datenquellen oder Überschreitungen definierter Grenzwerte von Klimagrößen.

Ein Teil der Leitkomponenten wurde über webbasierte Schnittstellen (ebenfalls Homepages) realisiert, um Handlungsempfehlungen an das auszuführende Personal auszugeben (z. B. Lüftungsempfehlungen, siehe Abbildung 5-14 in Abschnitt 5.1) oder um dem Personal die Möglichkeit zu geben, ereignisspezifische Informationen mitzuteilen (z. B. über einen Kalender, siehe Abbildung 5-51 in Abschnitt 5.3). Für die Festlegung von Zugangs- und Nutzungsrechten wurde eine entsprechende passwortgeschützte Benutzerverwaltung in allen Mensch-Maschine-Schnittstellen eingerichtet. Im Rahmen der durchgeführten Projekte wurden die Fuzzy-Goals jeweils gemeinsam mit den Experten definiert und im Leitsystem hinterlegt.

In einer Weiterentwicklung des Leitsystems ist die Entwicklung einer Konfigurationshomepage vorgesehen, in welcher die Experten die Fuzzy-Goals selbst anpassen können.

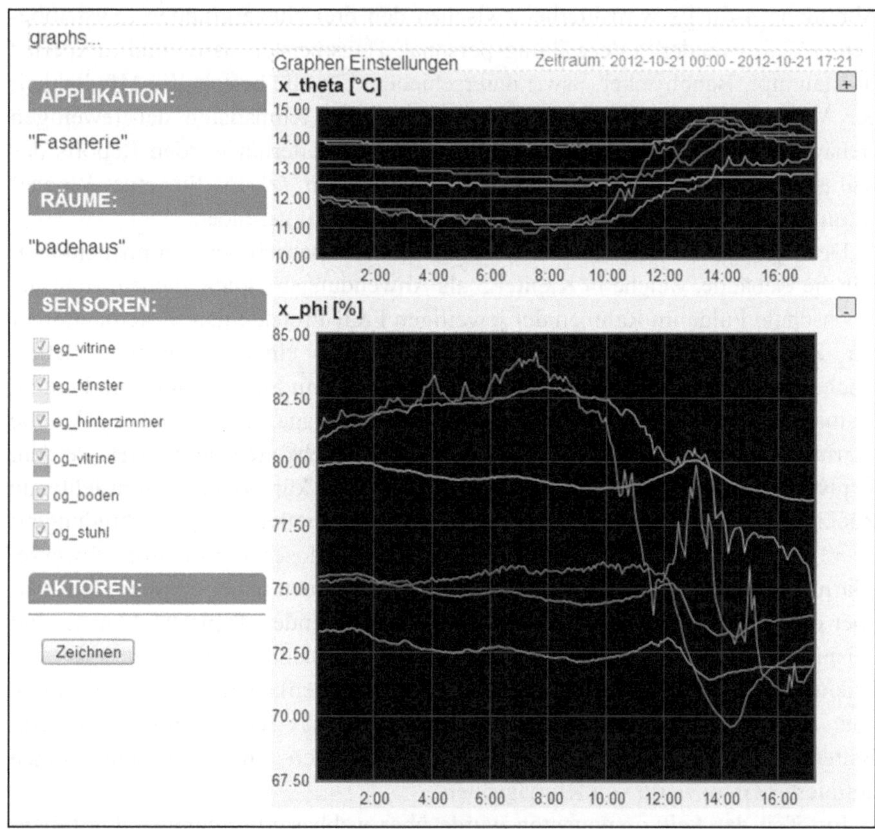

Abbildung 4-8: Visualisierung von Messdaten im webbasierten Leitsystem über eine Homepage.

5 Konzepte fuzzybasierter Leitkomponenten

In diesem Kapitel werden fünf Leitkomponenten beschrieben. Davon werden die ersten drei in den Abschnitten 5.1 bis 5.3 detaillierter betrachtet, da diese im Rahmen der Arbeit praktisch realisiert wurden. Die Beschreibung der Leitkomponenten ist dabei jeweils gleich: zunächst wird in die spezifische Problemstellung eingeführt, das Konzept der Leitkomponente erläutert, theoretische und simulative Untersuchungen angestellt und abschließend eine prototypische Realisierung präsentiert. Die Konzepte der beiden verbleibenden Leitkomponenten werden in Abschnitt 5.4 beschrieben.

Bei der in Abschnitt 5.1 vorgestellten Leitkomponente handelt es sich um ein vorausschauendes Entscheidungshilfesystem zur manuellen Lüftung. Ziel ist hierbei, dem ausführenden Personal zukünftige Zeitfenster zu empfehlen, in welchen Klimaschwankungen mit hohen Gradienten durch das Öffnen von Fenstern und Türen nicht zu erwarten sind. Im Gegensatz dazu sind die beiden anderen Leitkomponenten direkt mit der Basisautomation über entsprechende Schnittstellen verbunden und führen unterlagerte Regelkreise. Die in 5.2 präsentierte Leitkomponente bestimmt die optimalen Grenzwerte einer Lüftungsregelung, um die durch Lüftungen hervorgerufenen Klimaschwankungen präventiv zu vermeiden. Die hierbei angewandten Konzepte der Entscheidungsfindung können sehr gut auf die in Abschnitt 5.4 vorgestellten Konzepte übertragen werden. Dabei handelt es sich um die Führung von Feuchteregelkreisen und die Vorgabe von Temperatursollwerten an Heizungsregelkreise unter Berücksichtigung der Ansprüche an die relative Feuchte. Die dritte hier präsentierte Leitkomponente (Abschnitt 5.3) ermittelt optimale Temperatursollwerte für Heizungsregelkreise. Dabei liegt der Fokus auf der vorausschauenden Planung einer Sollwerttrajektorie unter Berücksichtigung zukünftiger Raumklimaanforderungen und Restriktionen hinsichtlich der Sollwertänderung. Tabelle 5-1 gibt eine Übersicht zu den Leitkomponenten und verweist auf die jeweiligen vorangegangenen Abschnitte.

		Konzept Simulation Realisierung			**Konzept**	
		Entscheidungshilfesystem zur manuellen Lüftung	Führung von Lüftungsanlagen zur Feuchteregulierung	Prädiktive Sollwertplanung für Heizungsregelkreise	Führung von Feuchteregelkreisen	Führung von Heizungsregelkreisen ohne Behaglichkeitskriterien
	Abschnitt	**5.1**	**5.2**	**5.3**	**5.4.1**	**5.4.2**
Art der Klimatisierung						
Lüftung	3.1.2.1	X	X			
Klimatisierung	3.1.2.2			X	X	X
Verwendete Fuzzy-Methoden						
Fuzzy-Arithmetik	2.1.3	X				
Unscharfer Soll-Istwert-Vergleich	2.2.3	X	X	X	X	X
Smallest- und Largest of Maximum	2.1.1.1		X			
Mean of Maximum	2.1.1.1			X		
Berücksichtigung der zukünftiger …						
Fuzzy-Goals	2.2.1			X	X	X
Fuzzy-States	2.2.2	X				X
Lösungsverfahren und Entscheidungsproblem						
Stationäre, einstufige Entscheidung	2.3.1	X	X		X	X
Dynamische, mehrstufige Entscheidung	2.3.2			X		
Diskretes Entscheidungsproblem	2.3.5.1	X		X		
Kontinuierliches Entscheidungsproblem	2.3.5.1		X		X	X
Vollständige Suche	2.3.5.1	X		X		
Dynamische Programmierung	2.3.5.2			X		
Iterative Suche	2.3.5.3		X		X	X
Gewichtung von Fuzzy-Goals	2.3.3			X	X	
Erzwingen einer Lösung	2.3.4		X	X	X	X
Art der Leitkomponente						
Entscheidungshilfe	4.2.2		X	X	X	X
Automatische Führung der Basisautomation	4.2.3	X				
Untersuchungen mit Simulation	3 / 4.1	X	X			X
Notwendigkeit webbasiertes Testfeld	4.2	X		X		

Tabelle 5-1: Übersicht und Klassifizierungen entwickelter Leitkomponenten.

5.1 Entscheidungshilfesystem zur manuellen Lüftung

Personen und Materialien verunreinigen die Raumluft, indem sie Schadstoffe emittieren, welche bestimmte Materialien wiederum schädigen können. Einen Überblick zu typischen Schadstoffen, deren Quellen und Schadensbildern liefert [ASH07]. Als klassisches Beispiel ist hierzu die gemeinsame Lagerung von Blei und Eichenholz zu nennen: die vom Holz abgegebenen Säuren können eine Korrosion von Blei hervorrufen, welche die Gegenstände aus Blei bis zum Zerfall hin schädigen kann (vgl. [KÜH01]). Zur Abfuhr dieser Schadstoffe ist häufig das Lüften die einzige Möglichkeit. Wie in Abschnitt 3.1.1 beschrieben, ist es in etlichen historischen Gebäuden nicht möglich, moderne Lüftungsanlagen zu installieren. Fehlen diese technischen Anlagen, kann der erforderliche Luftwechsel lediglich durch das manuelle Öffnen von Fenstern und Türen erfolgen. Durch Lüftungen zu ungünstigen Zeitpunkten werden Klimaschwankungen hervorgerufen, deren Gradienten deutlich größer sind als in entsprechenden Normen und Richtlinien (siehe Abschnitt 1.1) vorgesehen.

Abbildung 5-1 zeigt hierzu eine exemplarische Messung aus Räumlichkeiten des Schlosses Fasanerie (Eichenzell bei Fulda, siehe Abschnitt 5.1.3) über 10 Tage. Die markierten Klimaschwankungen wurden nachweislich durch Lüftungen herbeigeführt. Abbildung 5-2 zeigt eine Vergrößerung von zwei dieser Schwankungen. Dabei sind insbesondere Schwankungen mit hohen Gradienten in der relativen Feuchte zu erkennen. Die Problematik der manuellen Lüftung ist in der präventiven Konservierung bekannt und vielfach diskutiert. Während [HUB03] dazu rät, kurz und intensiv zu lüften, warnt [GLA09] vor diesem „Stoßlüften", da hierbei nahe der Lüftungsquelle befindliche Objekte durch die Klimaschwankungen mit möglicherweise hohem Gradienten geschädigt werden können; vielmehr sollte das Lüften vorsichtig und gleichmäßig erfolgen.

In der Praxis werden unterschiedliche Lüftungskonzepte angewandt: zum Teil wird nach festen Regeln (wie etwa zu definierten Tageszeiten [BIC10]) oder gar willkürlich (vgl. [KÄF06]) gelüftet, so dass ein unkontrollierter Luftwechsel resultiert. Es existieren zudem Nachweise, dass schädigende Raumklimazustände eines Schlosses nicht auf den enormen täglichen Besucherverkehr, sondern auf das unkontrollierte Lüftungsverhalten zurückgeführt werden können (vgl. [KÄF06]). Da Außen- und Innenklima nicht konstant sind, sollten vor dem Öffnen von Fenstern und Türen stets die Bedingungen für eine geeignete Lüftung geprüft werden, um die oben gezeigten Schwankungen zu vermeiden.

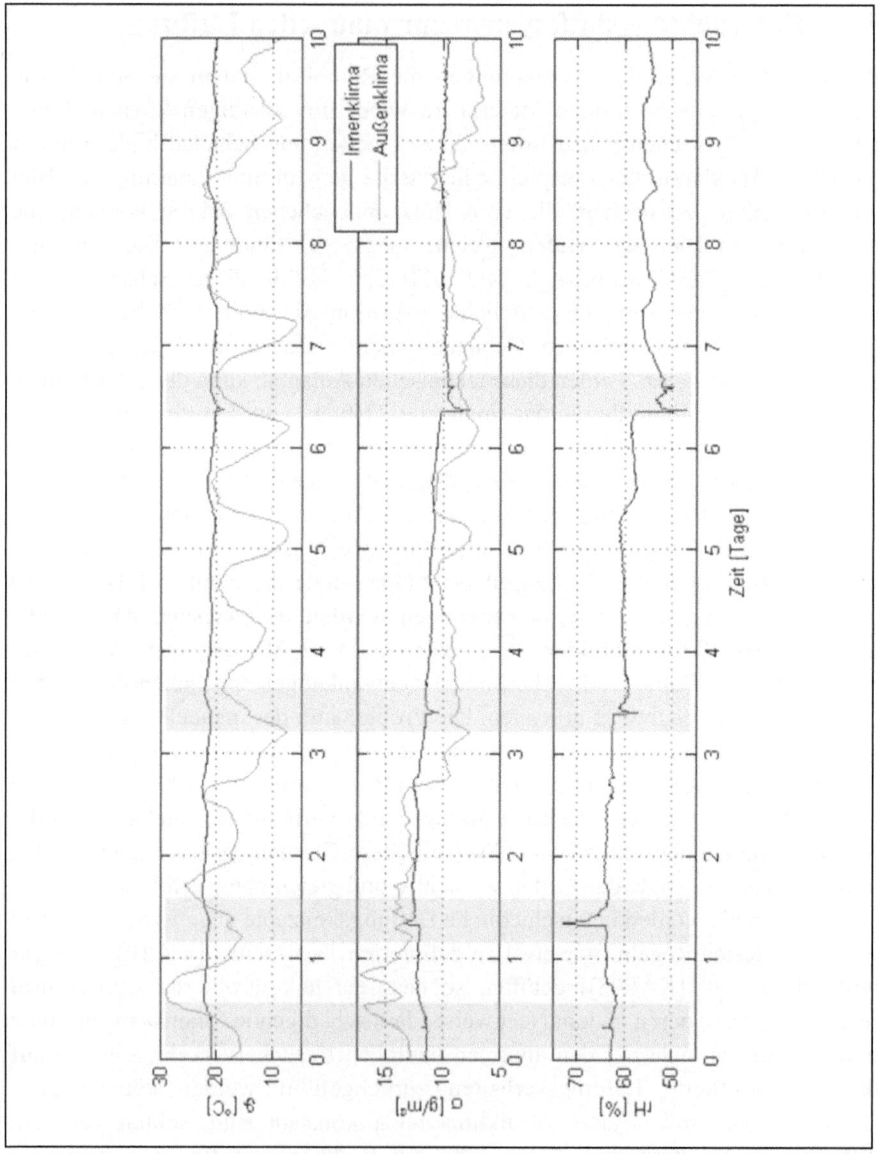

Abbildung 5-1: Messungen aus Schloss Fasanerie: durch Lüftungseingriffe entstehen Klimaschwankungen, besonders bei der relativen Feuchte (grau hinterlegt). Von oben nach unten: Temperatur ϑ, absolute σ und relative Feuchte φ.

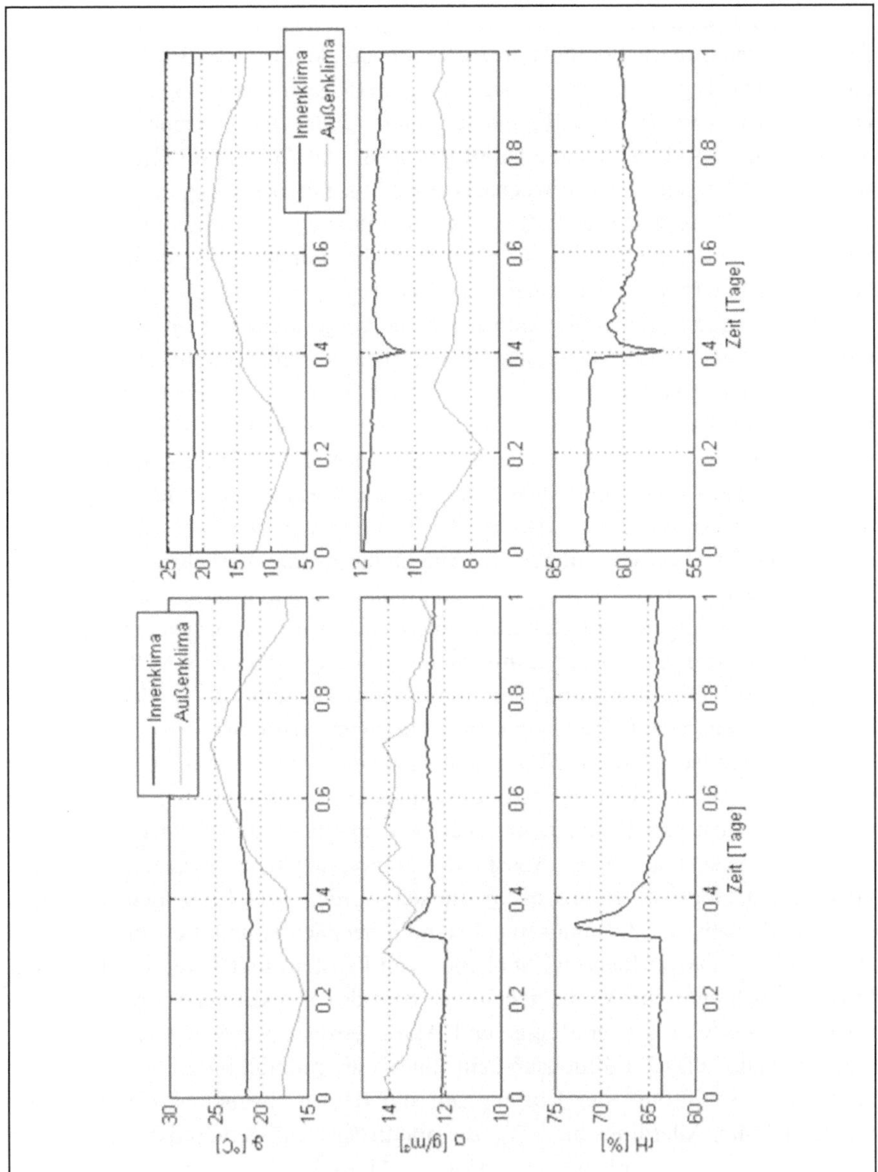

Abbildung 5-2: Vergrößerung der Messungen aus Abbildung 5-1 zur Lüftung am zweiten Tag (links) und am vierten Tag (rechts). Von oben nach unten: Temperatur ϑ, absolute σ und relative Feuchte φ.

Auch die Festlegung regelmäßiger Lüftungszeiten kann nicht zielführend sein, da das Außenklima neben bekannten Regelmäßigkeiten wie saisonalen Zyklen und typischen Tagesmustern eine ausgeprägte stochastische Komponente enthält. Der Mensch verfügt im Allgemeinen nicht über eine geeignete natürliche Sensorik, um das aktuelle und zukünftige Innen- und Außenklima einzuschätzen, so dass die Folgen des Luftwechsels ebenfalls nur schwer geschätzt werden können ([ARN11c]). Dieses Problem ist auch in anderen Anwendungen präsent: beispielsweise werden Fenster in Schulen nicht zwingend hinsichtlich gesundheitlicher und lernoptimaler Aspekte geöffnet (vgl. [ARN11d]).

Um die durch manuelle Lüftungen hervorgerufenen Schwankungen zu reduzieren, liegt die Entwicklung eines Entscheidungshilfesystems nahe, welches dem Personal Empfehlungen über geeignete bzw. Warnungen vor falschen Lüftungseingriffen ausgibt. Ähnliche Systeme werden bereits als sogenannte Lüftungsampeln eingesetzt (siehe [THE12] oder [KRA12]). Es sei der Vollständigkeit halber erwähnt, dass diese Geräte meist auch einen schaltbaren Ausgang zum Anschluss von Aktoren besitzen, so dass diese auch als Lüftungsregler eingesetzt werden können. In Anlehnung an die Verkehrsampel werden hierbei Lüftungsverbote und Lüftungsempfehlungen durch farbliche Indikatoren unter Berücksichtigung der aktuellen Innen- und Außenklimazustände ausgegeben. Das primäre Ziel dieser Lüftungsampeln ist die Abfuhr von Wärme- und Feuchtelasten. Die Reduktion von Klimaschwankungen ist in den Produktbeschreibungen (z. B. [THE12] und [KRA12]) nicht erwähnt.

Typischerweise sind in Räumlichkeiten der präventiven Konservierung enorme Wärme- und Feuchtespeicher vorhanden, so dass die Lastabfuhr allein über das Öffnen von Fenstern und Türen in Frage zu stellen ist (siehe hierzu auch die Untersuchungen von Abschnitt 5.2). Folglich kann die Lastabfuhr allenfalls als ein langfristiger Prozess betrachtet werden, welcher zudem erfordert, dass das Personal die Lüftungsampel ständig beobachtet und die Empfehlungen stets ausführt. Das Öffnen und Schließen von Fenstern und Türen erfolgt in der Praxis jedoch eher „im Vorbeigehen", so dass der Mensch als ein nicht ständig im Regelkreis verfügbarer Regler und Aktor gesehen werden muss. Zweifelsohne können diese Lüftungsampeln auch so programmiert werden, dass zusätzlich der Einfluss der Lüftung auf die Klimaschwankung berücksichtigt werden könnte. Allerdings bleibt für die praktische Realisierung der Nachteil des lediglich temporär vorhandenen Aktors „Mensch" bestehen, so dass eine Planung des Öffnens und Schließens von Fenstern und Türen in den Tagesablauf des Personals wünschenswert ist.

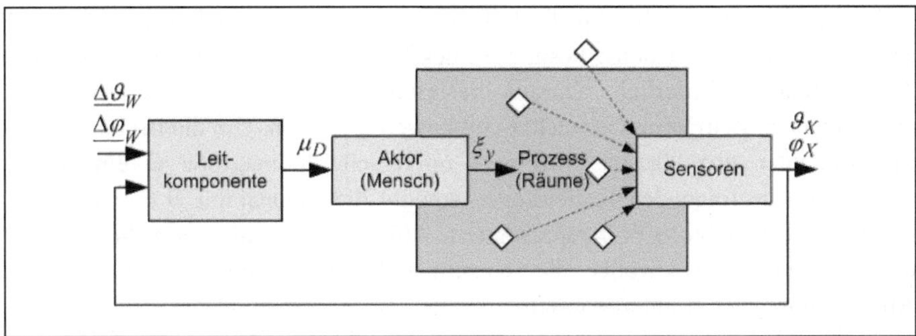

Abbildung 5-3: Rückkopplung der Prozesszustände für die Leitkomponente, welche als Entscheidungshilfe die Bewertung μ_D einer Handlung u an das Personal ausgibt.

Eine derartige Planung erfordert die Anwendung eines prädiktiven Konzeptes, in welchem nicht nur aktuelle sondern auch die zukünftigen Innen- und Außenklimazustände berücksichtigt werden. Zur Abschätzung und Bewertung der durch die Lüftung hervorgerufenen Klimaschwankungen sind geeignete mathematische Modelle notwendig, welche im Folgenden durch eine Leitkomponente in Form eines Entscheidungshilfesystems realisiert werden sollen. Zunächst sind hierzu vom Anwender die Anforderungen (bzw. Restriktionen) hinsichtlich der idealen und zulässigen Klimaschwankungen zu definieren. Diese müssen dann mit den prognostizierten (möglichen) Klimaschwankungen verglichen und bewertet werden. Die Ergebnisse dieser Berechnungen sind dem Nutzer als Entscheidungshilfe auszugeben. Dieser kann bei der endgültigen Entscheidung über die auszuführende Lüftung weitere Kriterien, wie etwa Windverhältnisse, die Verschmutzung der Außenluft oder die Notwendigkeit der Lüftung an sich, berücksichtigen. Eine Struktur des dabei entstehenden Regelkreises zeigt Abbildung 5-3. Das im Folgenden beschriebene Konzept wurde in groben Zügen in [ARN11e] und in [ARN12c] vorgestellt.

5.1.1 Konzept

Ohne Lüftungseingriffe wird das Raumklima von den inneren Lasten und dem gebäudespezifischen Zusammenhang zum Außenklima beeinflusst. Dieser Verlauf des Raumklimas wird im Folgenden als das freie Raumklima bezeichnet. Während einer Lüftung findet ein Austausch mit der Außenluft statt, wodurch eine Abweichung vom freien Raumklima entsteht. Höhe und Gradient der entstehenden Klimaschwankung hängen letztendlich vom Außenklimazustand während der Lüftung ab. Um die Folgen von Lüftungsmaßnahmen im Vorfeld abzuschätzen, sind zunächst Prognosen des freien Raumklimas und des lokalen Außenklimas erforderlich. Darauf basierend können Lüftungseinflüsse in verschiedenen Zeiträumen geschätzt und bewertet werden. Um die Erläuterungen im Folgenden abzukürzen, wird eine universelle Klimagröße Θ eingeführt, welche für die folgenden Herleitungen sowohl die Temperatur $\Theta \mathrel{\widehat{=}} \vartheta$ als auch die absolute Feuchte $\Theta \mathrel{\widehat{=}} \sigma$ repräsentiert. Abbildung 5-4 illustriert die Struktur des Gesamtsystems, wobei die einzelnen Komponenten in den nächsten Abschnitten näher erläutert werden.

Aufgrund des sich einstellenden Gleichgewichtes zwischen Materialfeuchte und relativer Luftfeuchte sind weniger die Schwankungen der absoluten sondern insbesondere der relativen Luftfeuchte zu reduzieren. Es sind daher vom Nutzer des Systems Fuzzy-Goals für die durch manuelle Lüftungen hervorgerufenen Schwankungen von Temperatur $\underline{\Delta\vartheta_W}$ und relativer Feuchte $\underline{\Delta\varphi_W}$ zu definieren.

Es wird davon ausgegangen, dass im Prädiktionshorizont ein Lüftungseingriff zu planen ist, welcher in verschiedenen Zeitfenstern erfolgen kann. Die zur Verfügung stehenden Zeitfenster stellen somit die zur Verfügung stehenden Lösungsoptionen $u(j)$ des Entscheidungsproblems dar. Es wird folgende Notation eingeführt, welche angibt dass zwischen $k+i$ und $k+i+1$ eine manuelle Luftwechselrate ungleich Null erfolgt:

$$\xi_Y^{k+i\rightarrow k+i+1}\big(u(j)\big)\begin{cases}= 0 & \text{für} \quad i \neq j \\ \neq 0 & \text{für} \quad i = j\end{cases} \quad \text{mit} \quad 0 \leq j \leq n_P - 1 \tag{5.1}$$

5.1.1.1 Prädiktion der freien Bewegung

Der Wärme- und Feuchtehaushalt eines Raumes kann mit relativ einfachen Bilanzgleichungen modelliert werden (siehe Kapitel 3). Für die Vorhersage des Raumklimas auf Basis theoretischer Modelle müssten die Modellparameter bekannt sein und die Initialzustände bestimmt werden. Diese Informationen sind in der Regel nur schwer zu ermitteln oder zu schätzen. Es liegt daher der Gedanke nahe, ein datenbasiertes Modell zur Prädiktion des Raumklimas zu ermitteln. Der Vektor des zukünftigen freien Raumklimas im Prädiktionshorizont n_P wird definiert als:

$$\hat{\Theta}_R^{k+1\rightarrow k+n_P} = \begin{bmatrix}\hat{\Theta}_R^{k+1} & \hat{\Theta}_R^{k+2} & \dots & \hat{\Theta}_R^{k+n_P-1} & \hat{\Theta}_R^{k+n_P}\end{bmatrix}^T \tag{5.2}$$

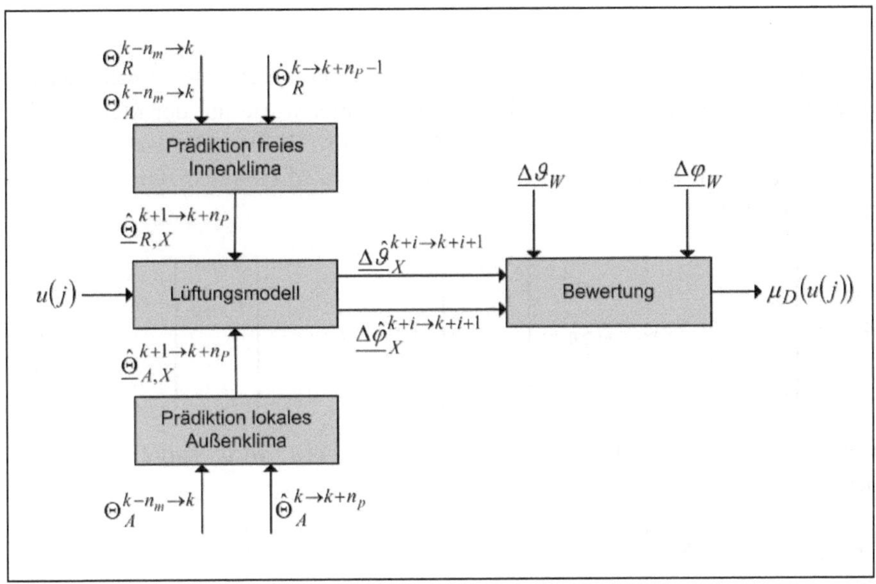

Abbildung 5-4: Struktur des Gesamtsystems zur Schätzung und Bewertung einer zukünftigen Lüftung.

Untersuchungen zur Vorhersage des Raumklimas (siehe [SCH11a] und [SCH11b]) zeigten, dass bereits die Anwendung linearer Modelle zu guten Ergebnissen führt. Es wird davon ausgegangen, dass das zukünftige Raumklima von den zukünftigen Lasten $\dot{\Theta}_R$ im Prädiktionshorizont n_P und den n_M Vergangenheitswerten von Raum- Θ_R und Außenklima Θ_A abhängig ist. Das Klima zum Zeitpunkt $k + i$ wird wie folgt berechnet:

$$\hat{\Theta}_R^{k+i} = \boldsymbol{a}_{\Theta R,i} \cdot \Theta_R^{k-n_M \to k} + \boldsymbol{b}_{\Theta R,i} \cdot \Theta_A^{k-n_M \to k} + \boldsymbol{c}_{\Theta R,i} \cdot \dot{\Theta}_R^{k \to k+n_P-1} \qquad 5.3$$

Es ist nicht zwingend erforderlich alle Vergangenheitsinformationen in die Berechnung zu integrieren. Zur Identifikation wichtiger Vergangenheitsinformationen können geeignete Methoden der Datenanalyse (wie etwa Korrelationsanalysen) durchgeführt werden (siehe z. B. in [SCH01]). Auf diese Untersuchungen wird jedoch nicht weiter eingegangen und die allgemeine Modellform betrachtet. Die Modellparameter

$$\boldsymbol{a}_{\Theta R,i} = [a_{\Theta R,n_M,i} \quad a_{\Theta R,1,i} \quad \cdots \quad a_{\Theta R,0,i}] \,,$$
$$\boldsymbol{b}_{\Theta R,i} = [b_{\Theta R,n_M,i} \quad b_{\Theta R,1,i} \quad \cdots \quad b_{\Theta R,0,i}] \text{ und} \qquad 5.4$$

$$\boldsymbol{c}_{\Theta R,i} = [c_{\Theta R,0,i} \quad c_{\Theta R,1,i} \quad \cdots \quad c_{\Theta R,n_P-1,i}]$$

müssen dabei aus den gemessenen Daten mit einem geeigneten Verfahren für jeden Prädiktionsschritt i geschätzt werden, beispielsweise mit der Methode der kleinsten Fehlerquadrate (siehe Anwendung in [SCH11a]). Die sich für jeden Prädiktionsschritt ergebenden Parameter können zu Modellmatrizen zusammengefasst werden:

$$\boldsymbol{A}_{\Theta R} = \begin{bmatrix} \boldsymbol{a}_{\Theta R,1} \\ \boldsymbol{a}_{\Theta R,2} \\ \vdots \\ \boldsymbol{a}_{\Theta R,n_P} \end{bmatrix} \text{ bzw. } \boldsymbol{B}_{\Theta R} = \begin{bmatrix} \boldsymbol{b}_{\Theta R,1} \\ \boldsymbol{b}_{\Theta R,2} \\ \vdots \\ \boldsymbol{b}_{\Theta R,n_P} \end{bmatrix} \text{ bzw. } \boldsymbol{C}_{\Theta in} = \begin{bmatrix} \boldsymbol{c}_{\Theta R,1} \\ \boldsymbol{c}_{\Theta R,2} \\ \vdots \\ \boldsymbol{c}_{\Theta R,n_P} \end{bmatrix} \quad 5.5$$

Der Vektor des zukünftigen Raumklimazustandes wird somit wie folgt beschrieben:

$$\hat{\Theta}_R^{k+1 \to k+n_P} = \boldsymbol{A}_{\Theta R} \cdot \Theta_R^{k-n_M \to k} + \boldsymbol{B}_{\Theta R} \cdot \Theta_A^{k-n_M \to k} + \boldsymbol{C}_{\Theta R} \cdot \dot{\Theta}_R^{k \to k+n_P-1} \quad 5.6$$

Dieser Ansatz liefert scharfe Prognosedaten. Eine statistische Auswertung der Menge von Modellabweichungen $\{\hat{\Theta}_R^{k+1} - \Theta_R^{k+1}\}$ liefert für jeden Prädiktionsschritt nach Gleichung 2.45 eine Prognoseunschärfe $\underline{\Delta\Theta_P}$, so dass ein Vektor unscharfer Fuzzy-Intervalle $\underline{\hat{\Theta}}_{R,X}^{k+1 \to k+n_P}$ berechnet werden kann. Zur Berücksichtigung der Messungenauigkeit wird zudem die Messunschärfe $\underline{\Delta\Theta_M}$ addiert:

$$\underline{\hat{\Theta}}_{R,X}^{k+1 \to k+n_P} = \begin{bmatrix} \underline{\hat{\Theta}}_{R,X}^{k+1} \\ \underline{\hat{\Theta}}_{R,X}^{k+2} \\ \vdots \\ \underline{\hat{\Theta}}_{R,X}^{k+n_P} \end{bmatrix} = \begin{bmatrix} \hat{\Theta}_R^{k+1} \oplus \underline{\Delta\Theta_M} \oplus \underline{\Delta\Theta_P}(\{\hat{\Theta}_R^{k+1} - \Theta_R^{k+1}\}) \\ \hat{\Theta}_R^{k+2} \oplus \underline{\Delta\Theta_M} \oplus \underline{\Delta\Theta_P}(\{\hat{\Theta}_R^{k+2} - \Theta_R^{k+2}\}) \\ \vdots \\ \hat{\Theta}_R^{k+n_P} \oplus \underline{\Delta\Theta_M} \oplus \underline{\Delta\Theta_P}(\{\hat{\Theta}_R^{k+n_P} - \Theta_R^{k+n_P}\}) \end{bmatrix} \quad 5.7$$

Schließlich erfolgt somit eine unscharfe Vorhersage des freien Raumklimazustandes auf Basis der Klimamessungen sowie der Abschätzungen weiterer Raumlasten (wie etwa der Globalstrahlung), sofern diese denn vorhersagbar sind.

5.1.1.2 Adaption der Außenklimaprognose

Die Prognose des Außenklimazustandes ist deutlich komplexer als die des freien Innenklimas, da meteorologische und geologische Eigenschaften berücksichtigt werden müssen; eine Einführung in entsprechende Vorhersagemodelle liefert

[HUP06]. Es liegt der Gedanke nahe, bestehende Verfahren zu nutzen oder diese Informationen von einem externen Dienstleister zu beziehen. Derartige Vorhersagen $\tilde{\Theta}$ sind allerdings für eine Region nur mit einer gewissen räumlichen Auflösung gültig, so dass lokale mikroklimatische Effekte nicht berücksichtigt werden. Um dennoch eine Vorhersage für die Umgebung eines Gebäudes zu erhalten, erfolgt eine Anpassung der regionalen Vorhersage mit Hilfe lokaler Messungen. Es wird ebenfalls ein linearer Modellansatz verfolgt:

$$\hat{\Theta}_A^{k+1\to k+n_P} = \boldsymbol{A}_{\Theta A} \cdot \Theta_A^{k-n_M\to k} + \boldsymbol{B}_{\Theta A} \cdot \tilde{\Theta}_A^{k-n_M\to k} \quad 5.8$$

Wie bei der Vorhersage des freien Raumklimas wird die Vorhersage des lokalen Außenklimas durch die Ungenauigkeit der Messtechnik sowie der entsprechenden Prognosefehlerverteilung verunschärft:

$$\underline{\hat{\Theta}}_{A,X}^{k+1\to k+n_P} = \begin{bmatrix} \underline{\hat{\Theta}}_{A,X}^{k+1} \\ \underline{\hat{\Theta}}_{A,X}^{k+2} \\ \vdots \\ \underline{\hat{\Theta}}_{A,X}^{k+n_P} \end{bmatrix} = \begin{bmatrix} \hat{\Theta}_A^{k+1} \oplus \underline{\Delta\Theta}_M \oplus \underline{\Delta\Theta}_P(\{\hat{\Theta}_A^{k+1} - \Theta_A^{k+1}\}) \\ \hat{\Theta}_A^{k+2} \oplus \underline{\Delta\Theta}_M \oplus \underline{\Delta\Theta}_P(\{\hat{\Theta}_A^{k+2} - \Theta_A^{k+2}\}) \\ \vdots \\ \hat{\Theta}_A^{k+n_P} \oplus \underline{\Delta\Theta}_M \oplus \underline{\Delta\Theta}_P(\{\hat{\Theta}_A^{k+n_P} - \Theta_A^{k+n_P}\}) \end{bmatrix} \quad 5.9$$

Abbildung 5-5 veranschaulicht exemplarische Ergebnisse: die schwarz gekennzeichneten Datenpunkte entsprechen einer regionalen Vorhersage, die dunkle Linie repräsentiert die reale lokale Messung.

Offensichtlich können Prognosefehler sowohl in der Höhe der Werte als auch in der zeitlichen Verschiebung auftreten. Das unscharfe Korrekturmodell adaptiert die Vorhersage an die lokalen Effekte: die grauen durchgezogenen Linien entsprechen den Grenzen des Fuzzy-Kerns und die grauen gestrichelten Linien denen des Fuzzy-Trägers.

Es kann jedoch nicht davon ausgegangen werden, dass die Abweichungen zwischen der regionalen Außenklimaprognose und der lokalen Messung konstant sind. Zum einen verbessern sich die regionalen Vorhersagemodelle ständig und zum anderen unterliegen diese Abweichungen zyklischen, insbesondere saisonalen Einflüssen. Um diese Effekte im Vorhersage- bzw. Korrekturmodell für das lokale Klima zu berücksichtigen, wird eine regelmäßige Neuberechnung der Modellparameter vorgeschlagen, welche dann jedoch nicht den vollständig zur Verfügung stehenden Datensatz einbezieht, sondern nur einen bestimmten Anteil der aktuellsten bzw. jüngsten Prognose- und Messdatensätze berücksichtigt. In wie weit die Rolle dieses „Vergessens" signifikant ist, wurde an dieser Stelle nicht weiter untersucht und sollte in weiterführenden Arbeiten analysiert werden.

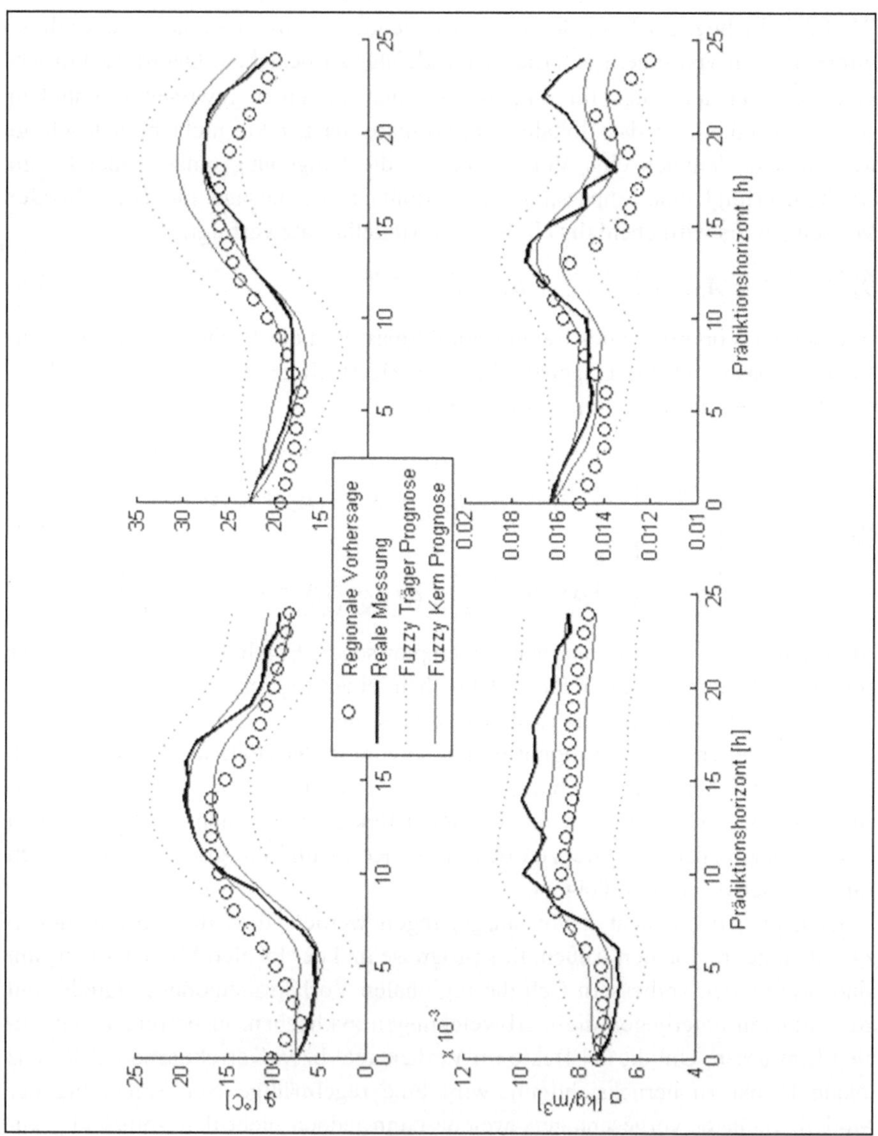

Abbildung 5-5: Exemplarische Darstellung zur Adaption einer regionalen Außenklimaprognose (Temperatur oben und absolute Feuchte unten) an lokale Gegebenheiten. Links: Beispiel 1; Rechts: Beispiel 2.

5.1.1.3 Schätzung zukünftiger Lüftungseinflüsse

Um die durch Lüftung resultierenden Schwankungen abzuschätzen, wird ein theoretischer Modellansatz untersucht. Während einer Lüftung wird ein Volumen der Außenluft V_{zu} mit der Konzentration Θ_A dem Raum mit dem Volumen V_R zugeführt und ein Volumen V_{ab} der Konzentration Θ_{ab} abgeführt (siehe Abbildung 5-6). Θ_{ab} und Θ_R müssen dabei nicht zwingend gleich sein. Es ergibt sich folgende Bilanzierung: (vgl. [BER00])

$$\dot{\Theta}_R = \dot{\Theta}_{zu} - \dot{\Theta}_{ab} \approx \frac{1}{V_R} \cdot \left[\frac{d\left(V_{zu}(t) \cdot \Theta_A(t)\right)}{dt} - \frac{d\left(V_{ab}(t) \cdot \Theta_{ab}(t)\right)}{dt}\right] \tag{5.10}$$

Zur Beschreibung der Konzentrationsverteilung des hinzugefügten Luftvolumens in den Raum wird die Lüftungseffektivität ε_L eingeführt: (vgl. [BER00])

$$\varepsilon_L = \frac{\Theta_{ab}(t) - \Theta_A(t)}{\Theta_R(t) - \Theta_A(t)} \quad \Rightarrow \quad \Theta_{ab}(t) = \Theta_A(t) \cdot (1 - \varepsilon_L) + \Theta_R(t) \cdot \varepsilon_L \tag{5.11}$$

Durch Einsetzen in Gleichung 5.10 folgt:

$$\dot{\Theta}_R = \frac{1}{V_R} \cdot \frac{d(V_{zu}(t) \cdot \Theta_A(t) - V_{ab}(t) \cdot [\Theta_A(t) \cdot (1 - \varepsilon_L) + \Theta_R(t) \cdot \varepsilon_L])}{dt} \tag{5.12}$$

Unter der Annahme, dass sich das Außenklima nur langsam ändert, resultiert:

$$\dot{\Theta}_R = \frac{1}{V_R} \cdot \left[\frac{d(V_{ab}(t) - V_{zu}(t) \cdot (1 - \varepsilon_L))}{dt} \Theta_A(t) - \frac{d(V_{ab}(t) \cdot [\Theta_R(t) \cdot \varepsilon_L])}{dt}\right] \tag{5.13}$$

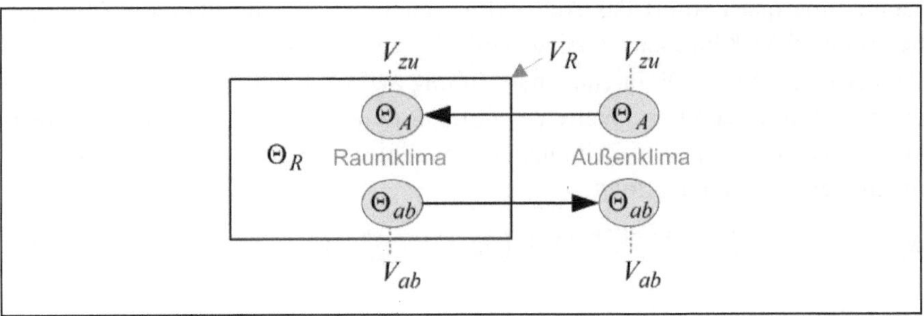

Abbildung 5-6: Schematische Darstellung zur Modellierung des Lüftungseinflusses.

Da die Lüftung frei, also ohne mechanischen Zwang erfolgt, wird die Annahme getroffen, dass die zu- und abgeführten Luftvolumina in etwa gleich sind $\dot{V} = \dot{V}_{zu} = \dot{V}_{ab}$. Folglich kann auch $V_{zu} = V_{ab}$ angenommen werden, es ergibt sich:

$$\dot{\Theta}_R = \frac{\varepsilon_L}{V_R} \cdot \left[\dot{V}(t) \cdot \Theta_A(t) - \frac{d\big(V_{ab}(t) \cdot \Theta_R(t)\big)}{dt} \right] \tag{5.14}$$

Unter der Voraussetzung, dass das Volumen V_{ab} zum Start der Lüftung gleich Null ist, folgt durch Linearisierung um den Arbeitspunkt bei konstantem Volumenstrom:

$$\dot{\Theta}_R = \underbrace{\frac{\varepsilon_L \cdot \dot{V}}{V_R}}_{1/\tau_{LWR}} \cdot \big(\Theta_A(t) - \Theta_R(0)\big) = \frac{\Theta_A(t) - \Theta_R(0)}{\tau_{LWR}} \tag{5.15}$$

Der Einfluss der Lüftung kann somit approximativ als ein verzögerter Übergang erster Ordnung zum Außenklima beschrieben werden:

$$\Theta_R(t) = \big(\Theta_R(t) - \Theta_A(0)\big) \cdot e^{\frac{-t}{\tau_{LWR}}} + \Theta_A(t) \tag{5.16}$$

Dabei ist die Zeitkonstante τ_{LWR} von der sich einstellenden Luftwechselrate und von der Effektivität der Lüftung abhängig. Diese Parameter können zwar anhand von typischen Kenngrößen geschätzt werden, sind jedoch in der Praxis von etlichen Randeffekten wie etwa Wind- und Temperaturverhältnissen, Windrichtungen und raumspezifischen Eigenschaften abhängig. Folglich kann die Zeitkonstante nicht als konstanter Parameter angesehen werden. Für die Schätzung der entstehenden Klimaschwankung muss daher angenommen werden, dass die Zeitkonstante im ungünstigsten Fall gegen Null geht und das Raumklima quasi sofort das Außenklima annimmt. Als die durch die Lüftung hervorgerufene Klimaschwankung wird die Abweichung gegenüber dem freien Raumklima definiert. Während einer Lüftung zwischen $k+i$ und $k+i+1$ kann das Raumklima sämtliche Werte des freien Raumklimas und des lokalen Außenklimas zwischen diesen Zeitpunkten annehmen, so dass als Schätzung der möglichen Schwankung folgt:

$$\underline{\Delta\hat{\vartheta}}_X^{k+i \to k+i+1} = \left(\underline{\hat{\vartheta}}_{A,X}^{k+i+1} \,\tilde{\nabla}\, \underline{\hat{\vartheta}}_{A,X}^{k+i}\right) \ominus \left(\underline{\hat{\vartheta}}_{R,X}^{k+i+1} \,\tilde{\nabla}\, \underline{\hat{\vartheta}}_{R,X}^{k+i}\right) \tag{5.17}$$

$$\underline{\Delta\hat{\sigma}}_X^{k+i \to k+i+1} = \left(\underline{\hat{\sigma}}_{A,X}^{k+i+1} \,\tilde{\nabla}\, \underline{\hat{\sigma}}_{A,X}^{k+i}\right) \ominus \left(\underline{\hat{\sigma}}_{R,X}^{k+i+1} \,\tilde{\nabla}\, \underline{\hat{\sigma}}_{R,X}^{k+i}\right) \tag{5.18}$$

Um weiterhin mit trapezförmigen Zugehörigkeitsfunktionen zu arbeiten, wird zur Realisierung der S-Norm an dieser Stelle folgende Vereinfachung vorgeschlagen:

$$\underline{A} \,\tilde{\vee}\, \underline{B} \approx [\min\{A_1, B_1\} \quad \min\{A_2, B_2\} \quad \max\{A_3, B_3\} \quad \max\{A_4, B_4\}]^T \qquad 5.19$$

Abbildung 5-7 veranschaulicht exemplarisch den Berechnungsvorgang. Die Differenz der vereinigten Außenklimaprognose (blau) und des freien Raumklimas (gelb) ergibt die mögliche Klimaschwankung (rot), welche letztendlich mit dem Fuzzy-Goal (grün) verglichen werden kann. Um die Schwankung der relativen Feuchte abzuschätzen, wird zunächst die mögliche, zukünftige relative Feuchte nach einer Lüftung berechnet:

$$\underline{\hat{\varphi}}_{R,X}^{k+i+1} = f_\varphi\left(\left(\underline{\hat{\vartheta}}_{R,X}^{k+i} \oplus \underline{\Delta\hat{\vartheta}}_X^{k+i \to k+i+1}\right), \left(\underline{\hat{\sigma}}_{R,X}^{k+i} \oplus \underline{\Delta\hat{\sigma}}_X^{k+i \to k+i+1}\right)\right) \qquad 5.20$$

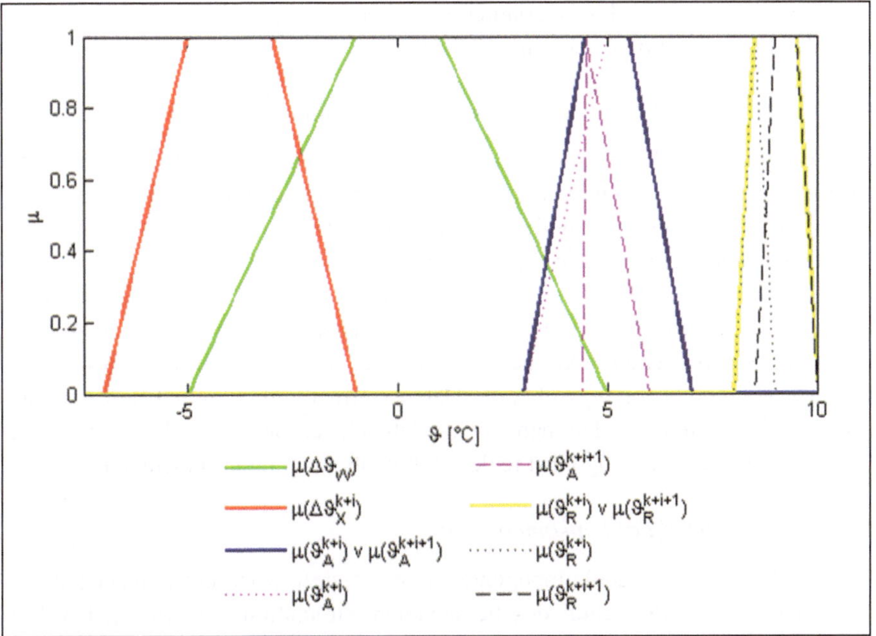

Abbildung 5-7: Beispiel zur Vorgehensweise bei der Schätzung der möglicher Klimaschwankungen.

Die relative Feuchte der freien Bewegung vor der Lüftung kann ebenfalls durch entsprechende Umrechnungen geschätzt werden. Die mögliche Schwankung ist die Differenz zu $\underline{\hat{\varphi}}_{R,X}^{k+i+1}$:

$$\underline{\Delta\hat{\varphi}}_{X}^{k+i\rightarrow k+i+1} = \underline{\hat{\varphi}}_{R,X}^{k+i+1} \ominus f_{\varphi}\left(\underline{\hat{\vartheta}}_{R,X}^{k+i}, \underline{\hat{\sigma}}_{R,X}^{k+i}\right) \tag{5.21}$$

Die Bewertungen der beiden Klimaschwankungen werden durch den Minimumoperator aggregiert:

$$\mu_D(u^{k+i\rightarrow k+i+1}) = \zeta\left(\underline{\Delta\vartheta}_W, \underline{\Delta\hat{\vartheta}}_X^{k+i\rightarrow k+i+1}\right) \wedge \zeta\left(\underline{\Delta\varphi}_W, \underline{\Delta\hat{\varphi}}_X^{k+i\rightarrow k+i+1}\right) \tag{5.22}$$

Das automatische Auffinden der optimalen Lösung steht hier nicht unbedingt im Vordergrund. Vielmehr sollen die Bewertungen μ_D dem Nutzer als Entscheidungshilfe zur Verfügung gestellt werden. Es wird ein Zeitintervall von einer Stunde definiert, so dass die Anzahl der Entscheidungsoptionen klein bleibt und sämtliche Entscheidungsvarianten bewertet werden (vollständiges Durchsuchen des Lösungsraumes, Abschnitt 2.3.5).

5.1.2 Theoretische und simulative Untersuchungen

Zur Analyse der Lüftungsproblematik und des Einflusses der Leitkomponente auf die durch Lüftungen hervorgerufen Klimaschwankungen wird das im Kapitel 3 beschriebene Raumklimamodell mit den Parametrierungen aus Abschnitt 4.1.4 verwendet. Es werden reale Mess- und Prognosedaten über ein Jahr (vom 01.08.2011 bis 31.07.2012) aus dem später folgenden Anwendungsfall herangezogen (siehe Abschnitt 5.1.3). Die Vorhersagen zum regionalen Außenklima wurden von einem externen Dienstleister mit einer zeitlichen Auflösung von drei Stunden bezogen, wobei die Daten viermal täglich aktualisiert wurden. Lokale Klimadaten wurden nahe dem Gebäude erhoben, so dass simulative Untersuchungen unter möglichst realen Rahmenbedingungen stattfinden.

5.1.2.1 Potenzial der Leitkomponente

Um das Potenzial der Leitkomponente zu analysieren, wird davon ausgegangen, dass in den Räumlichkeiten des betrachteten Simulationsszenarios jeden Tag eine einstündige Lüftung zwischen 8:00 Uhr und 18:00 Uhr erfolgen muss. Diese Zeitspanne entspricht der typischen Arbeitszeit des Personals, in welcher eine manuelle Lüftung erfolgen könnte. In der Simulation wird jeweils in dem Zeitfenster für eine Stunde mit einer Luftwechselrate von $\xi_Y = 5\mathrm{h}^{-1}$ gelüftet, welches in der Berechnung der Leitkomponente um 8:00 Uhr als bestes Zeitfenster ermittelt wurde. Für den günstigsten Fall wird die ideale (fehlerfreie) Prognose angenommen und als ungünstigsten Fall wird eine regelmäßige Lüftung um 8:00 Uhr (im Folgenden auch als konventionelle Methode bezeichnet) durchgeführt, was letztendlich der oben erwähnten Lüftungsroutine zu festen Zeitpunkten entspricht.

Da in der Simulation zunächst auch an Tagen gelüftet werden soll, an denen typische Anforderungen der Klimaschwankungen nicht eingehalten werden können, ist es zunächst erforderlich die Fuzzy-Goals so zu formulieren, dass stets eine Bewertung größer Null möglich ist. Hierzu werden die Fuzzy-Goals so definiert, dass alle aus physikalischer Sicht möglichen Klimaschwankungen größer Null bewertet werden können:

$$\underline{\Delta\vartheta_W} = [-40\mathrm{K} \quad 0\mathrm{K} \quad 0\mathrm{K} \quad 40\mathrm{K}]^T \tag{5.23}$$

$$\underline{\Delta\varphi_W} = [-100\% \quad 0\% \quad 0\% \quad 100\%]^T \tag{5.24}$$

Die Simulationen ohne Lüftungen, mit der Leitkomponente bei idealer Prognose und der konventionellen Lüftung (zur festen Uhrzeit) werden mit einem Raummodell (schwere Bauweise, siehe Abschnitt 4.1.4) bei verschiedenen natürlichen Luftwechselraten ξ_0 durchgeführt.

Zum Vergleich der Ergebnisse werden für jeden Tag j die täglichen Differenzen zwischen maximalem und minimalem Wert der Temperatur $\Delta\vartheta_{24\mathrm{h}}^j$ und relativer Feuchte $\Delta\varphi_{24h}^j$ bestimmt. Dabei werden n_s Tage in der Simulation berücksichtigt und die zugehörigen Mittelwerte $\Delta\overline{\vartheta}_{24\mathrm{h}}$ und $\Delta\overline{\varphi}_{24\mathrm{h}}$ berechnet:

$$\Delta\overline{\vartheta}_{24\mathrm{h}} = \frac{1}{n_s}\sum_{j=1}^{n_s}\Delta\vartheta_{24\mathrm{h}}^j \tag{5.25}$$

$$\Delta\overline{\varphi}_{24h} = \frac{1}{n_s}\sum_{j=1}^{n_s}\Delta\varphi_{24h}^j \tag{5.26}$$

Abbildung 5-8 zeigt die Simulationsergebnisse in Abhängigkeit von der natürlichen Luftwechselrate ξ_0. Es ist zu erkennen, dass bei Zunahme von ξ_0 das Optimierungspotenzial durch die Leitkomponente sinkt, da die zusätzlichen Klimaschwankungen der manuellen Lüftung eine untergeordnete Rolle spielen.

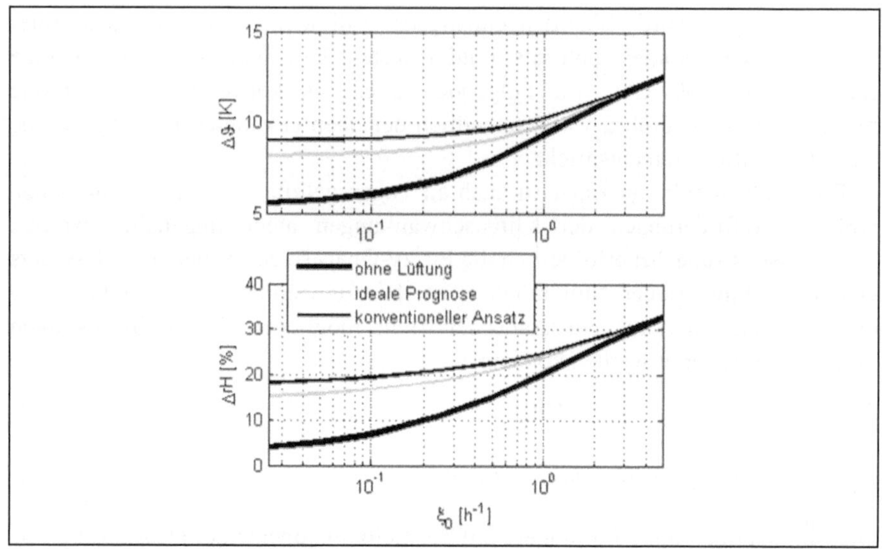

Abbildung 5-8: Beispiel zum Einfluss der Lüftungsempfehlung auf die mittlere Tagesschwankungsbreite von Temperatur $\Delta\overline{\vartheta}_{24h}$ und relativer Feuchte $\Delta\overline{\varphi}_{24h}$ in Abhängigkeit von der natürlichen Luftwechselrate ξ_0.

5.1.2.2 Wertung des Fuzzy-Ansatzes

Die Untersuchung des vorangegangenen Abschnitts geht von einem Spezialfall aus, bei welchem jeden Tag eine Lüftung erfolgen muss. In wie weit die Anforderungen an ein konstantes Klima besser erfüllt werden können, wenn an ungeeigneten Tagen manuelle Lüftungen ausbleiben, ist daher weiter zu untersuchen. Hierzu müsste eine Grenze für μ_D definiert werden, welche mindestens erreicht werden muss, damit eine Lüftung an einem Tag stattfindet. Allerdings ist diese Grenze nicht anschaulich zu definieren. Die Nachstellung eines möglichst der Realität entsprechend nahe kommenden Simulationsszenarios ist nicht trivial, da die tatsächlich ausgeführte Lüftung von der letztendlichen Entscheidung des Personals abhängig ist und zudem nicht jeden Tag gelüftet werden muss. Anstatt der in Gleichung 5.23 und 5.24 definierten Fuzzy-Goals werden für die Simulationen folgende Ziele definiert:

$$\underline{\Delta\vartheta_W} = [-5\text{K} \quad 1\text{K} \quad 1\text{K} \quad 5\text{K}]^T \qquad 5.27$$

$$\underline{\Delta\varphi_W} = [-20\% \quad 10\% \quad 10\% \quad 20\%]^T \qquad 5.28$$

Es werden nur noch die durch die Lüftung hervorgerufenen Klimaschwankungen $\Delta\vartheta^j$ und $\Delta\varphi^j$ jeden betrachtet, was letztendlich den in den Fuzzy-Goals formulierten Anforderungen entspricht. Die Klimaschwankung während der Lüftung kann hinsichtlich der Berücksichtigung der beiden definierten Fuzzy-Goals wie folgt berechnet werden:

$$\mu^j = \zeta\left(\underline{\Delta\vartheta_W}, \Delta\vartheta_X^j\right) \wedge \zeta\left(\underline{\Delta\varphi_W}, \Delta\varphi_X^j\right) \quad \text{mit} \quad j = 1,2,\dots,n_s \qquad 5.29$$

Abbildung 5-9 veranschaulicht den Einfluss auf die mittlere Erfüllung der Fuzzy-Goals $\overline{\mu}$ bei n_s Lüftungen in der Simulation:

$$\overline{\mu} = \frac{1}{n_s}\sum_{j=1}^{n_s}\mu^j \qquad 5.30$$

wenn nur an geeigneten Tagen (prozentualer Anteil der ausgeführten Lüftungen p_L) gelüftet wird. Durch den Verzicht auf Lüftungen an ungeeigneten Tagen kann eine Verbesserung herbeigeführt werden. Zudem ist zu erkennen, dass der Fuzzy-Ansatz zu deutlich besseren Ergebnissen führt als die alternativen Vorgehensweisen. Würde die Leitkomponente lediglich die Prognosedaten der linearen Modelle (Abschnitte 5.1.1.1 und 5.1.1.2) verwenden, wäre die Verbesserung zur regelmäßigen Lüftungsroutine zu einer festen Uhrzeit nur unwesentlich. Durch den vorgeschlagenen Fuzzy-Ansatz kann die mittlere Erfüllung der Fuzzy-Goals signifikant verbessert werden.

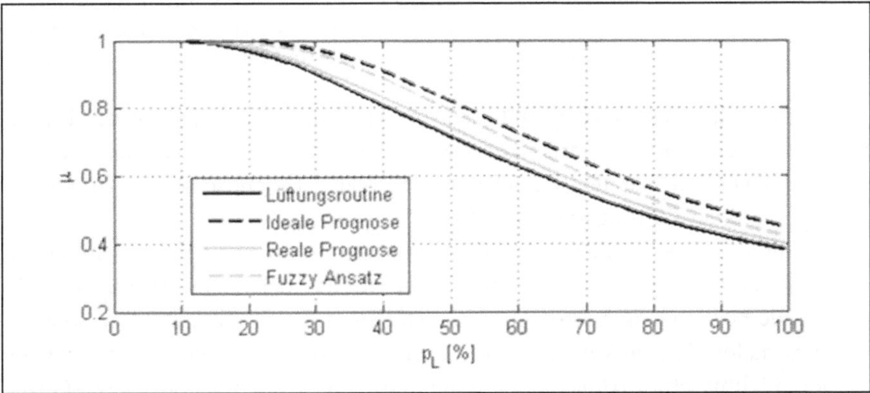

Abbildung 5-9: Mittlere Erfüllung $\overline{\mu}$ der Fuzzy Goals durch Vermeidung von Lüftungen an ungeeigneten Tagen. Dabei entspricht p_L dem prozentualen Anteil der Tage in der Simulation, an welchen gelüftet wurde.

		einzelner Raum		umschlossener Raum	
Bauweise		leicht	schwer	leicht	schwer
Temperatur	$\Delta\bar{\vartheta}_i$	4,57K	3,50K	1,00K	0,71K
	$\Delta\bar{\vartheta}_c$	4,97K	3,88K	1,31K	1,04K
	$\Delta\bar{\vartheta}_r$	4,77K	**3,69K**	1,35K	1,06K
	$\Delta\bar{\vartheta}_f$	4,70K	**3,74K**	1,23K	0,90K
Relative Feuchte	$\Delta\bar{\varphi}_i$	10,27%	5,92%	3,92%	3,31%
	$\Delta\bar{\varphi}_c$	11,33%	**6,19%**	5,06%	3,95%
	$\Delta\bar{\varphi}_r$	**11,66%**	**6,53%**	5,09%	3,98%
	$\Delta\bar{\varphi}_f$	**11,49%**	**6,55%**	4,78%	3,56%
Einhaltung der Fuzzy-Goals	$\bar{\mu}_i$	0,3354	0,4504	0,9084	0,9605
	$\bar{\mu}_c$	0,2618	0,3839	0,8289	0,9006
	$\bar{\mu}_r$	0,2683	0,4008	0,8268	0,9029
	$\bar{\mu}_f$	0,3160	0,4238	0,8564	0,9368
Vergleich mit idealer Prognose	$\bar{\mu}_c/\bar{\mu}_i$	**78,06%**	**85,24%**	**91,25%**	**93,76%**
	$\bar{\mu}_r/\bar{\mu}_i$	**79,99%**	**88,99%**	**91,02%**	**94,00%**
	$\bar{\mu}_f/\bar{\mu}_i$	**94,22%**	**94,09%**	**94,28%**	**97,53%**

Tabelle 5-2: Mittlere Klimaschwankungen und mittlere Erfüllung der Fuzzy-Goals bei den verschiedenen Gebäudetypen nach Abschnitt 4.1.4 bei idealer (Index i) und realer Prognose (Index r), des Fuzzy-Ansatzes (Index f) und der Lüftung zu festen Zeiten (Index c). Obwohl die mittleren Klimaschwankungen zunehmen können (fett) werden die definierten Fuzzy-Goals durch den Fuzzy-Ansatz im Mittel besser erfüllt.

Die Simulationen werden mit den in Abschnitt 4.1.4 definierten Raumklimamodellen durchgeführt. Tabelle 5-2 listet die entstehenden Klimaschwankungen bei Nutzung der idealen und realen Prognose sowie des Fuzzy-Ansatzes und der Lüftungsroutine auf.

Es fällt auf, dass der Fuzzy-Ansatz zu höheren mittleren Klimaschwankungen führen kann. Dies kann wie folgt begründet werden: der Fuzzy-Ansatz versucht stets beide Fuzzy-Goals bestmöglich zu erfüllen und nicht die mittleren, sondern die maximalen Schwankungen zu reduzieren. Maßgeblich sind daher nicht die mittleren Klimaschwankung, sondern die mittleren Erfüllungen der Fuzzy-Goals. Es ist zu erkennen, dass der Fuzzy-Ansatz die beste Übereinstimmung mit der idealen Prognose liefert.

5.1.2.3 Prognosegüte der Empfehlungen

Um die Prognosegüte ausgegebener Empfehlungen zu beurteilen, werden die im Vorfeld berechneten Lüftungsempfehlungen μ_{DX} mit den idealen Lüftungsempfehlungen μ_{DI} verglichen. Hierzu werden folgende Szenarien untersucht:

- Lüftungsempfehlungen mit auf Basis realer Prognosedaten $\mu_{DX} = \mu_{DR}$

  Es werden die realen (fehlerbehafteten) Daten der regionalen Außenklimaprognose verwendet.

- Lüftungsempfehlungen mit auf Basis korrigierte Prognosedaten $\mu_{DX} = \mu_{DK}$

  Es werden die um die mittlere Abweichung korrigierten Daten der regionalen Außenklimaprognose verwendet.

- Lüftungsempfehlungen mit auf Basis unscharfer Prognosedaten $\mu_{DX} = \mu_{DF}$

  Es werden die um die mittlere Abweichung korrigierten Daten der regionalen Außenklimaprognose verwendet und deren Unschärfe berücksichtig.

Die Untersuchung wird für die Parametrierung des Systems mit den Fuzzy-Goals nach Gleichung 5.27 und 5.28 durchgeführt. Als Datengrundlage werden keine simulierten, sondern die im Schloss aus dem späteren Anwendungsbeispiel (Abschnitt 5.1.3) gemessenen Raumklimawerte analysiert. Abbildung 5-10 vergleicht exemplarisch die ausgegebenen μ_{DX} mit den idealen Lüftungsempfehlungen μ_{DI} für verschiedene Lüftungszeitfenster im Prädiktionshorizont.

Es ist zu erkennen, dass bei steigendem Prädiktionshorizont eher weniger zur Lüftung geraten wird, da die Unschärfe der prognostizierten Größen in der Bewertung nach dem unscharfen Soll-Istwert-Vergleich berücksichtigt wird. Ist die Unschärfe des prognostizierten Zustandes größer als die der Anforderung selbst, stellt sich eine maximal mögliche Bewertung aufgrund der in Abschnitt 2.2.3 beschriebenen theoretischen Grundlagen ein.

Für einen detaillierteren Vergleich wird für jeden Prädiktionsschritt die Güte der Empfehlung analysiert. Zum Vergleich und zur Bewertung der Prognosegüte wird meist der mittlere quadratische Fehler mse („mean squared error“) betrachtet (vgl. [SCH01]). Für die Analyse werden n_S Empfehlungen einbezogen:

$$mse^{k+i} = \frac{1}{n_S} \cdot \sum_{j=1}^{n_S} \left(\mu_{DX}^{j,k+i} - \mu_{DI}^{j,k+i}\right)^2 \quad \text{mit} \quad \begin{matrix} \mu_{DX} = \{\mu_{DR}; \mu_{DK}; \mu_{DF}\} \\ i = 1, 2, \ldots, n_P \end{matrix} \qquad 5.31$$

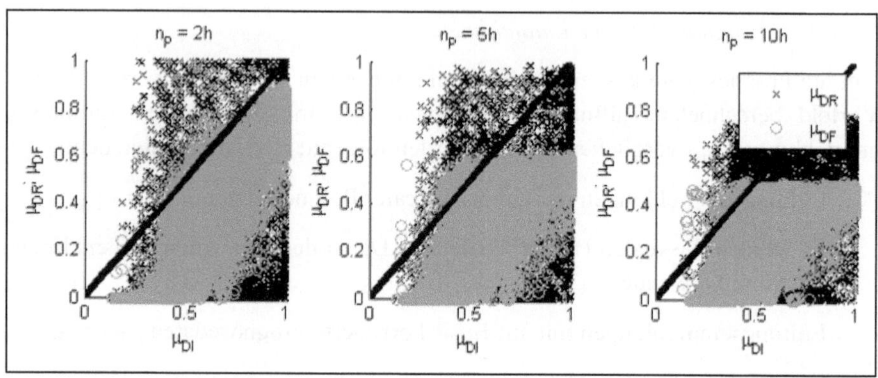

Abbildung 5-10: Vergleich der Empfehlungen bei realer μ_{DR} und unscharfer μ_{DF} Prognose von lokalem Außen- und freiem Raumklima mit idealer Empfehlung μ_{DI} bei verschiedenen Tiefen im Prädiktionshorizont n_P.

Abbildung 5-11 veranschaulicht die Güte der Empfehlung für drei Räume des im folgenden Abschnittes vorgestellten Schlosses. Es ist offensichtlich, dass die Korrektur der Vorhersage um den mittleren Fehler der Klimaprognosen zu einer Verbesserung führt. Allerdings wird die Güte nochmals signifikant durch den Fuzzy-Ansatz gesteigert. Es kann daher festgehalten werden, dass die Berücksichtigung der Unschärfe in den prognostizierten Klimazuständen grundsätzlich eine bessere Einschätzung liefert.

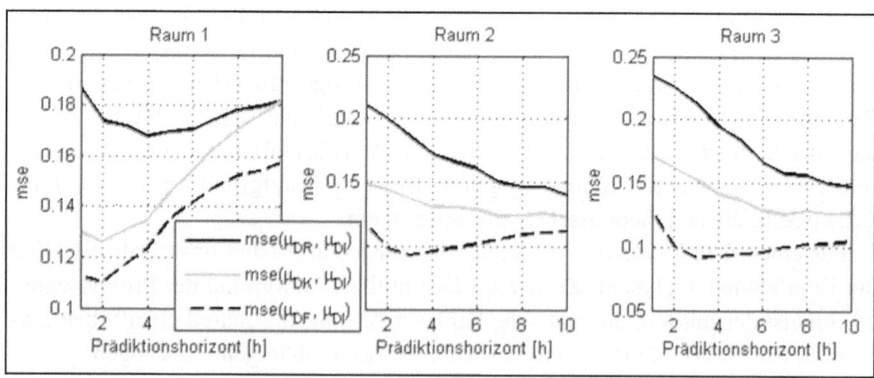

Abbildung 5-11: Vergleich der mittleren quadratischen Fehlers (mse) der Lüftungsempfehlungen über den Prädiktionshorizont n_P für drei Räume.

5.1.3 Praktische Realisierung

Die Leitkomponente wurde prototypisch in ausgewählten Räumen des Schlosses Fasanerie (Abbildung 5-12) der Hessischen Hausstiftung realisiert. Es handelt sich hierbei um ein historisches Gebäude musealer Nutzung. Abgesehen vom temporären Einsatz mobiler Entfeuchtungs- und Heizgeräte in wenigen Räumen findet keinerlei Raumluftkonditionierung statt. Das Öffnen der Fenster erfolgte vor der prototypischen Realisierung der Leitkomponente weitestgehend „nach Gefühl", was zu entsprechenden Klimaschwankungen führte, wie in Abbildung 5-1 bereits exemplarisch gezeigt wurde.

Zur Erfassung des Raum- und des lokalen Außenklimas wurde ein drahtloses Sensornetzwerk installiert. Aufgrund der Bauweise des Schlosses und den weiten Funkstrecken ist es erforderlich, eine entsprechende Kommunikationsinfrastruktur zur Anbindung der Funksensoren an die Basisstation über Repeater aufzubauen. Abbildung 5-13 zeigt den Aufbau des Messsystems und kennzeichnet die Räume Eingangshalle (Raum 1), Landgrafenwohnung (Raum 2) und Bibliothek (Raum 3), für welche die Leitkomponente prototypisch entwickelt wurde. Die in einem 5-Minutenintervall anfallenden Sensordaten werden, wie in Abschnitt 4.2 beschrieben, auf einem lokalen Industrie-PC in einer Datenbank archiviert.

Mit Hilfe eines Synchronisierungstools wird der Datenbestand mit der serverseitigen Datenbank abgeglichen, so dass die Sensordaten zentral abgelegt und weiter verarbeitet werden können. Ein externer Dienstleister stellt die regionale Außenklimaprognose mit einer zeitlichen Auflösung von 3 Stunden in Form einer XML-Datei auf einem FTP-Server zur Verfügung, welche alle 6 Stunden aktualisiert wird. Auf dem zentralen Datenserver wird zyklisch eine Routine ausgeführt, welche die XML-Datei interpretiert und die Vorhersagen ebenfalls in einer Tabelle der serverseitigen Datenbank archiviert. (vgl. [FLA12])

Abbildung 5-12: Schloss Fasanerie, Frontansicht (Bildquelle: Hessische Hausstiftung).

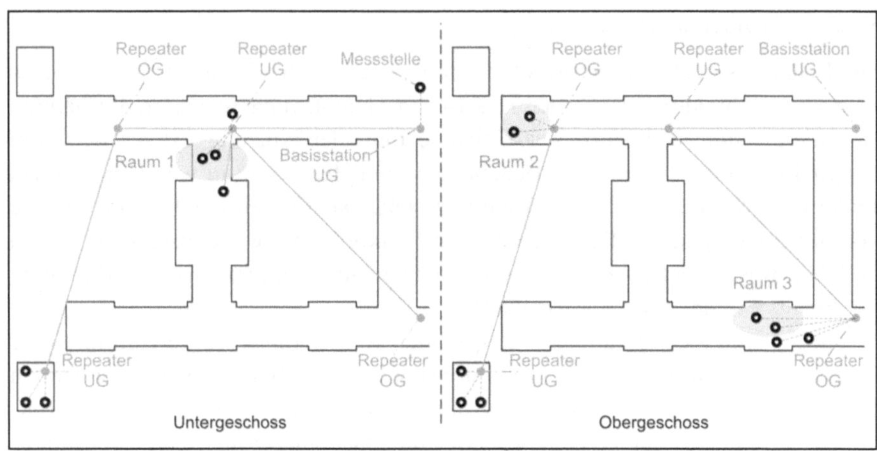

Abbildung 5-13: Struktur des drahtlosen Sensornetzwerk und Kennzeichnung der betrachteten Räume.

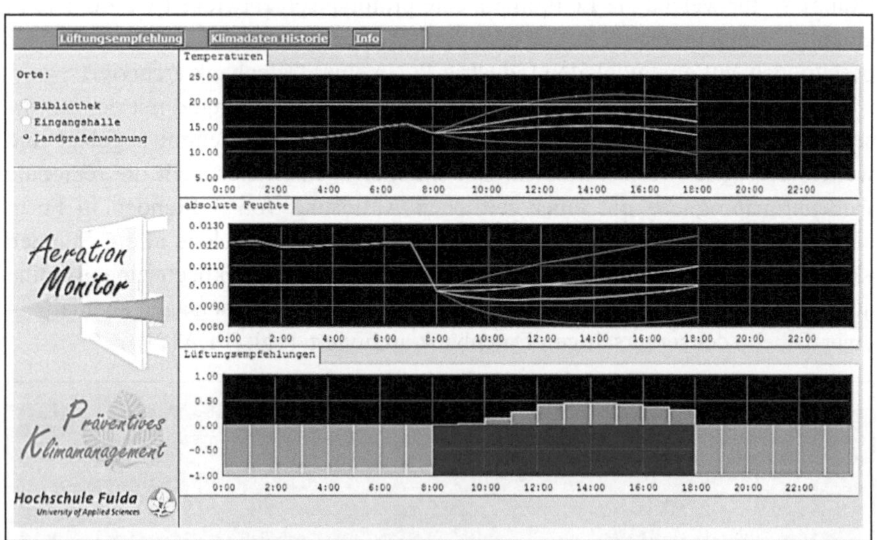

Abbildung 5-14: Homepage zur Ausgabe der Lüftungsempfehlung μ_D (Plot unten) an das Personal. Neben der Lüftungsempfehlung werden die Prognosen von Temperatur (oben) und absoluter Feuchte (Mitte) visualisiert.

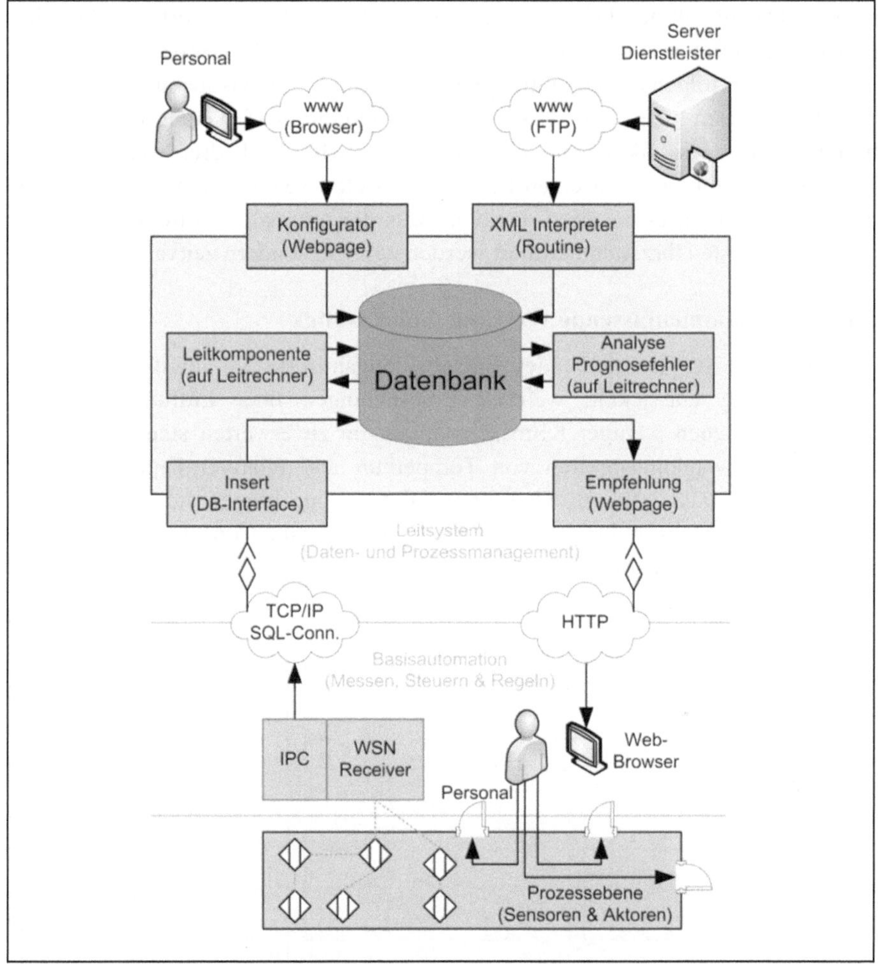

Abbildung 5-15: Gesamtstruktur des realisierten Lüftungsempfehlungssystems in Schloss Fasanerie.

Die Algorithmen zur Schätzung der Modellparameter und zur Analyse der Modellungenauigkeiten (siehe Abschnitte 5.1.1.1 und 5.1.1.2) werden wöchentlich ausgeführt, wobei der zur Modellbildung einbezogene Datenbestand jeweils das letzte Quartal umfasst. Die Routine zur Berechnung der Lüftungsempfehlungen nach dem oben beschriebenen Konzept wird stündlich oder auf Verlangen ausgeführt. Die Ergebnisse werden ebenfalls in eine separate Tabelle der serverseitigen Datenbank geschrieben. Die Ausgabe an das Personal erfolgt über eine Homepage im Internet (vgl. [FLA11]). Ein Beispiel zeigt hierzu Abbildung 5-14.

Ebenfalls erfolgen die Definition der Fuzzy-Goals und das manuelle Auslösen der Algorithmen über eine Homepage. Abbildung 5-15 veranschaulicht das beschriebene Gesamtkonzept. In Abbildung 5-16 sind drei exemplarische Lüftungsempfehlungen für einen Raum dargestellt, welche jeweils um 8:00 Uhr berechnet wurden. Dabei wird deutlich, dass die optimalen Lüftungszeitpunkte nicht durch feste Uhrzeiten definiert werden können, sondern zeitvariant sind.

5.1.4 Zusammenfassende Wertung und Ausblick

Es wurde ein vorrausschauendes Entscheidungshilfesystem für die präventive Konservierung entwickelt, welches Empfehlungen über Lüftungszeitfenster ausgibt, bei denen weniger Klimaschwankungen zu erwarten sind. Ideale und zulässige Schwankungsbreiten von Temperatur und relativer Feuchte werden über Fuzzy-Goals definiert. Den verwendeten Algorithmen liegen unscharfe Methoden der Fuzzy-Arithmetik zu Grunde, um die durch Lüftung entstehenden Klimaschwankungen abzuschätzen.

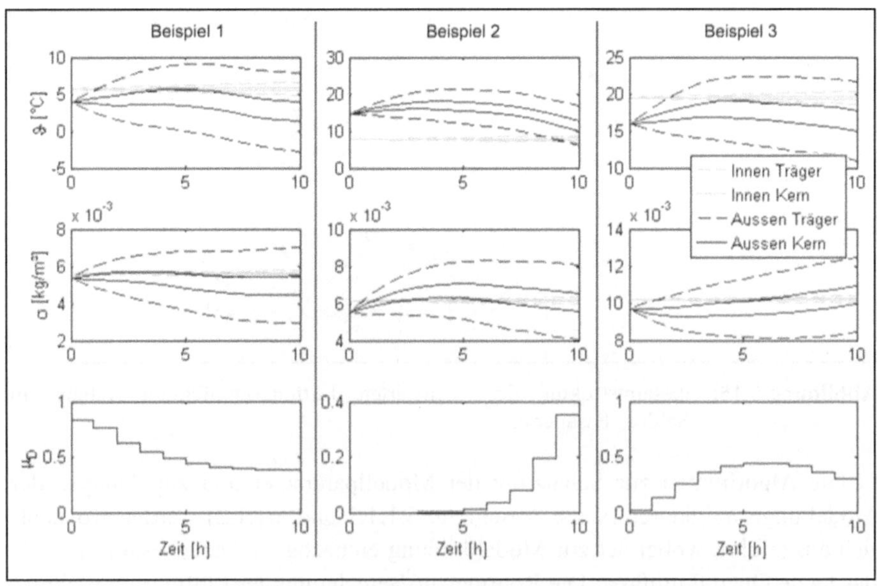

Abbildung 5-16: Beispiele für Empfehlungen zur Lüftung eines Raumes. Von oben nach unten: Temperatur ϑ, absolute Feuchte σ und Lüftungsempfehlung μ_D.

Des Weiteren wurde eine unscharfe Bewertungsmethode angewandt, mit welcher Prognosefehler durch Modellungenauigkeiten berücksichtigt werden. Die Analyse realer Außenklimaprognosen und lokaler Messungen zeigte, dass die Berücksichtigung der Unschärfe zu einer besseren Einschätzung zukünftiger Lüftungseingriffe führt. Zudem wurde gezeigt, dass die alleinige Korrektur der Außenklimaprognosedaten um die mittlere Abweichung zu einer Verbesserung der Handlungsempfehlungen führt, die Berücksichtigung der Unschärfen jedoch eine weitere erhebliche Verbesserung mit sich bringt. Simulationen verdeutlichten zudem, dass der praktische Einsatz des Systems eher bei dichteren Gebäuden sinnvoll ist und das vorgestellte Konzept unter Anwendung der Fuzzy-Methoden einen Beitrag zur Klimastabilität leisten kann.

Um das Empfehlungssystem zur zielgerichteten Beeinflussung von Raumlasten anzuwenden, wird eine Erweiterung vorgeschlagen (Abbildung 5-17) und zusätzliche Fuzzy-Goals für die Zielgrößen von Temperatur und relative Feuchte eingeführt. Anhand der Prädiktion der freien Bewegung kann eine Klassifikation des zukünftigen Raumklimas erfolgen (siehe Tabelle 5-3). Hierbei sind die unscharfen Grenzen der Fuzzy-Goals mit der Vereinigungsmenge der betrachteten Größen zu vergleichen:

$$\mu_\vartheta = \zeta\left(\begin{bmatrix}\vartheta_{W3}\\ \vartheta_{W4}\\ \infty\\ \infty\end{bmatrix}, \cap \left\{\underline{\hat{\vartheta}}_X^{k+1\to k+n_P}\right\}\right) - \zeta\left(\begin{bmatrix}-\infty\\ -\infty\\ \vartheta_{W1}\\ \vartheta_{W2}\end{bmatrix}, \cap \left\{\underline{\hat{\vartheta}}_X^{k+1\to k+n_P}\right\}\right) \quad 5.32$$

$$\mu_\varphi = \zeta\left(\begin{bmatrix}\varphi_{W3}\\ \varphi_{W4}\\ \infty\\ \infty\end{bmatrix}, \cap \left\{\underline{\hat{\varphi}}_X^{k+1\to k+n_P}\right\}\right) - \zeta\left(\begin{bmatrix}-\infty\\ -\infty\\ \varphi_{W1}\\ \varphi_{W2}\end{bmatrix}, \cap \left\{\underline{\hat{\varphi}}_X^{k+1\to k+n_P}\right\}\right) \quad 5.33$$

Wenn Raumklima …		**… dann Fuzzy-Goal**
zu kalt	$\mu_\vartheta > 0$	$\underline{\Delta\vartheta}_W = [0 \quad 0 \quad \Delta\vartheta_{W3} \quad \Delta\vartheta_{W4}]^T$
zu warm	$\mu_\vartheta < 0$	$\underline{\Delta\vartheta}_W = [\Delta\vartheta_{W1} \quad \Delta\vartheta_{W2} \quad 0 \quad 0]^T$
zu trocken	$\mu_\varphi > 0$	$\underline{\Delta\sigma}_W = [-\infty \quad -\infty \quad 0 \quad 0]^T$
zu feucht	$\mu_\varphi < 0$	$\underline{\Delta\sigma}_W = [0 \quad 0 \quad \infty \quad \infty]^T$

Tabelle 5-3: Wissensbasierte Modifikation der Fuzzy-Goals zur Lastabfuhr.

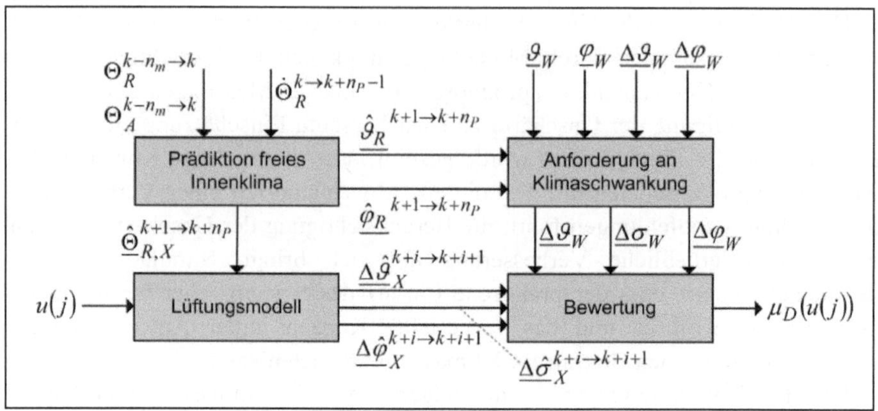

Abbildung 5-17: Erweiterung des Lüftungsempfehlungssystems zur Lastabfuhr.

Entsprechend muss die Aggregation einzelner Bewertungen (Gleichung 5.22) ergänzt werden. Über ein wissensbasiertes Regelwerk (Tabelle 5-3) werden die Anforderungen an die Klimaschwankung modifiziert. Manuelle Lüftungen bieten jedoch meist nur geringes Potenzial zur zielgerichteten Beeinflussung von Wärme- und Feuchtelasten, da diese nur zeitweise und beliebig erfolgen und kein definierter Austausch der Raumluft stattfindet. Folglich ist eine zielgerichtete Beeinflussung des Raumklimas durch manuelles Lüften nur in sehr dichten Räumen und/oder in Räumen mit wenig Pufferwirkung zu erwarten.

5.2 Führung von Lüftungsanlagen zur Feuchteregulierung

In einigen historischen Gebäuden können technische Aktoren zur Lüftung installiert werden (siehe z. B. [BRO10], [CUN11], [LÖT11]). Zentrale Lüftungsanlagen werden aufgrund der in Abschnitt 3.1.2.1 genannten Gründe eher selten verwendet, so dass meist dezentrale Lösungen eingesetzt werden (siehe auch Anwendungen in z. B. [BRO10] und [LÖT11]). Hierbei muss zwischen der erzwungenen und der freien Lüftung unterschieden werden. Dezentrale Zwangslüftungen erzeugen einen bestimmten (gegebenenfalls variablen) Volumenstrom für den Luftwechsel und werden üblicherweise durch die Anwendung von Wand- oder Fensterlüftern realisiert. Die Ansteuerung von Lüfterklappen oder Fensterstellantrieben ermöglichen zwar einen zusätzlichen natürlichen Luftwechsel, jedoch wird kein definierter Volumenstrom zur Lüftung bereitgestellt, da dieser von Temperatur- und Druckdifferenzen sowie den Windverhältnissen abhängig ist (siehe 3.1.2.1). Das Lüftungspotenzial hängt hier nach wie vor von dem zeitlich veränderlichen Außenklima ab, so dass es sich um eine nur zeitweise zur Verfügung stehende Stellgröße handelt. Im Gegensatz zur manuellen Lüftung (Abschnitt 5.1) ist die vorausschauende Planung der Lüftungseingriffe nicht erforderlich, da die Aktoren in der Regel jederzeit angesteuert werden können. Die Lüfterbetätigung in Abhängigkeit von der aktuellen Innen- und Außenklimasituation reicht daher vollkommen aus.

Neben der zielgerichteten Beeinflussung des Raumklimas können Lüftungsstrategien auch zur Minimierung von Verlusten eingesetzt werden. In modernen bzw. sanierten Gebäuden überwiegen nicht mehr die Transmissions- sondern die Lüftungswärmeverluste (vgl. [HMW04]), so dass hinsichtlich der Energieeinsparung die Entwicklung entsprechender Lüftungsstrategien von Interesse ist. In manchen historischen Gebäuden stehen besonders der Abtransport von Feuchtelasten und die Gewährleistung der Klimastabilität im Vordergrund. Wie Publikationen (z. B. [BRO10]) zu entnehmen ist, konnten Feuchtelasten alleine durch den Einsatz gesteuerter Lüftungen signifikant reduziert werden. Begründet werden kann die hohe Feuchtelast meist durch die für die jeweilige Region bauklimatisch ungeeignete Fassadenkonstruktion oder zusätzliche Feuchtequellen wie etwa durch intensive Nutzung (signifikanter Besucherverkehr) oder aufsteigende Bodenfeuchte. Typischerweise handelt es sich hierbei um Kellerräume, Gruften, Kirchen oder kleinere Gebäude wie in Schlossanlagen öfters vorhandene Gartenhäuser. Wie bei der manuellen Lüftung können durch die automatische Lüftung Klimaschwankungen mit hohen Gradienten resultieren, so dass für die zielgerichtete Lüftung in der präventiven Konservierung entsprechende Sonderlösungen geschaffen werden sollten.

Als Stellglieder der automatischen Lüftung können unstetige und stetige Aktoren eingesetzt werden. Bei letzteren ist es möglich, den Volumenstrom zu verstellen, so dass Änderungsgeschwindigkeiten der Regelgrößen explizit im Regelalgorithmus berücksichtigt werden können. Aufgrund der Prozessstruktur sind diese Regelstrecken als nicht- bzw. bilinear anzusehen (vgl. [BER00]), so dass die Auslegung klassischer Regler nicht trivial ist und meist wissensbasierte Regelungsansätze angewandt werden. Ähnlich wird bei unstetigen Aktoren entsprechend einer wissensbasierten Logik entschieden, ob die Lüftung aktiviert wird oder nicht. Basierend auf Messungen des Raum- und Außenklimas entscheiden Algorithmen der Basisautomation über das zielgerichtete Ein- und Ausschalten der Lüfter, so dass die relative Feuchte in den Zielbereich geführt wird. Die Grenzwerte dieser unstetigen Lüftungssteuerung müssen scharf vorgegeben werden, allerdings sind die Zielgebiete selbst unscharf (siehe Abschnitt

1.1.1). Zusätzlich sollten die durch die Lüftung hervorgerufenen Klimaschwankungen möglichst gering sein, um die Materialien der Kulturgüter nicht unnötig zu strapazieren. Diese Anforderung kann ebenfalls unscharf formuliert werden (siehe Abschnitt 1.1.2). Für die relative Feuchte existiert entsprechend ein Fuzzy-Goal für den anzustrebenden Zielbereich $\underline{\varphi}_W$ und den Gradienten $\underline{\Delta\varphi/\Delta T}_W$.

5.2.1 Konzept

Zunächst liegt für die Verwendung unstetiger Aktoren der Gedanke nahe, mittels pulsweitenmodulierten Stellsignalen quasi-stetige Aktoren bereitzustellen und einen für stetige Aktoren geeigneten Regelungsansatz zu entwickeln. Hierbei ist anzumerken, dass die durch die Lüftung hervorgerufenen Klimaschwankungen erst nach deren Entstehen erkannt werden können. Eine vorrausschauende Begrenzung der Gradienten zukünftiger Klimaschwankungen wäre jedoch wünschenswerter. Es wird daher ein alternativer Ansatz vorgeschlagen: ein Lüftungsregler entscheidet über das Ein- und Ausschalten der Lüfter anhand einer einfachen Logik, wobei für die relative Feuchte jeweils scharfe obere und untere Grenzwerte vorgegeben werden:

$$\boldsymbol{w} = [\varphi_{W,min} \quad \varphi_{W,max}]^T \qquad 5.34$$

Um die Restriktionen hinsichtlich der hervorgerufenen Klimaschwankungen zu beachten, wird vorgeschlagen die Grenzwerte durch eine Leitkomponente dynamisch nachzuführen. Die unscharfen Anforderungen werden somit nicht in der Logik der Basisautomation, sondern in einer multikriteriellen Entscheidungsfindung der Leitkomponente berücksichtigt (Abbildung 5-18).

5.2.1.1 Lüftungslogik der Basisautomation

Um zu entscheiden, ob eine Lüftung erforderlich ist oder nicht, muss der aktuelle Klimazustand klassifiziert werden. Hierzu werden die Messdaten von Innen- und Außenklimasensoren miteinander verglichen. Eine Kalibrierung der Sensoren gilt meist nur für definierte Arbeitspunkte und ist nicht langzeitstabil, so dass die Sensoren für eine exakte Messung regelmäßig kalibriert oder ausgetauscht werden müssen. Folglich sollten mögliche Abweichungen unter den Sensoren in der Entscheidungslogik berücksichtigt werden. Die Messwerte φ_M werden als scharfe Intervalle betrachtet, indem die entsprechenden Messtoleranzen $\Delta\varphi_M$ addiert bzw. subtrahiert werden.

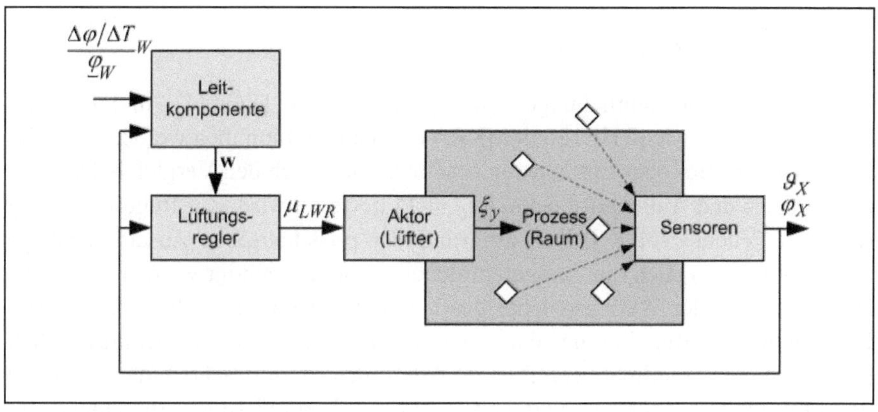

Abbildung 5-18: Grundstruktur der Lüftungsoptimierung mit Basisautomation und mehreren Sensoren.

$$\underline{\varphi}_{R,X} = \begin{bmatrix} \varphi_{R,min} \\ \varphi_{R,min} \\ \varphi_{R,max} \\ \varphi_{R,max} \end{bmatrix} = \begin{bmatrix} \varphi_{R,M} - \Delta\varphi_M \\ \varphi_{R,M} - \Delta\varphi_M \\ \varphi_{R,M} + \Delta\varphi_M \\ \varphi_{R,M} + \Delta\varphi_M \end{bmatrix} \quad \text{bzw.} \quad \underline{\varphi}_{A,X} = \begin{bmatrix} \varphi_{A,min} \\ \varphi_{A,min} \\ \varphi_{A,max} \\ \varphi_{A,max} \end{bmatrix} = \begin{bmatrix} \varphi_{A,M} - \Delta\varphi_M \\ \varphi_{A,M} - \Delta_M \\ \varphi_{A,M} + \Delta\varphi_M \\ \varphi_{A,M} + \Delta\varphi_M \end{bmatrix} \qquad 5.35$$

Diese Istwert-Intervalle werden mit den Grenzwerten $\boldsymbol{w}$ (Gleichung 5.34) verglichen und das Raumklima als „zu trocken" ($\mu_{TX} = 1$) oder „zu feucht" ($\mu <_{FX}= 1$) bewertet:

$$\mu_{TX} = \varphi_{R,max} < \varphi_{W,min} \qquad 5.36$$

$$\mu_{FX} = \varphi_{R,min} > \varphi_{W,max} \qquad 5.37$$

Weiterhin wird das Potenzial der Lüftung als „befeuchtbar" ($\mu_{TP} = 1$) bzw. „entfeuchtbar" ($\mu_{FP} = 1$) durch einen Vergleich von Raum- und Außenklimazustand geschätzt:

$$\mu_{TP} = (\sigma_{A,min} > \sigma_{R,max}) \wedge \left(\alpha_\vartheta \vee \left(\vartheta_{A,max} \leq \vartheta_{R,min}\right)\right) \qquad 5.38$$

$$\mu_{FP} = \left(\sigma_{A,max} < \sigma_{R,min}\right) \wedge \left(\alpha_{\vartheta} \vee \left(\vartheta_{A,mi} \geq \vartheta_{R,max}\right)\right) \qquad 5.39$$

Den meisten Veröffentlichungen (wie [BRO10] und [LÖT11]) und Produktbeschreibungen (wie [THE12]oder [KRA12]) kann entnommen werden, dass das Potenzial zum Be- oder Entfeuchten scheinbar nur durch den Vergleich der absoluten Innen- und Außenluftfeuchte ($\alpha_{\vartheta} = 1$) bewertet wird. Zur Regulierung der relativen Feuchte sollte jedoch aufgrund der physikalischen Zusammenhänge (Abschnitt 3.3.1) auch die Temperaturdifferenz berücksichtigt werden ($\alpha_{\vartheta} = 0$). Meist ist zwar der Wärmespeicher des betrachteten Raumes sehr groß, so dass Lüftungen zur Regulierung der relativen Feuchte den Temperaturhaushalt längerfristig nur minimal beeinflussen. Allerdings ist zu beachten, dass z. B. bei der Lüftung mit trockener und kalter Außenluft kurzfristige Erhöhungen der relativen Feuchte resultieren können. In wie weit die Temperatur zur Bewertung des Be- und Entfeuchtungspotenzials durch die Lüftung zu berücksichtigen ist, muss daher von einem Experten definiert werden (siehe Abschnitt 0). Die einfache Logik schaltet den Lüfter ein ($\mu_{LWR} = 1$), wenn die Schaltbedingung erfüllt ist:

$$\mu_{LWR} = (\mu_{TX} \wedge \mu_{TP}) \vee (\mu_{FX} \wedge \mu_{FP}) \qquad 5.40$$

Es ist anzumerken, dass die Entscheidung über die Lüftung unabhängig von der Stellleistung des Aktors ist, jedoch keine Berücksichtigung der resultierenden Klimagradienten erfolgt.

5.2.1.2 Entscheidungsproblem der Leitkomponente

Da keine Stellgrößenbeschränkungen im Prozess vorhanden sind, welche mit einem mehrstufigen Lösungsverfahren umgangen werden könnten, wird das Problem als ein einstufiger Entscheidungsprozess definiert. Ziel ist es, optimale Grenzwerte für die Lüftungslogik der Basisautomation zyklisch in Abhängigkeit des Prozesszustandes zu ermitteln. Es wird davon ausgegangen, dass die stationäre Anforderung durch ein konstantes Fuzzy-Goal (ohne Abhängigkeit von der Temperatur) definiert werden kann. Die stationäre Anforderung wird somit durch die Zugehörigkeitsfunktion $\mu_{\varphi}(\varphi)$ beschrieben, welche sich aus dem Fuzzy-Goal $\underline{\varphi_W}$ und der Unschärfe des Zustandes $\underline{\Delta\varphi_X}$ (Messungenauigkeiten, räumliche Verteilung) ergibt:

$$\mu_{\varphi}(\varphi) = \zeta\left(\underline{\varphi_W}, \left(\varphi \oplus \underline{\Delta\varphi_X}\right)\right) \qquad 5.41$$

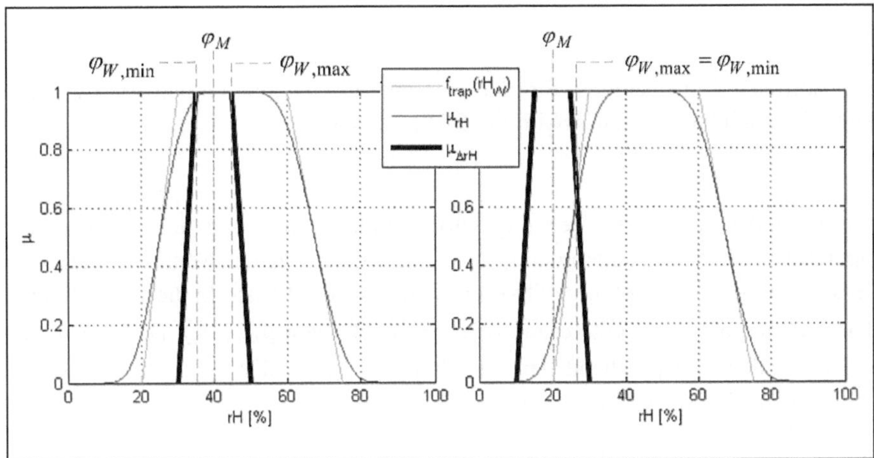

Abbildung 5-19: Ermittlung der Grenzwerte in Abhängigkeit des aktuellen Klimazustandes. Liegt die Menge optimaler Entscheidungen im Kern des stationären Fuzzy-Goals, werden zwei verschiedene Grenzwerte $\varphi_{W,min}$ und $\varphi_{W,max}$ ermittelt (links), ansonsten werden die Grenzwerte gleichgesetzt (rechts).

Das dynamische Fuzzy-Goal beschreibt die ideale und die zulässige Schwankung pro Zeit. Es wird zu einem quasi-stationären Ziel $\mu_{\Delta\varphi}^{k+1}$ umformuliert, indem die dynamische Anforderung $\underline{\Delta\varphi/\Delta T}_W$ auf den Prozesszustand φ_M^k addiert wird, so dass eine Zugehörigkeitsfunktion über φ entsteht (Abbildung 5-19):

$$\mu_{\Delta\varphi}^{k+1}(\varphi) = f_{trap}\left(\left(\varphi_M^k \oplus \underline{\Delta\varphi/\Delta T}_W\right), \varphi\right) \tag{5.42}$$

Im Entscheidungsraum sind somit zwei Fuzzy-Goals vorhanden. Entsprechend den Grundlagen zur multikriteriellen Entscheidungsfindung (Abschnitt 2.3) ergibt sich die (scharfe) Menge optimaler Entscheidungen als die Maxima der Vereinigungsmenge:

$$\mu_{D\varphi}(\varphi^*) = \max_{\varphi}\left\{\mu_{\varphi}(\varphi) \wedge \mu_{\Delta\varphi}^{k+1}(\varphi)\right\} \tag{5.43}$$

5.2.1.3 Lösung des Entscheidungsproblems

Sofern eine eindeutige optimale Lösung vorliegt, ist die Zugehörigkeit der optimalen Entscheidung größer Null, jedoch kleiner oder gleich Eins:

$$0 < \mu_{D\varphi}(\varphi^*) \leq 1 \tag{5.44}$$

Die optimale Entscheidung für den oberen und unteren Grenzwert ist dann folglich gleich (siehe auch Abbildung 5-19, rechts):

$$\varphi_{W,min} = \varphi_{W,max} = \varphi^* \tag{5.45}$$

Aufgrund der Konvexität der Zugehörigkeitsfunktionen und der verwendeten Operationen kann eine mehrdeutige Lösung nur vorliegen, wenn die optimale Entscheidung eine Zugehörigkeit von $\mu_{D\varphi}(\varphi^*) = 1$ aufweist. In diesem Fall liegt der Gedanke nahe, die untere und obere Schranke von $\mu_{D\varphi}(\varphi^*)$ als Grenzwerte zu verwenden. Entsprechend den Gleichungen 2.10 und 2.11 ergibt sich somit (siehe auch Abbildung 5-19, links):

$$\varphi_{W,min} = \varphi_{SoM}\left(\mu_{D\varphi}(\varphi^*)\right) \quad \text{und} \quad \varphi_{W,max} = \varphi_{LoM}\left(\mu_{D\varphi}(\varphi^*)\right) \tag{5.46}$$

Zur rechnergestützten Suche nach $\varphi_{SoM}\left(\mu_{D\varphi}(\varphi^*)\right)$ und $\varphi_{LoM}\left(\mu_{D\varphi}(\varphi^*)\right)$ sind unterschiedliche Vorgehensweisen denkbar. Naheliegend ist zunächst, dass der für die Entscheidungsvariable in Frage kommende Lösungsraum mit einer bestimmten Auflösung diskretisiert wird und eine vollständige Suche im Lösungsraum erfolgt. Für die spätere praktische Realisierung ergibt sich der Nachteil, dass zur Lösung von Gleichung 5.43 der unscharfe Soll-Istwert-Vergleich (Gleichung 2.51) entsprechend oft gelöst werden muss. Ist der Lösungsraum der relativen Feuchte in 0,1%-Intervalle diskretisiert ergeben sich somit bereits 1000 erforderliche Berechnungen. Es scheint daher sinnvoller zu sein, ein alternatives Vorgehen zu entwickeln, um genauere Lösungen bei reduziertem Berechnungsaufwand zu erhalten.

Vor der Suche nach φ_{SoM} und φ_{LoM} ist sicherzustellen, dass die Schnittmenge von $\mu_{\varphi}(\varphi) \wedge \mu_{\Delta\varphi}^{k+1}(\varphi)$ nicht leer ist. Hierzu kann eine einfache Überprüfung herangezogen werden: mindestens eine optimale Entscheidung $\mu_{D\varphi}(\varphi^*) > 0$ ist vorhanden, wenn die Träger beider Fuzzy-Goals eine nicht leere Schnittmenge besitzen. Der Träger von $\mu_{\Delta\varphi}^{k+1}(\varphi)$ ist im Vorfeld bekannt, allerdings nicht der von $\mu_{\varphi}(\varphi)$, da dieser von der Unschärfe des Zustandes abhängig ist. Wie Abschnitt 2.2.3 entnommen werden kann, bewirkt die Berücksichtigung der Unschärfe in den Prozesszuständen eine Expansion des Trägers. Folglich kann anhand des unmodifizierten Fuzzy-Goals $f_{trap}\left(\underline{\varphi_W}, \varphi\right)$ überprüft werden, ob die Menge optimaler Entscheidungen nicht leer ist: wenn die Schnittmenge von

$f_{trap}\left(\underline{\varphi}_W, \varphi\right) \wedge \mu_{\Delta\varphi/\Delta T}(\varphi)$ nicht leer ist, so ist die Schnittmenge von $\mu_\varphi(x) \wedge \mu_{\Delta\varphi/\Delta T}(x)$ ebenfalls nicht leer. Ist dieses Problem jedoch nicht lösbar, so müssen die Fuzzy-Goals entsprechend Abschnitt 2.3.4 aufgeweitet werden. Zur Suche der Menge optimaler Entscheidungen wird zunächst ein iteratives Suchverfahren für lokale Maxima verwendet, um eine optimale Entscheidung φ_0^* zu finden (siehe Abschnitt 2.3.5.3). In der Realisierung wurde hierfür die „fminsearch"-Methode von MATLAB verwendet (siehe [TWO11]). Dieses Vorgehen setzt voraus, dass es sich um eine konvexe Zielfunktion handelt. Dies ist gegeben, da die T-Norm zweier konvexer Zugehörigkeitsfunktionen wiederum eine konvexe Zugehörigkeitsfunktion ergibt, zumindest sofern der Minimumoperator oder das algebraische Produkt zur Realisierung der T-Norm (siehe [MIZ81], [SYA03]) angewandt werden. Ist die Zugehörigkeit von φ_0^* ungleich Eins, werden beide Grenzwerte entsprechend Gleichung 5.45 definiert.

Anderenfalls erfolgt eine Suche nach der oberen und unteren Grenze der Menge optimaler Entscheidungen. Aufgrund der Lages des dynamischen Goals können diese Grenzen nur in einem bestimmten Gebiet der Zugehörigkeitsfunktion vorliegen:

$$\varphi_M^k \oplus (\Delta\varphi/\Delta T)_{W2} \leq \varphi_{SoM}\big(\mu_{D\Phi}(\varphi^*)\big) \leq \varphi_0^* \tag{5.47}$$

$$\varphi_M^k \oplus (\Delta\varphi/\Delta T)_{W3} \geq \varphi_{LoM}\left(\mu_{D\varphi}(\varphi^*)\right) \geq \varphi_0^* \tag{5.48}$$

Da somit der Entscheidungsraum stark eingeschränkt wird, reduziert sich die Anzahl in Frage kommender Entscheidungen signifikant. In Abhängigkeit von der geforderten Auflösung muss ein angemessenes Lösungsverfahren angewandt werden, eine triviale Lösung wäre hierzu die vollständige Suche in den sich ergebenden Gebieten nach den Gleichungen 5.47 und 5.48 bei einem festzulegenden Diskretisierungsintervall. Eine schematische Darstellung des Ablaufs zeigt Abbildung 5-20.

5.2.2 Theoretische und simulative Untersuchungen

Der längerfristige Einfluss der Leitkomponente auf das Raumklima wird simulativ untersucht, wozu die Raumklimasimulation aus Abschnitt 4.1 verwendet wird. Das in WUFI-Plus (siehe Abschnitt 4.1) hinterlegte Außenklimaprofil der Region Kassel wird verwendet und eine konstante Feuchtequelle im Raum integriert, um eine Feuchtelast zu modellieren. Diese Untersuchungen beziehen sich ausschließlich auf Räume, in welchen keine zusätzliche Klimatisierung erfolgt. Die Leitkomponente wird einmal täglich berechnet, wodurch die Grenzwerte für die Lüftungslogik aktualisiert werden. Während eines Lüftungsvorgangs wird eine Luftwechselrate von $\xi_Y = 1\mathrm{h}^{-1}$ angenommen. Es werden folgende Zielvorgaben betrachtet:

- $\underline{\varphi_W} = [30\% \quad 45\% \quad 55\% \quad 70\%]$
- $\underline{\Delta\varphi/\Delta T_W} = [-10\%/d \quad -2\%/d \quad 2\%/d \quad 10\%/d]$

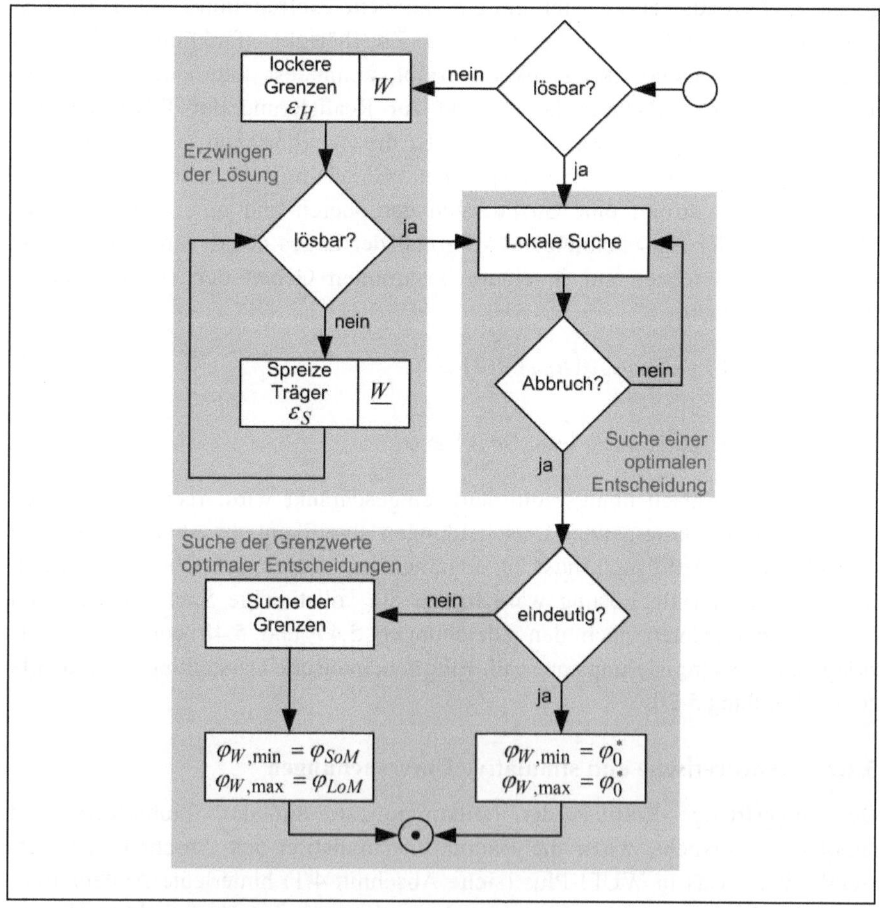

Abbildung 5-20: Ablaufdiagramm zur Ermittlung der optimalen Grenzwerte $\varphi_{W,min}$ und $\varphi_{W,max}$ zur dynamischen Nachführung der Grenzwertvorgaben für die Lüftungslogik.

5.2.2.1 Untersuchungen zum Regelwerk der Basisautomation

Zunächst werden Simulationen bei starrer Grenzwertvorgabe durchgeführt. Hierbei werden jeweils Grenzwerte verwendet, welche sich anhand verschiedener α-Schnitte des stationären Fuzzy-Goals (siehe Abschnitt 2.1.1.1) ergeben, die Szenarien listet Tabelle 5-4 auf. Die dynamischen Fuzzy-Goals können bei der starren Grenzwertvorgabe nicht berücksichtigt werden. Dies führt dazu, dass während einer Lüftung entsprechend Klimaschwankungen mit hohen Gradienten auftreten können. Die Simulationen werden für die in Abschnitt 4.1.4 vorgestellten Raumklimamodelle jeweils mit $(\alpha_\vartheta = 0)$ und ohne $(\alpha_\vartheta = 1)$ Berücksichtigung des Einflusses der Temperatur auf die relative Feuchte durchgeführt (siehe Gleichungen 5.38 und 5.39). Abbildung 5-21 zeigt die sich einstellenden Mittelwerte sowie die mittlere Tagesschwankungsbreite für die relative Feuchte in Abhängigkeit der α-Schnitte nach Tabelle 5-4.

Je höher der α-Schnitt zur Ermittlung der Grenzwerte aus den stationären Fuzzy-Goals gewählt wird, desto besser werden die stationären Anforderungen erfüllt. Gleichzeitig nehmen jedoch die Klimaschwankungen zu. Es ist daher für die jeweilige Anwendung zu entscheiden, ob die Abfuhr der Feuchtlasten oder die Klimastabilität fokussiert werden soll. Der vorgestellte Fuzzy-Ansatz der Leitkomponente zielt vor allem auf eine Regulierung der relativen Feuchte mit beschränkten Gradienten der dabei entstehenden Klimaschwankungen ab, so dass im Folgenden die Temperatur bei der Beurteilung des Lüftungseinflusses berücksichtigt wird $(\alpha_\vartheta = 0)$.

Es ist dabei jedoch anzumerken, dass somit die Anzahl potentieller Lüftungszeitpunkte signifikant reduziert wird. Eine Analyse von Klimadaten aus der St. Bartholomäus Kirche in Dietershausen bei Fulda ergab (außerhalb der Heizperiode), dass durch die Berücksichtigung der Temperaturdifferenz $(\alpha_\vartheta = 0)$ sich lediglich 14,85% aller Zeitpunkte zum Lüften eigenen; wird die Temperaturdifferenz hingegen vernachlässigt $(\alpha_\vartheta = 1)$, sind dies 57,86%. Abbildung 5-22 zeigt einen exemplarischen Ausschnitt der Messung und die potentiellen Lüftungszeitpunkte.

Szenario	**1**	**2**	**3**	**4**	**5**	**6**	**7**
α	Ohne Lüftung	0	0,25	0,5	0,75	1	Fuzzy-Ansatz
$\varphi_{W,min}$		30%	33,75%	37,5%	41,25%	45%	
$\varphi_{W,max}$		70%	66,25%	62,5%	58,75%	55%	

Tabelle 5-4: Grenzwerte für Temperatur und relative Feuchte in Abhängigkeit des α-Schnitts.

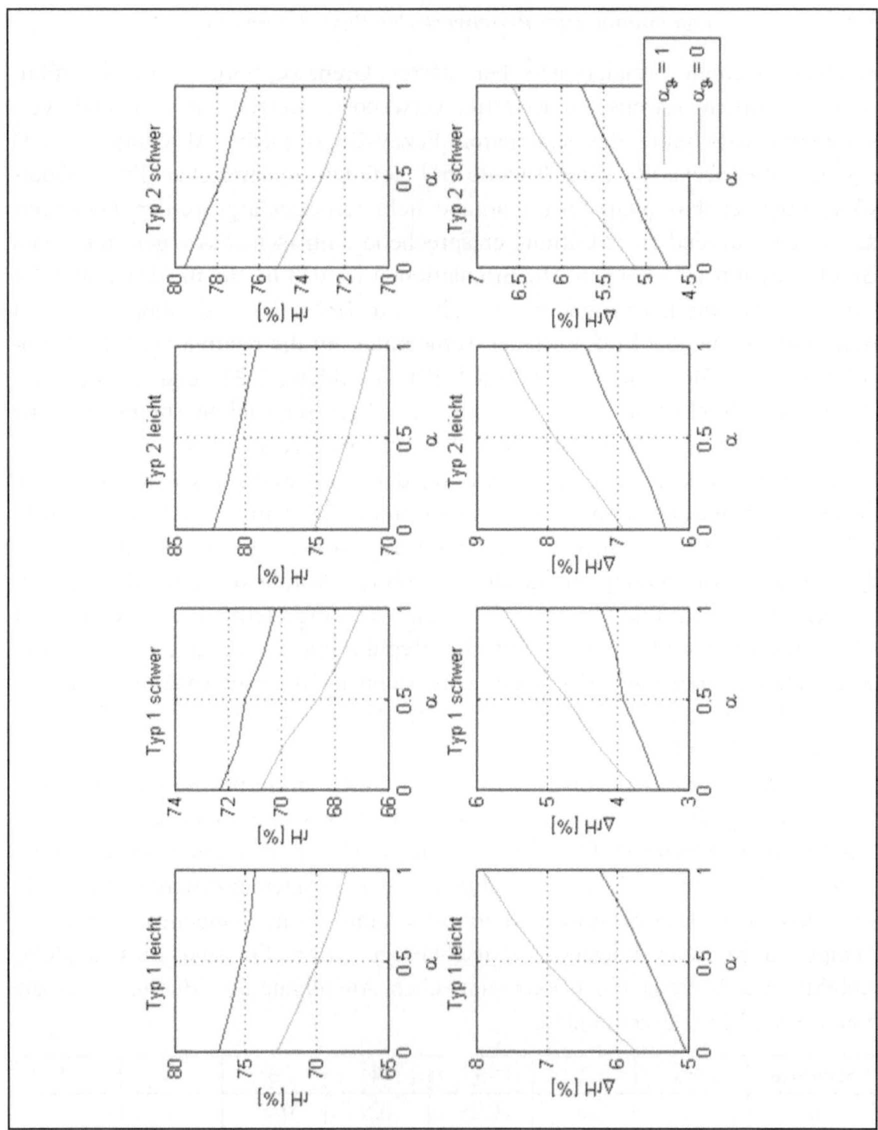

Abbildung 5-21: Mittlere relative Feuchte (oben) und mittlere Tagesschwankungen (unten) im Simulationsszenario in Abhängigkeit der α-Schnitte bei starrer Grenzwertvorgabe für verschiedene Raumklimamodelle ohne ($\alpha_\vartheta = 1$) und mit ($\alpha_\vartheta = 0$) Berücksichtigung der Temperaturdifferenz (Gleichungen 5.38 und 5.39).

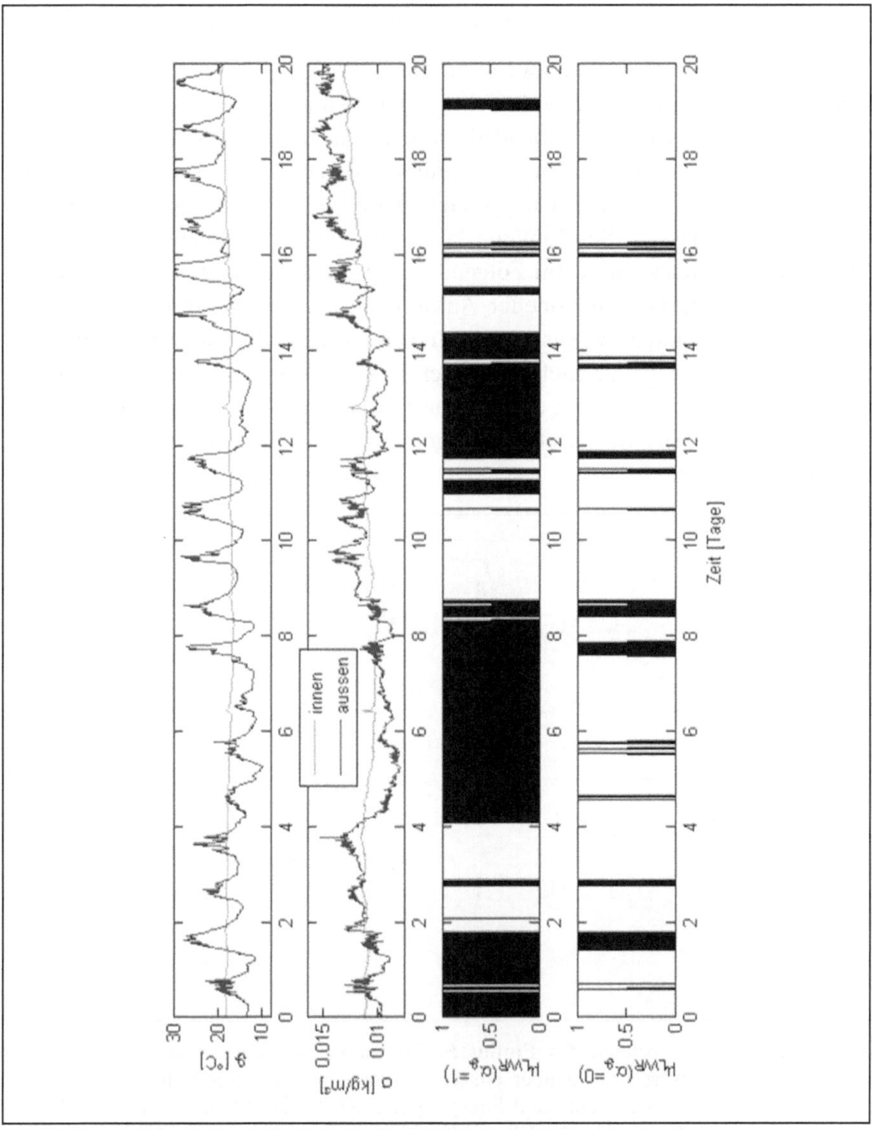

Abbildung 5-22: Messungen und geeignete Lüftungszeitpunkte zur Feuchteregulierung aus der St. Bartholomäus Kirche in Dietershausen bei Fulda (zugehöriger Bericht: [BÄD12]). Von oben nach unten: Temperatur ϑ, absolute Feuchte σ sowie Lüftungszeitpunkte ohne und mit Berücksichtigung der Temperaturdifferenz.

5.2.2.2 Vergleich der starren mit der nachgeführten Grenzwertvorgabe

Bei der Vorgabe starrer Grenzwerte an die Lüftungslogik der Basisautomation können die Folgen bezüglich möglicher Schwankungen nur schwer abgeschätzt werden, da diese von der Gebäudedynamik, den geforderten stationären Zielbereichen, dem Volumenstrom des Lüfters und letztendlich dem Außenklima sowie den inneren Lasten abhängig sind. Beim vorgeschlagenen Konzept wird hingegen die zulässige Schwankungsbreite im Vorfeld definiert und direkt im Algorithmus berücksichtigt. Im Folgenden soll die Lüftungsstrategie bei starrer Grenzwertvorgabe (konventioneller Ansatz) mit der nachgeführten Grenzwertvorgabe (vorgeschlagener Ansatz) verglichen werden. Hierzu werden zunächst Simulationen ohne Berücksichtigung der Unschärfe in den Zuständen durchgeführt. Abbildung 5-23 zeigt anhand einer exemplarischen Simulation, dass die hohen Gradienten der Klimaschwankungen mit Anwendung des Fuzzy-Ansatzes vermieden werden.

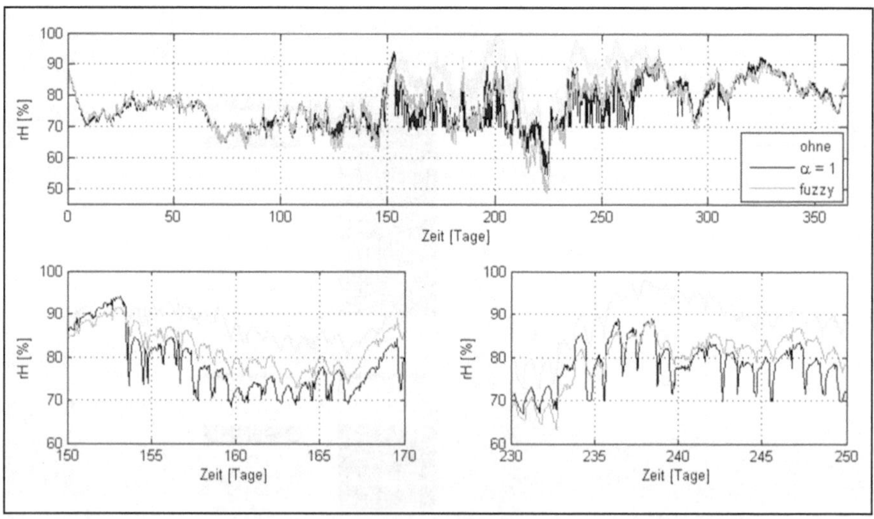

Abbildung 5-23: Vergleich des Einflusses der starren und der nachgeführten Grenzwertvorgabe über ein Jahr (oben) und in vergrößerten Ausschnitten (unten rechts und links). Durch den Fuzzy-Ansatz werden die hohen Gradienten der Klimaschwankungen vermieden.

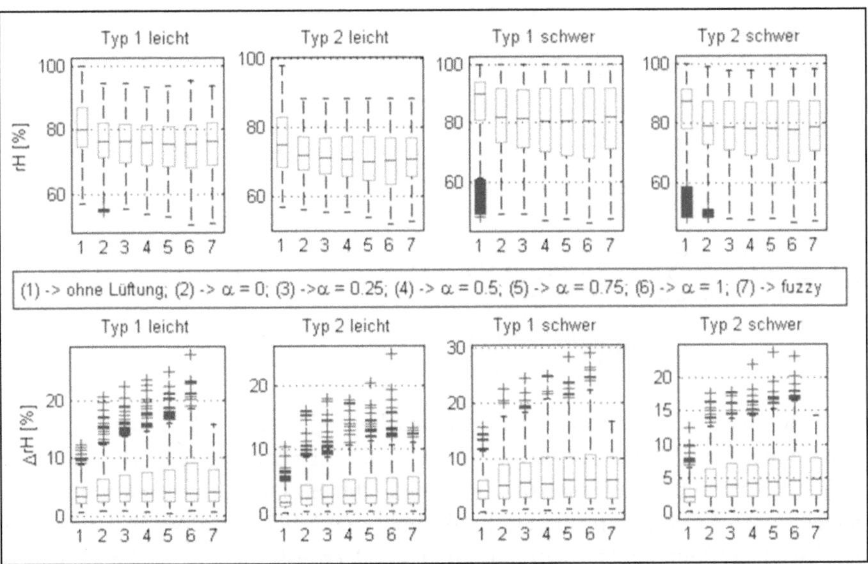

Abbildung 5-24: Verteilung der relativen Feuchte (jeweils oben) und der Tagesschwankungen (jeweils unten) im betrachteten Simulationsszenario für vier verschiedene Raumklimamodelle nach Abschnitt 4.1.4. Die jeweiligen Simulationsszenarien sind entsprechend Tabelle 5-4 nummeriert.

Abbildung 5-24 zeigt die für die vier betrachteten Raumklimamodelle (Abschnitt 4.1.4) sich ergebenden Verteilungen der relativen Feuchte sowie deren Schwankungen in Form von Box-Plots. Es ist zu erkennen, dass der Fuzzy-Ansatz die Forderungen des dynamischen Fuzzy-Goals deutlich besser erfüllt als bei starrer Grenzwertvorgabe. Allerdings kann die Feuchtelast nicht so deutlich wie bei Grenzwertvorgabe hoher α-Schnitte reduziert werden. Der Fuzzy-Ansatz kann daher als ein Werkzeug angesehen werden, welches den Kompromiss aus stationären und dynamischen Anforderungen automatisch berechnet und die Grenzwerte ständig aktualisiert.

5.2.2.3 Abhängigkeit des Optimierungspotenzials von der Gebäudedynamik

Um das Optimierungspotenzial durch die gesteuerte Lüftung in Abhängigkeit von der Gebäudedynamik zu untersuchen, werden die Parameter eines Raumklimamodells (Typ 1 leicht, siehe Abschnitt 4.1.4) variiert und jeweils Simulationen ohne und mit (optimierter) Lüftung durchgeführt. Zum Vergleich der Ergebnisse werden jeweils die mittleren Bewertungen des stationären Fuzzy-

Goals $\overline{\mu}_{\varphi}$ aus n stündlichen Simulationsdaten sowie die Bewertung der mittleren Tagesschankungsbreite $\overline{\mu}_{\Delta\varphi}$ berechnet:

$$\overline{\mu}_{\varphi} = \frac{1}{n}\sum_{i=1}^{n} \zeta\left(\underline{\varphi_W}, \varphi^{k+i}\right) \quad 5.49$$

$$\overline{\mu}_{\Delta\varphi} = \frac{1}{n-24h}\sum_{k=1}^{n-24} \zeta\left(\underline{\Delta\varphi/\Delta T}_{W}, \max\{\varphi^{k\to k+24\mathrm{h}}\} - \min\{\varphi^{k\to k+24\mathrm{h}}\}\right) \quad 5.50$$

Die Variation der natürlichen Luftwechselrate ξ_G zeigt, dass bereits deren Anpassung die Klimasituation verbessern kann (Abbildung 5-25). Besonders in dichten Räumen besteht Potenzial zur zielgerichteten Lastabfuhr (mit Steigerung der täglichen Schwankungsbreiten). Bei hoher natürlicher Luftwechselrate trägt die Zwangslüftung nicht mehr merklich zur Verbesserung der Klimasituation bei. Da in Räumen mit ausgeprägter Nutzung durch Personen bzw. weiteren Feuchtequellen zusätzliche Feuchtelasten abzutransportieren sind, wird dort ein deutlich höheres Optimierungspotenzial erwartet.

Der Verstärkungsfaktor K_{sorp} des vereinfachten Feuchtepuffermodells kann als die Feuchtespeicherkapazität des Raumes interpretiert werden (siehe Abschnitt 3.3.3.2). Abbildung 5-26 zeigt, dass die Erhöhung dieser Kapazität zu einer schlechteren Erfüllung stationärer Anforderungen jedoch auch zur Stabilisierung des Raumklimas führt. Das Lüftungspotenzial nimmt bei steigender Kapazität zu, insbesondere werden dann die durch die lüftungsbedingten Klimaschwankungen gedämpft, so dass die Forderung nach Klimastabilität bereits durch passive Maßnahmen (z. B. durch Einbringen von Speichermassen) erfüllt wird. Ab einer gewissen Grenze spielen Feuchteschwankungen nur noch eine untergeordnete Rolle, so dass die Leitkomponente überflüssig wird.

Bei der Erhöhung feuchtepuffernder Anteile im Raum ist allerdings zu beachten, dass diese mit einer gewissen Mindestgeschwindigkeit das Gleichgewicht zwischen Umgebungsluft und Material herstellen müssen. Reagieren die Materialien zu träge, so werden Klimaschwankungen mit hohem Gradienten nur langsam kompensiert und das Optimierungspotenzial durch die Zwangslüftung sinkt (Abbildung 5-27). Eine Erhöhung der Zeitkonstante τ_{sorp} der Feuchtepufferung (siehe Abschnitt 3.3.3.2) führt somit zu einer Reduktion des Optimierungspotenzials durch die gesteuerte Lüftung.

Es ist anzumerken, dass diese simulativen Untersuchungen lediglich für Räume repräsentativ sind, welche dem hier verwendeten Modell und dem betrachteten Simulationsszenario (innere Quellen und Außenklima) ähneln. Das tatsächliche Potenzial der gesteuerten Lüftung hängt neben zahlreichen Eigenschaften der Gebäudedynamik auch von den angestrebten Fuzzy-Goals ab und sollte daher jeweils durch einen Experten geprüft und abgeschätzt werden. Insbesondere besteht hier Forschungsbedarf von Seiten der entsprechenden Fachgebiete (z. B. Bauphysik und Bauklimatik).

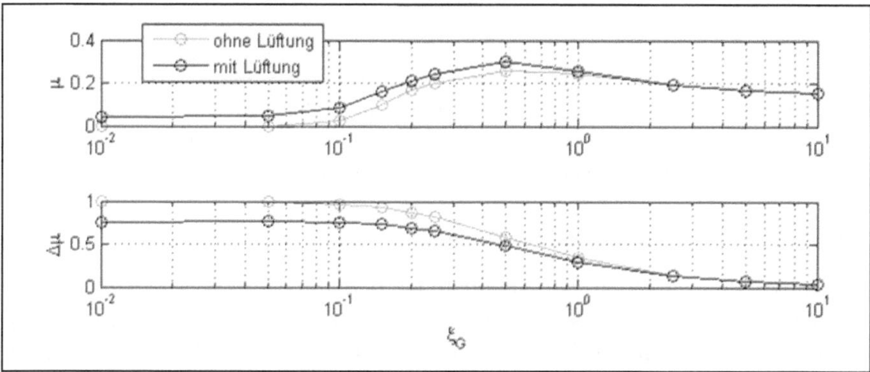

Abbildung 5-25: Bewertung des Raumklimas in Abhängigkeit von der natürlichen Luftwechselrate ξ_G anhand der mittleren Erfüllung des stationären Fuzzy-Goals $\overline{\mu}_{\varphi}$ und des dynamischen Fuzzy-Goals $\overline{\mu}_{\Delta\varphi}$.

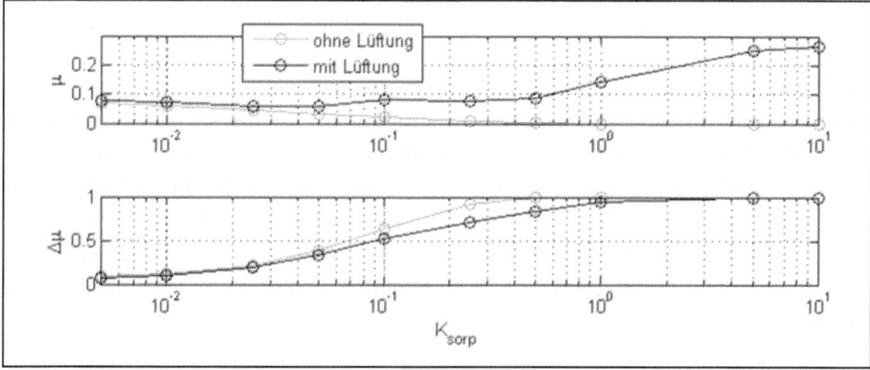

Abbildung 5-26: Bewertung des Raumklimas in Abhängigkeit des Feuchtepufferparameters K_{sorp} anhand der mittleren Erfüllung des stationären Fuzzy-Goals $\overline{\mu}_{\varphi}$ und des dynamischen Fuzzy-Goals $\overline{\mu}_{\Delta\varphi}$.

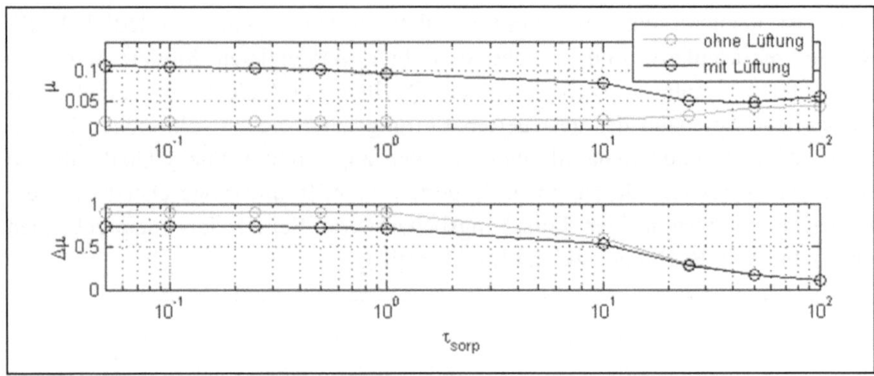

Abbildung 5-27: Bewertung des Raumklimas in Abhängigkeit des Feuchtepufferparameters τ_{sorp} anhand der mittleren Erfüllung des stationären Fuzzy-Goals $\overline{\mu}_{\varphi}$ und des dynamischen Fuzzy-Goals $\overline{\mu}_{\Delta\varphi}$.

5.2.2.4 Berücksichtigung der Unschärfe

In den vorangegangenen Simulationen wurden die Unschärfen der Zustände vernachlässigt, um den Vergleich mit konventionellen Vorgehensweisen (ohne Grenzwertnachführung) zu ermöglichen. Im Rahmen der simulativen Untersuchungen soll abschließend der Einfluss der Unschärfe in den Zuständen veranschaulicht werden. Hierzu wurde das Simulationsszenario mit und ohne Berücksichtigung der Unschärfe durchgeführt. Als Unschärfe wurde folgendes Fuzzy-Intervall betrachtet:

$$\underline{\Delta\varphi_X} = [-4\% \quad -2\% \quad 2\% \quad 4\%]^T \qquad 5.51$$

Die einzelnen Klimazustände unterscheiden sich aufgrund der gewählten Skalierung scheinbar nur geringfügig (Abbildung 5-28 links). Es ist jedoch zu erkennen, dass die Abweichung mit und ohne Berücksichtigung der Unschärfe nicht konstant ist: dies zeigt sowohl der zeitliche Verlauf (Abbildung 5-28 Mitte) als auch die statistische Verteilung der Abweichungen (Abbildung 5-28 rechts). Die sich ergebenden optimalen Verläufe sind folglich von der Unschärfe des Zustandes abhängig, so dass diese berücksichtigt werden sollte, sofern sie signifikant ist.

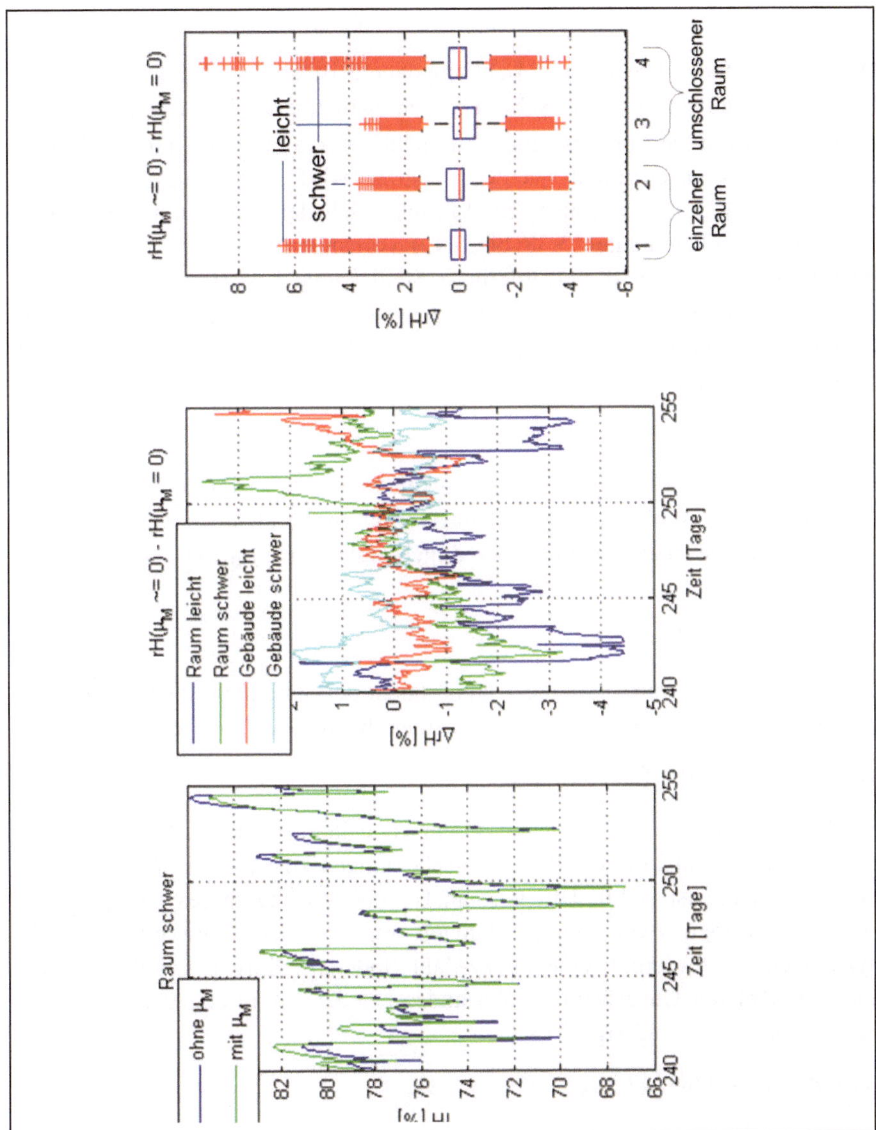

Abbildung 5-28: Einfluss der Berücksichtigung der Unschärfe in den Prozesszuständen: Vergleich des Klimaverlaufs mit und ohne Berücksichtigung der Unschärfe (links) sowie Zeitvarianz (Mitte) und statistische Verteilung der Abweichungen (rechts) für die vier betrachteten Parametrierungen des Raumklimamodells.

5.2.2.5 Überlegungen zum dynamischen Verhalten der Leitkomponente

Das dynamische Verhalten der Leitkomponente ist aufgrund des unbekannten Funktionsverlaufs von $\mu_\varphi(\varphi)$ schwer in verallgemeinerter Form zu analysieren. Allerdings kann der grundsätzliche Regelungsvorgang durch ein Gedankenexperiment veranschaulicht werden. Hierzu wird Abbildung 5-19 rechts betrachtet: sofern das Potenzial zur Lüftung nach den aufgestellten Lüftungsbedingungen (Gleichungen 5.38 bis 5.40) vorhanden ist und die unterlagerte Basisautomation somit die erforderliche Stellleistung besitzt, kann davon ausgegangen werden, dass der künftige Messwert φ_M^{k+i+1} aus dem Prozess näher am Kern des stationären Fuzzy-Goals liegt als der aktuelle φ_M^{k+1}. Im Szenario nach Abbildung 5-19 rechts gilt daher:

$$\varphi_M^{k+i+1} > \varphi_M^{k+i} \quad 5.52$$

Aufgrund der Konvexität der Zugehörigkeitsfunktionen ist weiterhin der optimale Grenzwert im nächsten Berechnungsschritt größer als im aktuellen, solange die optimale Entscheidung mit einer Zugehörigkeit mit $\mu_{D\varphi}(\varphi^*) < 1$ bewertet wird:

$$\varphi^{*k+i+2} > \varphi^{*k+i+1} \quad 5.53$$

Hieraus folgt wiederum, dass die Zugehörigkeit der optimalen Entscheidung von einem zum nächsten Berechnungsschritt steigt, bis $\mu_{D\Phi}(\varphi^*) = 1$ erreicht ist.

$$\mu_{D\varphi}(\varphi^{*k+i+2}) > \mu_{D\varphi}(\varphi^{*k+i+1}) \quad 5.54$$

Folglich nähern sich die optimalen Grenzwerte iterativ an den Kern des stationären Fuzzy-Goals, die optimalen Entscheidungen konvergieren daher und die Leitkomponente ist stabil. Um eine analytische Lösung dieses Übergangs zu ermitteln, werden zwei Vereinfachungen angenommen. Zum einen sei die dynamische Anforderung eine Fuzzy-Zahl (mit dem Kern bei null) und zum anderen wird die Unschärfe des Zustandes bei der Ermittlung des stationären Fuzzy-Goals vernachlässigt:

$$(\Delta\varphi/\Delta T)_{W2} = (\Delta\varphi/\Delta T)_{W3} = 0 \quad 5.55$$

$$\mu_\varphi(\varphi) = \zeta\left(\underline{\varphi}_W, \varphi\right) \quad 5.56$$

Steht das Lüftungspotenzial und die erforderliche Stellleistung zur Verfügung, so entspricht der Messwert des nächsten Abtastschrittes φ_M^{k+i+1} dem optimalen Grenzwert der aktuellen Berechnung φ^{*k+i}:

$$\varphi_M^{k+i+1} = \varphi^{*k+i} \tag{5.57}$$

Die optimale Entscheidung kann aufgrund obiger Vereinfachungen (Gleichungen 5.55 und 5.56) über den Schnittpunkt zweier Geraden berechnet werden. Liegt das dynamische Fuzzy-Goal $\mu_{\Delta\varphi}(\varphi)$ rechtsseitig zum stationären Fuzzy-Goal $\mu_\varphi(\varphi)$, folgt:

$$\frac{\varphi_{W4} - \varphi_M^{k+i+1}}{\varphi_{W4} - \varphi_{W3}} = \frac{\varphi_M^{k+i} - (\Delta\varphi/\Delta T)_{W4} - \varphi_M^{k+i+1}}{-(\Delta\varphi/\Delta T)_{W4}} \tag{5.58}$$

Mit wenigen mathematischen Operationen ergibt sich folgender Zusammenhang:

$$\varphi_M^{k+i+1} = \frac{\varphi_M^{k+i} + \varphi_{W3} \cdot \beta}{1 + \beta} \quad \text{mit} \quad \beta = \frac{(\Delta\varphi/\Delta T)_{W4}}{\varphi_{W4} - \varphi_{W3}} \tag{5.59}$$

Durch Anwendung der z-Transformation (siehe z. B. [LUT10]) kann folgende Führungsübertragungsfunktion hergeleitet werden:

$$\begin{aligned} F_W(z) = \frac{\varphi_M(z)}{\varphi_{W3}} &= \frac{\beta}{z \cdot (1 + \beta) - 1} = \frac{\frac{\beta}{(1+\beta)}}{z - \frac{1}{(1+\beta)}} \\ &= \frac{1 - \frac{1}{(1+\beta)}}{z - \frac{1}{(1+\beta)}} \end{aligned} \tag{5.60}$$

Dies entspricht letztendlich einem Verzögerungsglied erster Ordnung mit der Zeitkonstanten τ_W (siehe Korrespondenztafel in [LUT10]):

$$\begin{aligned} F_W(s) = \frac{\varphi_M(s)}{\varphi_{W3}} = \frac{1}{1 + \tau_W \cdot s} \quad \text{mit} \quad \tau_W &= \frac{-\Delta T}{\ln \frac{1}{1+\beta}} \\ &= \frac{-\Delta T}{\ln \frac{1}{1 + \frac{(\Delta\varphi/\Delta T)_{W4}}{\varphi_{W4} - \varphi_{W3}}}} \end{aligned} \tag{5.61}$$

5.2.3 Praktische Realisierung und experimenteller Betrieb

Das vorgeschlagene Verfahren wurde prototypisch realisiert und in Räumen mit unterschiedlichen bauphysikalischen Gegebenheiten installiert. Es wurde jeweils die Ungenauigkeit der verwendeten Sensoren als Zustandsunschärfe berücksichtigt. Für den experimentellen Betrieb wurden jeweils die Fensterflügel ausgehängt und durch Holzplatten ersetzt, in welche die Lüfter eingebaut wurden. Während der Versuchsphasen sollte die Funktionsweise des Systems nachgewiesen und geprüft werden, ob die relative Feuchte durch die optimierte Lüftung reduziert werden kann. Bei den einzelnen Räumen handelt es sich um ein Japanisches Teehaus (Hessische Hausstiftung, Abbildung 5-30), ein Kellermagazin (Hochschul- und Landesbibliothek Fulda, Abbildung 5-31) und die Evangelische Kirche Jestädt (Kirchenkreis Eschwege, Abbildung 5-32).

5.2.3.1 Technischer Aufbau

Für die Anwendung in verschiedenen Räumen bestand neben der Anforderung einer zuverlässigen Basisautomation insbesondere die längerfristige Archivierung der gesammelten Daten, so dass diese für Forschungszwecke analysiert werden konnten. Es lag daher (wie in Abschnitt 5.1) der Gedanke einer webbasierten Lösung mit Server-Client-Struktur nahe, um serverseitige Überwachungsfunktionen, eine zentrale Datenarchivierung und ein Monitoring der Klimadaten im Internet zu ermöglichen. Die Basisautomation wurde jeweils mittels einfacher SPS-Systeme (Clients) realisiert. Abbildung 5-29 zeigt eine exemplarische Realisierung. Insbesondere ist hier die Kommunikation über das Mobilfunknetz zu erwähnen, da in etlichen der betrachteten Gebäude kein Internetanschluss via DSL oder ähnliches bereitgestellt werden kann.

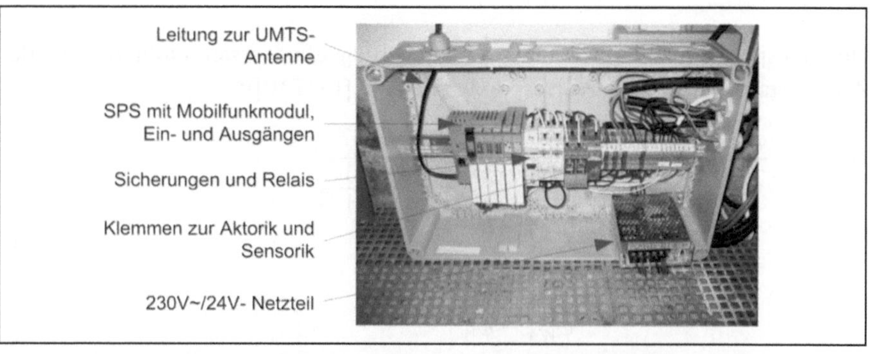

Abbildung 5-29: Basisautomation realisiert als Client auf einer SPS mit Funkmodul.

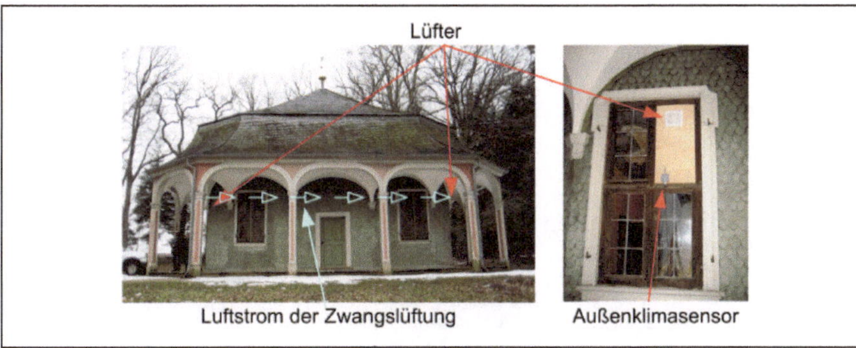

Abbildung 5-30: Exemplarische Realisierung des Lüftungssystems in dem Japanischen Teehaus.

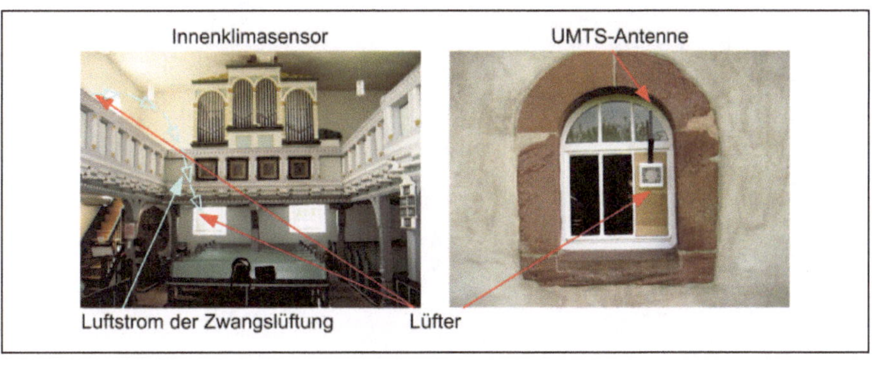

Abbildung 5-31: Exemplarische Realisierung des Lüftungssystems in einer Kirche.

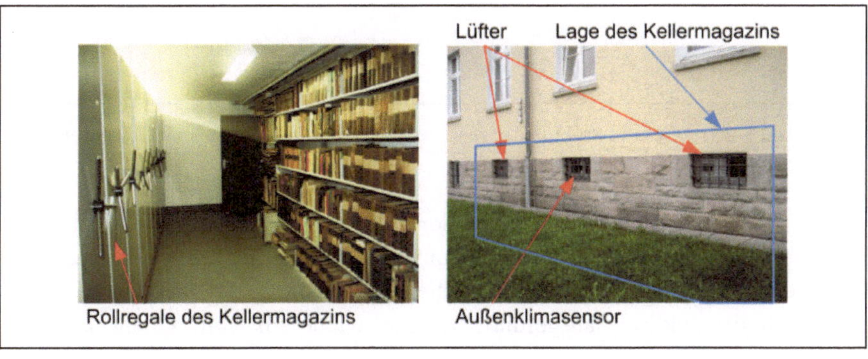

Abbildung 5-32: Exemplarische Realisierung des Lüftungssystems in einem Kellermagazin.

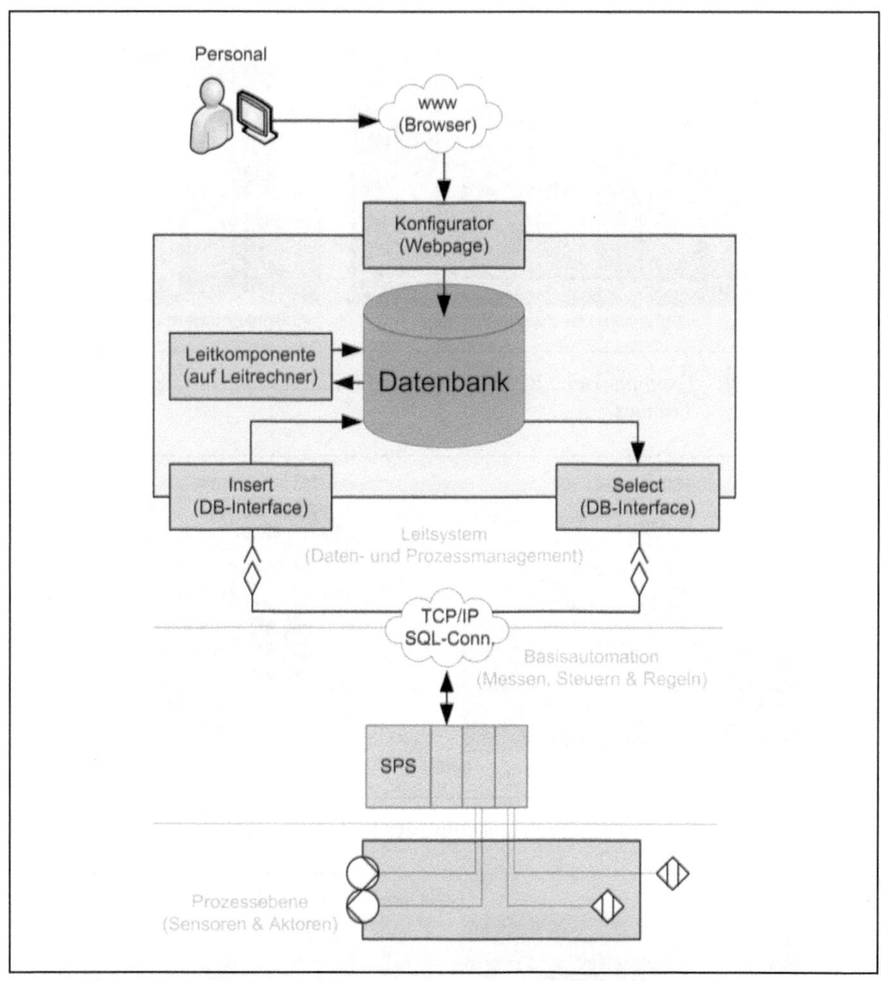

Abbildung 5-33: Gesamtstruktur der realisierten Lüftungsstrategie mit Grenzwertnachführung.

Der Client verbindet sich mit dem Server über eine TCP/IP-Verbindung, um Messwerte und Zustände der Basisautomation auf der zentralen Datenbank zu archivieren. Auf dem Leitrechner wird die Aktualisierung der Grenzwerte für die Lüftungslogik zyklisch ausgeführt, welche wiederum vom Client abgeholt werden.

Durch die Server-Client-Struktur ergibt sich zudem der Vorteil, dass die Leitkomponente nicht nach den üblichen Standards zur Programmierung speicherprogrammierbarer Steuerungen (vgl. [DIN61131-3]) entwickelt werden musste. Diese konnte mit deutlich mächtigeren Entwicklungstools auf dem Leitrechner realisiert werden, wodurch der Engineering-Aufwand zur Durchführung der Experimente deutlich reduziert wurde. Die Verbindung zum Server kann auf unterschiedlichen Wegen erfolgen. Die zugehörigen Fuzzy-Goals können vom Anwender über eine Homepage entsprechend konfiguriert werden. Abbildung 5-33 zeigt eine schematische Übersicht der prototypischen Realisierung.

5.2.3.2 Anwendungsbeispiel: Japanisches Teehaus

Das japanische Teehaus (Abbildung 5-30) ist von Mitte September bis Mitte April für Besucher unzugänglich. Fenster und Türen werden verschlossen sowie Fensterläden angebracht. Messungen bestätigten, dass dieses „Einpacken" offensichtlich zu einer verringerten Luftwechselrate führt, wodurch Feuchtelasten nicht abtransportiert werden können. Folglich steigt die relative Feuchte mit dem Abfallen der Außentemperatur. Eine Aktualisierung der Grenzwerte erfolgte in einem sechsstündigen Intervall. Die Fuzzy-Goals wurden wie folgt definiert:

- $\underline{\varphi_W} = [30\% \quad 45\% \quad 60\% \quad 75\%]$
- $\underline{\Delta\varphi/\Delta T_W} = [10\%/\mathrm{d} \quad -0\%/\mathrm{d} \quad 0\%/\mathrm{d} \quad 10\%/\mathrm{d}]$

Abbildung 5-34 zeigt Aufzeichnungen des experimentellen Betriebes von Ende Februar bis Anfang April 2012. Es ist zu erkennen, dass die Klimaschwankungen mit der Aktivierung der Lüftung zunehmen, die Restriktionen jedoch eingehalten und die relative Feuchte gesenkt wird, um das stationäre Ziel zu erreichen. Es ist jedoch anzumerken, dass die Außentemperatur gestiegen ist, was letztendlich die Trocknung des Raumes zusätzlich gefördert hat.

Um die Funktionsweise der Lüfterregelung nochmals zu verdeutlichen, zeigt Abbildung 5-35 einen vergrößerten Ausschnitt mit den nachgeführten Grenzwerten. Der Zielbereich der relativen Feuchte konnte allerdings nicht dauerhaft eingehalten werden. Obwohl die absolute Feuchte der Außenluft stets geringer war als die der Raumluft wurde relativ wenig gelüftet, da die Außentemperatur in etlichen Zeitpunkten unter der Raumtemperatur lag und somit entsprechend der Logik (Abschnitt 5.2.1.1) nicht gelüftet werden konnte. Da das Raumklima außerhalb des idealen Zielbereichs lag, resultierten für den oberen und den unteren Grenzwert der relativen Feuchte in der Leitkomponente gleiche Werte (siehe Abschnitt 5.2.1.2). Bei den in Abbildung 5-35 dargestellten Grenzwerten handelt es sich um die Grenzwerte der Lüftungslogik in der Basisautomation zur Berücksichtigung von Sensorungenauigkeiten (siehe Abschnitt 5.2.1.1).

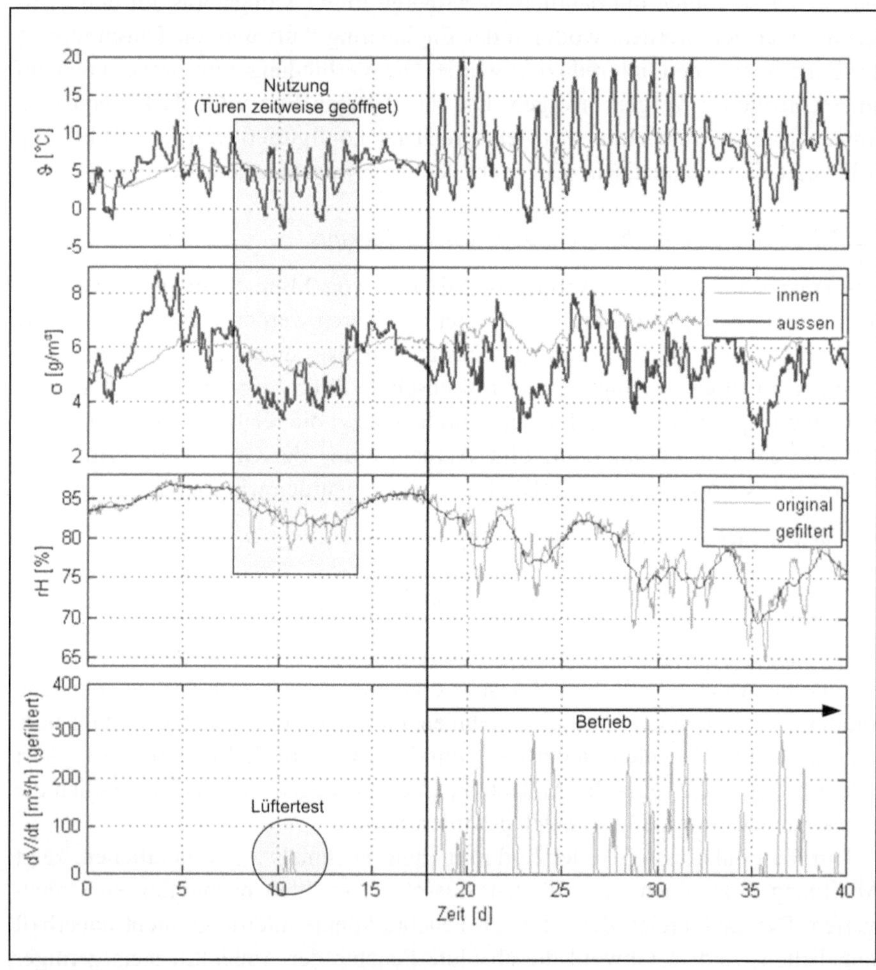

Abbildung 5-34: Klimadatenaufzeichnung aus der Versuchsphase im japanischen Teehaus. Von oben nach unten: Temperatur ϑ, absolute σ und relative Feuchte φ sowie Volumenstrom der Lüftung dV/dt.

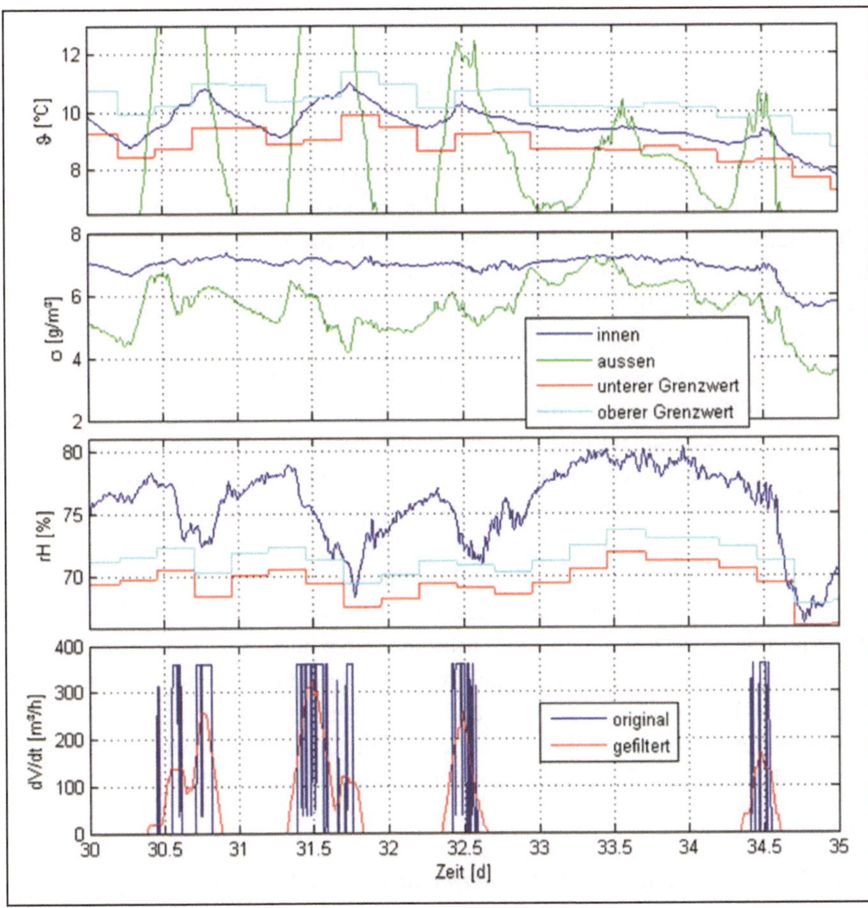

Abbildung 5-35: Vergrößerter Ausschnitt der Klimadatenaufzeichnung von Abbildung 5-34. Von oben nach unten: Temperatur ϑ, absolute σ und relative Feuchte φ sowie Volumenstrom der Lüftung dV/dt.

5.2.3.3 Anwendungsbeispiel: Evangelische Kirche Jestädt

Für die prototypische Realisierung in der evangelischen Kirche Jestädt (Kirchenkreis Eschwege) wurden folgende Fuzzy-Goals definiert und die Leitkomponente alle sechs Stunden ausgeführt:

- $\underline{\varphi_W} = [30\% \quad 40\% \quad 50\% \quad 70\%]$
- $\underline{\Delta\varphi/\Delta T_W} = [-10\%/\mathrm{d} \quad -2{,}5\%/\mathrm{d} \quad 2{,}5\%/\mathrm{d} \quad 10\%/\mathrm{d}]$

Abbildung 5-31 zeigt die Installationen der Lüfter. Diese wurden so eingebaut, dass die Luft in vertikaler und horizontaler Richtung bewegt wird. Der Sensor wurde in der Nähe des entstehenden Lüftungskanals installiert. Der experimentelle Betrieb zeigt, dass das entwickelte Konzept prinzipiell funktioniert (Abbildung 5-36). Allerdings zeigen die Messergebnisse auch, dass die Gebäudedynamik offensichtlich einen stärkeren Einfluss auf das Innenraumklima hat als die Zwangslüftung.

In der ersten Phase des Experimentes (zwischen Tag 2 und 8) wurde die relative Luftfeuchte durch die geringe absolute Außenluftfeuchte abgesenkt, gleichzeitig sinkt die mittlere Außen- und Raumlufttemperatur. Da in diesem Zeitraum entweder die Außenfeuchte zu hoch oder die Außentemperatur zu gering war, konnte entsprechend der Logik in der Basisautomation keine Lüftung erfolgen. Im der zweiten Phase des Experimentes (zwischen Tag 13 und 21) konnte die Absenkung der relativen Raumluftfeuchte durch die Lüftung unterstützt werden. Es ist anzumerken, dass dieser Prozess durch das extrem trockene Außenklima sowie der hohen Raumlufttemperatur begünstigt wurde. Zudem ist ersichtlich, dass die Absenkung der relativen Feuchte gegenüber dem ersten Zeitraum schneller erfolgte, was auf die Lüftungsmaßnahme zurückgeführt werden kann. Es ist ersichtlich, dass die Lüftungsmaßnahme zwar unterstützend wirkte, der von der Gebäudedynamik gegebene Zusammenhang zum Außenklima jedoch dominierte.

5.2.3.4 Anwendungsbeispiel: Kellermagazin einer Bibliothek

Weitere Experimente wurden in einem Kellermagazin (Abbildung 5-32) durchgeführt, hierzu wurden die gleichen Parameter und Fuzzy-Goals an der Leitkomponente eingestellt, wie im vorherigen Abschnitt. Das Magazin stellt einen enormen Feuchtespeicher dar, insbesondere da Rollregale vorhanden sind, wodurch im Raum deutlich mehr Bücher als beim Einsatz konventioneller Regalsysteme untergebracht werden können.

Dieser Raum ist ein Anwendungsbeispiel mit geringer Luftwechselrate und hoher Feuchtepufferwirkung. Die Ergebnisse des experimentellen Betriebs und der Nachweis der Funktionalität zeigt Abbildung 5-37. Der Verlauf von Temperatur und Feuchte veränderte sich ohne Lüftungseingriffe (bis ca. Tag 45) nur sehr träge. Mit Beginn der Lüftungseingriffe wurde das Raumklima merklich beeinflusst, insbesondere entstanden Klimaschwankungen, deren Gradienten jedoch durch die Grenzwertvorgabe beschränkt wurden. Die Lüftung beeinflusste den Feuchtehaushalt deutlich mehr als den Temperaturhaushalt, wobei die Sorptionsprozesse nach der Lüftung für einen Ausgleich sorgten und daher die Lüftungsmaßnahme nur als ein längerfristiger Prozess angesehen werden kann. Wie in den simulativen Untersuchungen bereits gezeigt, kann die maschinelle Lüftung in derartigen Räumen (geringe Luftwechselrate und hohes Feuchtepufferverhalten) zur Verbesserung des Raumklimas beitragen.

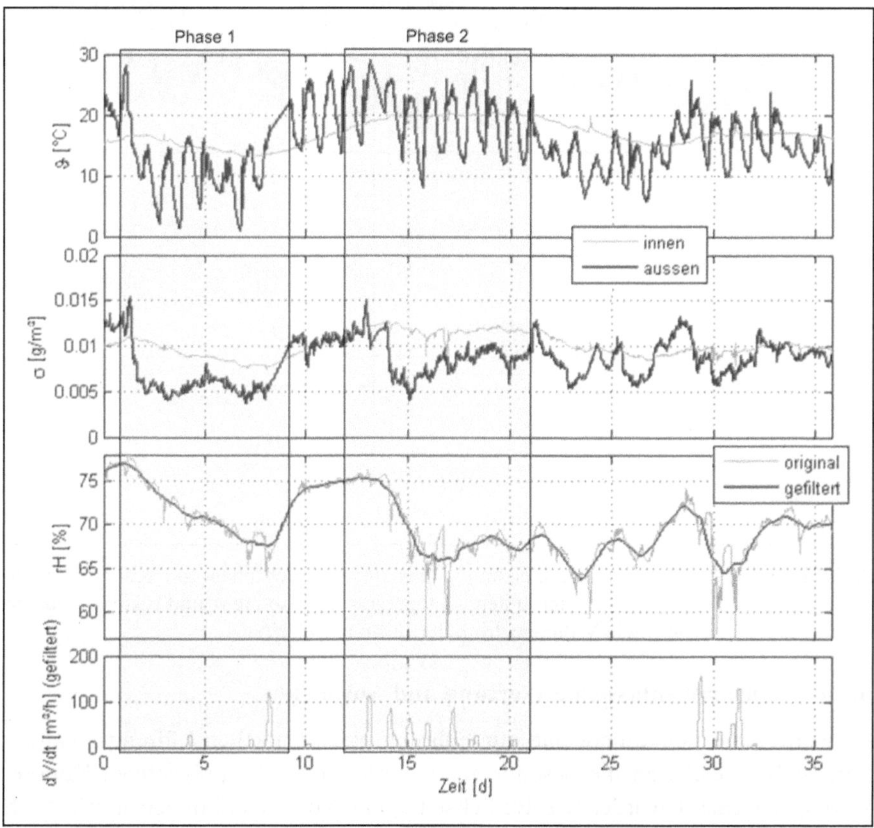

Abbildung 5-36: Klimadatenaufzeichnung aus der Versuchsphase in der Kirche. Von oben nach unten: Temperatur ϑ, absolute σ und relative Feuchte φ sowie Volumenstrom der Lüftung dV/dt.

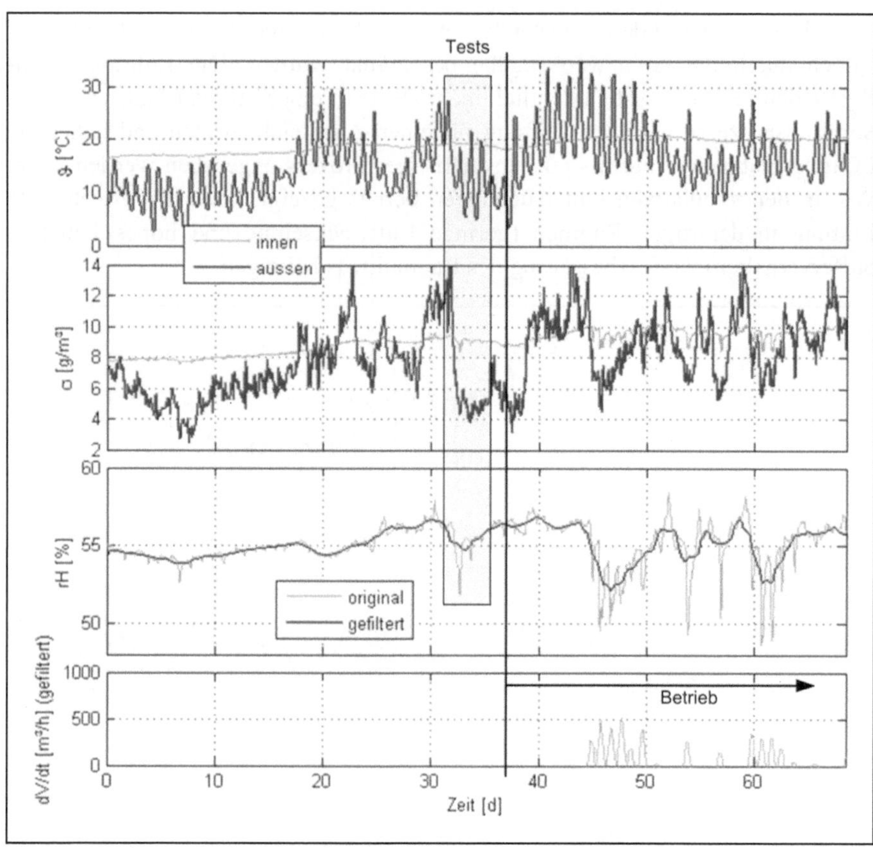

Abbildung 5-37: Klimadatenaufzeichnung aus der Versuchsphase im Kellermagazin. Von oben nach unten: Temperatur ϑ, absolute σ und relative Feuchte φ sowie Volumenstrom der Lüftung dV/dt.

5.2.4 Zusammenfassende Wertung und Ausblick

Es wurde eine Leitkomponente zur Führung einer einfachen Lüftungsregelung vorgestellt, welche an die besonderen Anforderungen der präventiven Konservierung angepasst wurde. Die Berücksichtigung von Restriktionen hinsichtlich der Gradienten von Schwankungen erfolgte durch eine dynamische Grenzwertnachführung für die Lüftungslogik der Basisautomation. Zur Ermittlung der Grenzwerte wurde eine Methode vorgeschlagen, mit welcher die Unschärfe der Klimagrößen bei den stationären Klimazielen berücksichtigt wird. Weiterhin wurde die dynamische Anforderung in Abhängigkeit der aktuellen Prozessgrößen in ein quasi-stationäres Fuzzy-Goal transformiert, so dass eine Rückkopplung entsteht und die Grenzwertvorgaben aus der multikriteriellen Entscheidungsfindung abgeleitet werden können. Zur Lösung des Problems wurde ein angepasstes Suchverfahren vorgeschlagen, welches die untere und obere Grenze der Menge optimaler Entscheidungen ermittelt. Dieses Verfahren ermöglicht zudem das Erzwingen einer Lösung durch das Aufweiten der Fuzzy-Goals.

Zum Vergleich der Simulationsszenarien wurde eine Bewertungsmethode eingeführt, mit welcher konventionelle Methoden mit denen der nachgeführten Grenzwertvorgaben verglichen wurden. Es konnte gezeigt werden, dass die vorgeschlagene Nachführung der Grenzwerte für die Basisautomation eine Verbesserung der multikriteriell zu bewertenden Klimasituation hervorbringen kann. Der Einfluss der Gebäudedynamik auf die Klimasituation sowie das Verbesserungspotenzial der gesteuerten Lüftung wurde an einem Beispiel mit Variation der Modellparameter untersucht. Es konnte gezeigt werden, dass das Lüftungspotenzial insbesondere von der Dichtheit und dem Feuchtepufferverhalten des Raumes abhängig ist. Die hier angestellten Untersuchungen beziehen sich auf Räume ohne weitere Klimatisierung und stellen somit ein spezielles Szenario dar. Um die Ergebnisse auf klimatisierte und deutlich öfter genutzte Räume zu übertragen, müssen neue Bewertungskriterien eingeführt werden, da dann andere Zielstellungen zu berücksichtigen sind, wie etwa die Minimierung von Lüftungswärmeverlusten. Interessante Aspekte in Folgearbeiten könnte die Ermittlung der optimalen Grundluftwechselrate in Kombination mit der Zwangslüftung sowie die Erweiterung der Lüftungslogik hinsichtlich der Temperaturdifferenzen sein, um die Anzahl potentieller Lüftungszeitpunkte zu erhöhen.

Zur praktischen Realisierung im experimentellen Betrieb wurde für die Basisautomation eine SPS (Client) angewandt und die Leitkomponente auf einem Server entwickelt. Für die Anwendung in kommerziellen Produkten ist eine Reduktion der Kosten zu erwarten, sofern die Basisautomation und die Leitkomponente auf einem Zielsystem entwickelt werden (beispielsweise auf einer SPS, einem IPC oder einem Mikrocontroller).

5.3 Prädiktive Sollwertplanung für Heizungsregelkreise

Wie in Abschnitt 1.1.2 erwähnt, können Klimaschäden an Kulturgütern auch durch Änderungen der Raumlufttemperatur resultieren, da in kurzer Zeit hohe Wärme- und Wasserdampfmengen zwischen Material und Umgebung ausgetauscht werden müssen. Dieser Austausch strapaziert und belastet die innere Materialstruktur und kann folglich klimabedingte Schäden hervorrufen (siehe

Abschnitt 1.1.2). Typischerweise treten diese Probleme in Räumen auf, welche nur temporär während der Heizperiode von Personen genutzt werden, wie z. B. in Kirchen: die Aufheizung des Raumes erfolgt hier oft kurz vor den Nutzungsphasen. Abbildung 5-38 zeigt exemplarisch Messungen aus der St. Bartholomäus Kirche in Dietershausen bei Fulda. Die Kirche wird offensichtlich ständig auf eine fest vorgegebene untere Temperaturgrenze beheizt und etwa 4 bis 5 Stunden vor der Nutzung zusätzlich um 2K bis 3K erwärmt. Hier entstehen zwar keine großen Klimaschwankungen, allerdings ist der Einfluss der kurzfristigen Aufheizung auf die relative Feuchte deutlich zu erkennen. Folgen ungeeigneter Heizungsstrategien zeigen Veröffentlichungen wie [REI05], in welchen Beschädigungen am hölzernen Kircheninventar beschrieben werden.

Restriktionen der zulässigen Temperaturänderung werden auch von Normen gefordert, beispielsweise für Kirchen (vgl. [DIN15759-1]) und Bibliotheken (vgl. [DIN11799]). Das im Folgenden vorgestellte Konzept soll anhand des später vorgestellten Anwendungsbeispiels (Abschnitt 5.3.3) beschrieben werden. Hierbei handelt es sich um einen Sonderlesesaal einer Bibliothek, in welchem Behaglichkeitsansprüche zeitvariant sind.

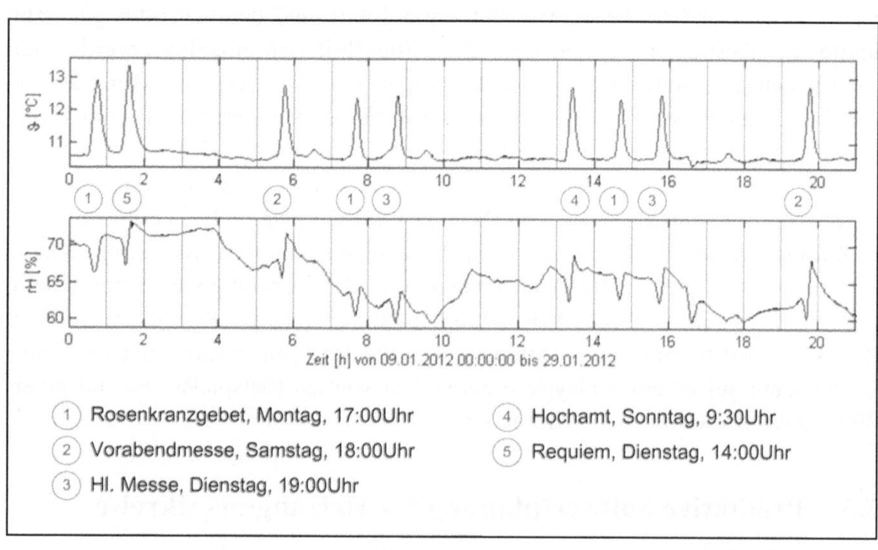

Abbildung 5-38: Messungen von Temperatur ϑ (oben) und relativer Feuchte φ (unten) aus der St. Bartholomäus Kirche in Dietershausen bei Fulda (zugehöriger Bericht: [BÄD12]).

Wie in Abschnitt 3.3.3 beschrieben, wirken sorptionsfähige Materialien (wie die der Bücher) als Feuchtepuffer. Bei einer Erhöhung der Raumtemperatur geben die Bücher Feuchte an die Raumluft ab und das Absinken der relativen Feuchte wird gedämpft. Gleichermaßen erfolgt eine Aufnahme von Wasserdampf beim Absenken der Raumtemperatur. Aufgrund des hierbei entstehenden Selbstregulierungseffektes der relativen Feuchte werden die zughörigen Klimaschwankungen verringert und die Anforderungen an eine möglichst konstante relative Raumluftfeuchte können leichter erfüllt werden. Allerdings ist dieser zunächst positiv wirkende Effekt weiter zu interpretieren: die Schwankungen der relativen Raumluftfeuchte sind zwar gedämpft, allerdings nehmen die gegebenenfalls schädigenden Sorptionsströme in bzw. aus den Materialien zu. [KÜN06] und [KUS10] zeigen experimentelle Messungen der relativen Raumluftfeuchte bei Temperaturwechseln in leeren und mit hygroskopischen Materialien gefüllten Räumen und bestätigen die oben genannten Effekte. Der Forderung nach Temperaturstabilität kommt daher in Bibliotheken eine doppelte Bedeutung zu.

Weiterhin kann Abschnitt 1.1 entnommen werden, dass Behaglichkeitsansprüche unscharf sind. Im Folgenden betrachteten Anwendungsfall wird davon ausgegangen, dass

- für die Behaglichkeit (orientiert an typischen Behaglichkeitsanforderungen z. B. beschrieben in [LIE11], siehe auch Abschnitt 1.1) und
- für die Erhaltung der Kulturgüter (orientiert an [DIN11799] und [DIN13])

je ein Fuzzy-Goal für die Raumtemperatur abgeleitet werden kann (siehe Abbildung 5-39). Es wurden Simulationen mit der in Abschnitt 4.1 beschriebenen Raumklimasimulation über ein Jahr durchgeführt, wobei die untere Temperaturgrenze variiert wurde und der normierte Energiebedarf (bzw. normierte Heizkosten) als ökonomisches Fuzzy-Goal in die Abbildung eingetragen wurde. Es ist leicht ersichtlich, dass der einzustellende untere Temperaturgrenzwert ein Kompromiss aus konservatorischen, behaglichkeitsspezifischen und ökonomischen Aspekten erfordert. Im Gegensatz zum konservatorischen und ökonomischen Fuzzy-Goal kann das der Behaglichkeit zeitvariant sein, da je nach Raumnutzung, die Behaglichkeit mehr oder weniger wichtig ist. Bei der Gewichtung des Fuzzy-Goals der Behaglichkeit (Abschnitt 2.3.3) resultiert aus den sich ergebenden optimalen Sollwerten zwischen Vernachlässigung und maximaler Gewichtung das mögliche Einsparpotenzial. Das im Folgenden beschriebene Konzept wurde in groben Zügen in [ARN12b] vorgestellt.

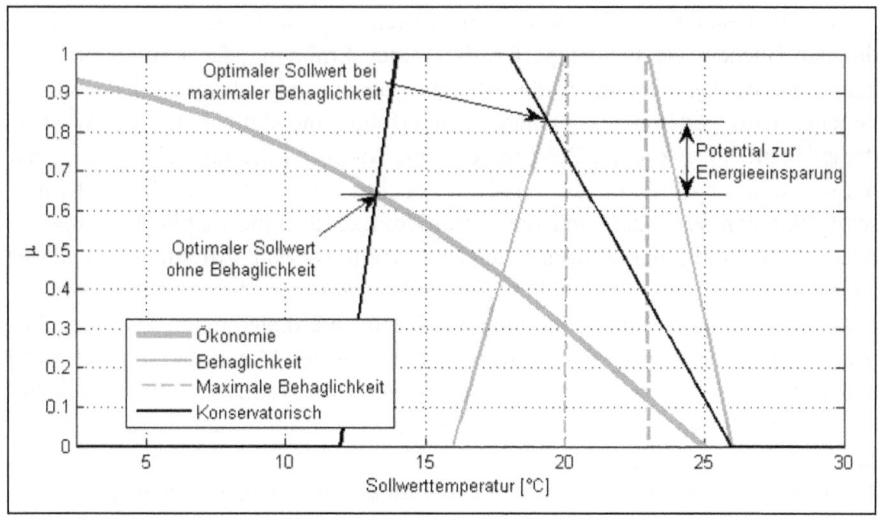

Abbildung 5-39: Unscharfe multikriterielle Anforderungen bei der Ermittlung des Temperatursollwertes.

5.3.1 Konzept

Die optimale Raumtemperatur temporär genutzter Räume ist aus den oben genannten Gründen zeitvariant und kann bzw. darf nicht beliebig schnell verändert werden. Diese Restriktionen sind bei der Planung zukünftiger Sollwerte zu berücksichtigen.

5.3.1.1 Formulierung stationärer Fuzzy-Goals

Durch Negation der normierten Heizkosten wird ein ökonomisches Fuzzy-Goal definiert. Dieses Vorgehen unterliegt einer gewissen Willkür (siehe auch [BER00]). Im betrachten Anwendungsfall ist dieses Vorgehen jedoch akzeptabel, da die zu erwartenden Kosten für die Temperaturregelung umso geringer werden, je niedriger der untere Temperaturgrenzwert gewählt wird. Würde zudem eine Stellgröße für die Kühlung zur Verfügung stehen, müssten die Kosten für den jeweiligen Sollwert durch ein geeignetes Modell geschätzt und ein entsprechendes Fuzzy-Goal aufgestellt werden (wie in Abschnitt 5.4.1). Die sich jeweils ergebende Menge optimaler Entscheidungen aus den personenspezifischen, konservatorischen und ökonomischen Anforderungen wird durch die Betrachtung der Träger und Kerne aufgestellter Fuzzy-Goals (aus Abbildung 5-39) mit einem trapezförmigen Fuzzy-Goal $\underline{\vartheta}_W$ approximiert:

$$\underline{\vartheta}_W = \begin{bmatrix} \inf_{\vartheta}\left\{\vartheta \mid \min_{\vartheta} \mu_D(\vartheta)\right\} \\ \inf_{\vartheta}\left\{\vartheta \mid \max_{\vartheta} \mu_D(\vartheta)\right\} \\ \sup_{\vartheta}\left\{\vartheta \mid \max_{\vartheta} \mu_D(\vartheta)\right\} \\ \sup_{\vartheta}\left\{\vartheta \mid \min_{\vartheta} \mu_D(\vartheta)\right\} \end{bmatrix} \qquad 5.62$$

Offensichtlich ist das stationäre Fuzzy-Goal $\underline{\vartheta}_W$ von der Gewichtung (siehe Abschnitt 2.3.3) des Behaglichkeitsanspruches abhängig. Im Anwendungsbeispiel (Abschnitt 5.3.3) werden drei Behaglichkeitsansprüche E definiert (Abbildung 5-40, Tabelle 5-5). Von $k+i$ bis $k+i+1$ gelte der Anspruch E^{k+i}. Folgende Notation wird definiert:

$$\underline{\vartheta}_W^{k+i} := \underline{\vartheta}_W(E^{k+i}) \qquad 5.63$$

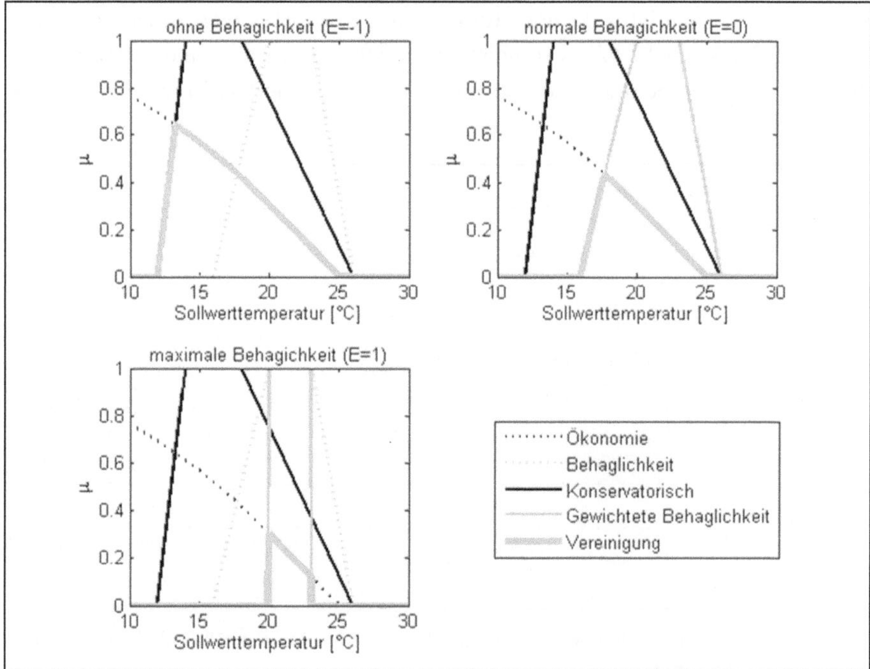

Abbildung 5-40: Kompromissbildung der stationären Anforderungen mit trapezförmigen Fuzzy-Goals.

E	**Behaglichkeits-anspruch**	$\underline{\vartheta}_W = \ldots$	**Beispiel**
-1	vernachlässigt	[12°C 13,3°C 13,3°C 25°C]	Bibliothek geschlossen, keine Nutzung zu erwarten
0	normal	[16°C 17,8°C 17,8°C 25°C]	Bibliothek geöffnet, eventuell temporäre Nutzung
1	hoch	[20°C 20°C 20°C 25°C]	Veranstaltung vorgesehen, Nutzung ist zu erwarten

Tabelle 5-5: Trapezförmige Fuzzy-Goals für unterschiedliche Anforderungen an die Behaglichkeit.

5.3.1.2 Unschärfe des Temperatursollwertes

Typischerweise wird für Temperaturregelungen der Messwert einer Messstelle ϑ_{ref} zurückgekoppelt. Wie exemplarischen Messungen aus einem Raum einer Bibliothek zu entnehmen ist, ist die Temperatur jedoch räumlich verteilt (Abbildung 5-41).

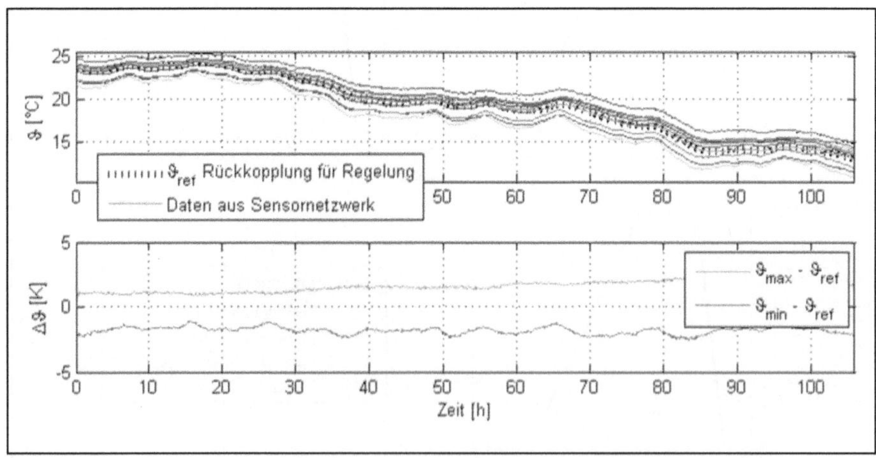

Abbildung 5-41: Raumtemperatur an verteilten Messstellen der Bibliothek des Klosters Frauenberg bei Fulda.

Neben der natürlichen Schichtung der Temperatur in vertikaler Richtung ist die räumliche Temperaturverteilung von bauphysikalischen Eigenschaften abhängig. Um die Unschärfe des Istwertes ϑ_{ref} zu beschreiben, werden Aufzeichnungen einzelner Messstellen $\vartheta_1, \vartheta_2, \dots, \vartheta_n$ analysiert und mit ϑ_{ref} verglichen. Das (scharfe) Intervall um ϑ_{ref} wird durch eine untere $\Delta\vartheta_{min}$ und eine obere Grenze $\Delta\vartheta_{max}$ beschrieben:

$$\Delta\vartheta_{min}(t) = \min\{\vartheta_{ref}(t), \vartheta_1(t), \vartheta_2(t), \dots, \vartheta_n(t)\} - \vartheta_{ref}(t) \quad 5.64$$

$$\Delta\vartheta_{max}(t) = \max\{\vartheta_{ref}(t), \vartheta_1(t), \vartheta_2(t), \dots, \vartheta_n(t)\} - \vartheta_{ref}(t) \quad 5.65$$

Zur Berücksichtigung der zeitlichen Varianz dieser scharfen Intervallgrenzen werden die Quantile (siehe Abschnitt 2.2.2) analysiert und ein unscharfes Intervall generiert:

$$\underline{\Delta\vartheta}_X(\Delta\vartheta_{min}(t), \Delta\vartheta_{max}(t)) := \begin{bmatrix} q(\Delta\vartheta_{min}(t); 0{,}025) \\ q(\Delta\vartheta_{min}(t); 0{,}5) \\ q(\Delta\vartheta_{max}(t); 0{,}5) \\ q(\Delta\vartheta_{max}(t); 0{,}975) \end{bmatrix} \quad 5.66$$

Unter Berücksichtigung der Sensorungenauigkeiten $\underline{\Delta\vartheta}_M$ ist der unscharfe Zustand $\underline{\vartheta}_X$:

$$\underline{\vartheta}_X(t) = \vartheta_{ref}(t) \oplus \underline{\Delta\vartheta}_X \oplus \underline{\Delta\vartheta}_M \quad 5.67$$

Es wird davon ausgegangen, dass der unterlagerte Regelkreis den Temperatursollwert ϑ_w^{k+i} schnell einregelt und bis zur nächsten Aktualisierung des Sollwertes aufrechthält. Hierfür wird folgende Notation eingeführt (ΔT entspricht dem Berechnungsintervall):

$$\vartheta_{ref}^{k+i \to k+i+1} := \vartheta_{ref}(t) \quad \text{für} \quad (k+i) \cdot \Delta T < t < (k+i+1) \cdot \Delta T \quad 5.68$$

Entsprechend dieser Annahme gilt:

$$\vartheta_{ref}^{k+i \to k+i+1} = \vartheta_w^{k+i} \quad 5.69$$

Für den zukünftigen unscharfen Raumklimazustand wird folgende Notation eingeführt:

$$\underline{\vartheta}_X^{k+i+1} := \vartheta_w^{k+i} \oplus \underline{\Delta\vartheta}_X \oplus \underline{\Delta\vartheta}_M \quad 5.70$$

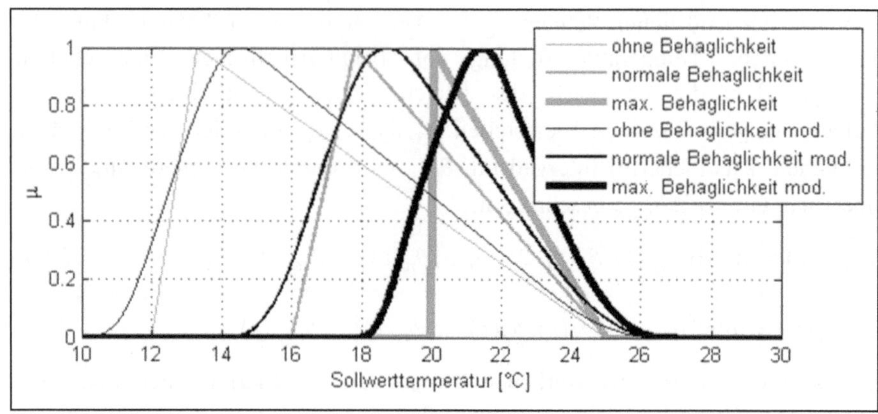

Abbildung 5-42: Originales und modifiziertes Fuzzy-Goal zur Berücksichtigung der Unschärfe in Sollwerten.

Für jede mögliche Entscheidung wird eine Bewertung mit dem unscharfen Soll-Istwert-Vergleich vorgenommen, so dass ein modifiziertes Fuzzy-Goal μ_ϑ resultiert:

$$\mu_\vartheta^{k+i+1}(\vartheta_W^{k+i}) = \zeta\left(\underline{\vartheta}_W^{k+i+1}, \underline{\vartheta}_X^{k+i+1}\right) \quad \text{mit} \quad 0 \leq i \leq n_P - 1 \qquad 5.71$$

In Abbildung 5-42 werden die Modifikationen mit den oben definierten stationären Fuzzy-Goals verglichen. Hierfür wurde angenommen, dass $\underline{\Delta\vartheta}_X \oplus \underline{\Delta\vartheta}_M = [-2\text{K} \quad -1\text{K} \quad 1\text{K} \quad 2\text{K}]^T$ gelte. Offensichtlich hat die Berücksichtigung der Unschärfe einen signifikanten Einfluss auf die stationären Fuzzy-Goals, insbesondere werden die optimalen Entscheidungen (Kern der Zugehörigkeitsfunktionen) verschoben. Der dadurch entstehende Einfluss auf die Planung der Sollwerttrajektorien wird in Abschnitt 5.3.2.1 untersucht.

Als stationär optimaler Sollwert, welcher der unterlagerten Regelung zu übergeben wäre, wird der Mittelwert der optimalen Entscheidungen (siehe Gleichung 2.9) definiert:

$$\vartheta_{WS}^{*k+i} = \vartheta_{MoM}\left(\mu_\vartheta^{k+i+1}(\vartheta_W^{k+i})\right) \qquad 5.72$$

Entsprechend ergibt sich die Trajektorie stationär optimaler Sollwerte ϑ_{WS}^*:

$$\vartheta_{WS}^{*k\to k+n_P-1} = \left[\vartheta_{WS}^{*k} \quad \vartheta_{WS}^{*k+1} \quad \dots \quad \vartheta_{WS}^{*k+n_P-2} \quad \vartheta_{WS}^{*k+n_P-1}\right]^T \qquad 5.73$$

5.3.1.3 *Dynamisches Fuzzy-Goal*

Wie bereits oben erwähnt, können zwei Gründe für die Einführung von dynamischen Fuzzy-Goals genannt werden:

- zum einen **darf** die Temperatur aus **konservatorischen Gründen** und
- zum andern **kann** sie aus **technischen Gründen**

nicht beliebig schnell verstellt werden. Zur Definition des dynamischen Fuzzy-Goals $\underline{\Delta\vartheta_W}$ ist die T-Norm dieser beiden Anforderungen zu ermitteln und gegebenenfalls durch ein trapezförmiges, normiertes Goal zu approximieren (analog zu Gleichung 5.62). Die zulässige und ideale Sollwertänderung wird durch den Träger $\Delta\vartheta_T/\Delta T$ und den Kern $\Delta\vartheta_K/\Delta T$ definiert (Abbildung 5-43):

$$\underline{\Delta\vartheta_W} = [-\Delta\vartheta_T/\Delta T \quad -\Delta\vartheta_K/\Delta T \quad \Delta\vartheta_K/\Delta T \quad \Delta\vartheta_T/\Delta T] \qquad 5.74$$

Eine Sollwertänderung im Prädiktionshorizont lässt sich entsprechend über eine Zugehörigkeitsfunktion $\mu_{\Delta\vartheta}^{k+i}$ bewerten, wobei das dynamische Fuzzy-Goal $\underline{\Delta\vartheta_W}$ im Prädiktionshorizont nicht verändert und die Sollwertverstellung als scharf betrachtet wird:

$$\mu_{\Delta\vartheta}^{k+i}(\vartheta_W^{k+i}, \vartheta_W^{k+i-1}) = \zeta(\underline{\Delta\vartheta_W}, \vartheta_W^{k+i} - \vartheta_W^{k+i-1}) \quad \text{mit} \quad 0 \leq i \leq n_P - 1 \qquad 5.75$$

5.3.1.4 *Struktur der Leitkomponente*

Erfolgt die Sollwertplanung durch den Menschen, muss dieser die erforderliche Planungskompetenz besitzen und neben den zukünftigen Behaglichkeitsansprüchen (Anwenderwissen) auch die Unschärfe von Anforderungen und Zuständen (Expertenwissen) berücksichtigen (Abbildung 5-44, links).

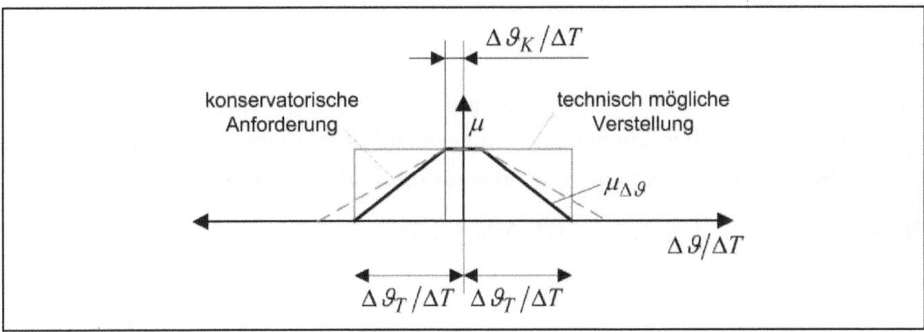

Abbildung 5-43: Parametrierung des dynamischen Goals.

Die Leitkomponente soll die optimale Sollwerttrajektorie unter Verwendung eines geeigneten Algorithmus automatisch planen, wozu das Expertenwissen im System hinterlegt wird. Im Gegensatz zur konventionellen Lösung stellt der Anwender somit nicht mehr scharfe Sollwerte am Temperaturregler ein, sondern der Experte definiert unscharfe Zielvorgaben im Leitsystem für verschiedene Nutzungsphasen und legt die zulässigen Änderungen der Sollwertverstellung fest. Der Anwender muss dem System somit nur noch die zukünftigen Behaglichkeitsanspruch $E^{k+1\to k+n_P}$ übergeben (Abbildung 5-44, rechts).

5.3.1.5 Formulierung und Lösung des Entscheidungsproblems

Aufgrund der Restriktionen zur Sollwertänderungen sind Stellgrößenbeschränkungen vorhanden, so dass zur Planung der Trajektorie ein mehrstufiges Entscheidungsproblem zu lösen ist. Die verallgemeinerte Gleichung 2.59 kann auf den Anwendungsfall übertragen werden und vereinfacht sich, da eine Trajektorie von nur einer Stellgröße zu berechnen und die Bewertung von nur einer Regelgröße zu berücksichtigen ist. Unter Anwendung der Gleichungen 5.71 und 5.75 kann folgendes Problem formuliert werden:

$$\mu_D\left(\vartheta_w^{*k\to k+n_P-1}\right) = \max_{\vartheta_w^{k\to k+n_P-1}} \bigwedge_{i=0}^{n_P-1} \left(\mu_\vartheta^{k+i+1}(\vartheta_w^{k+i}) \wedge \mu_{\Delta\vartheta}^{k+i}(\vartheta_w^{k+i}, \vartheta_w^{k+i-1})\right) \quad 5.76$$

Im ersten Prädiktionsschritt wird nicht der zuletzt vorgegebene Sollwert ϑ_w^{k-1}, sondern der aktuelle Messwert der Referenzmessstelle ϑ_{ref}^k verwendet (siehe auch Gleichung 5.69), so dass die Planung an den Prozesszustand durch Rückkopplung angepasst wird:

$$\vartheta_w^{k-1} = \vartheta_{ref}^k \quad 5.77$$

Da Temperatursollwerte ohnehin nur mit einer gewissen Auflösung eingestellt und eingeregelt werden können sowie obere und untere Grenzen für den Sollwert existieren, kann der Entscheidungsraum im Intervall $\Delta\vartheta_D$ diskretisiert werden:

$$M_\vartheta = \{\vartheta | (\vartheta_{min}^* \leq \vartheta \leq \vartheta_{max}^*) \wedge (\vartheta/\Delta\vartheta_D \in \mathbb{Z})\} \quad 5.78$$

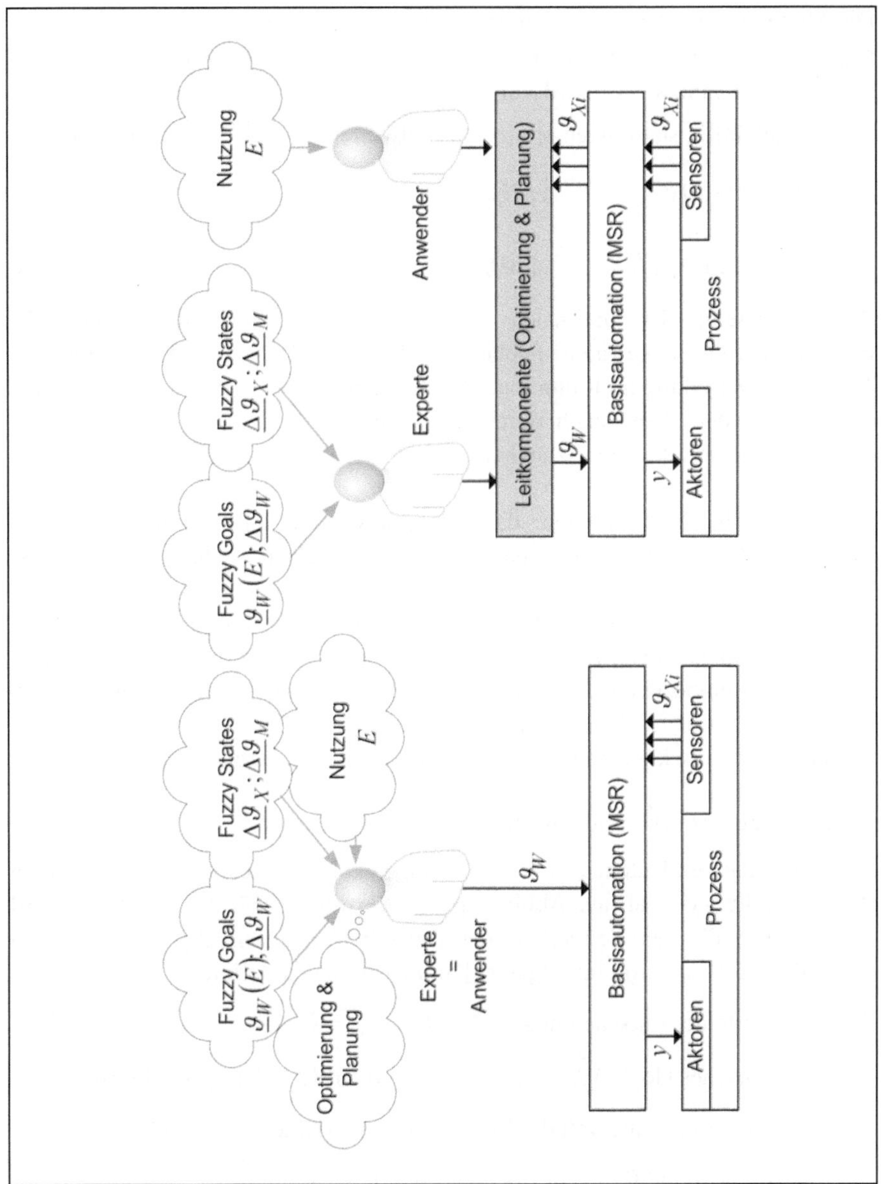

Abbildung 5-44: Vergleich der konventionellen (links) und der automatisierten (rechts) Planung von Temperatursollwerten in Abhängigkeit zukünftiger Behaglichkeitsansprüche $\vec{E}$ (y ist Stellgröße des Heizungssystems).

Die Menge der Entscheidungsvariablen M_ϑ ist daher eine untere ϑ_{min} und obere ϑ_{max} Schranke zu begrenzen. Weil mit der Mächtigkeit der Menge M_ϑ der Berechnungsaufwand steigt, wird vorgeschlagen diese an den Prozesszustand ϑ_{ref}^{k} und der zukünftig stationären optimalen Sollwerten $\vartheta_{ws}^{*k\rightarrow k+n_P-1}$ anzupassen:

$$\vartheta_{min}^{*} = \min\{\min\{\vartheta_{ws}^{*k\rightarrow k+n_P-1}\}, \vartheta_{ref}^{k}\} \qquad 5.79$$

$$\vartheta_{max}^{*} = \max\{\max\{\vartheta_{ws}^{*k\rightarrow k+n_P-1}\}, \vartheta_{ref}^{k}\} \qquad 5.80$$

Zur Ermittlung der optimalen Sollwerttrajektorie wird die dynamische Programmierung angewandt (siehe Abschnitt 2.3.5.2). Die Ermittlung der Temperaturverteilung im Raum muss hierbei nicht zwingen parallel zum Prozess erfolgen, sondern kann auch durch eine experimentelle Messung im Vorfeld stattfinden, sofern davon auszugehen ist dass diese nicht signifikant von der Zeit abhängig ist.

Es kann der Fall eintreten, dass alle möglichen Sollwerttrajektorien eine Bewertung von Null erhalten, da an mindestens einer Stelle im Prädiktionshorizont mindestens eine Bewertung Null ist. Analog zur in Abschnitt 5.2 entwickelten Leitkomponente wird eine Lösung dann durch das iterative Aufweiten der Fuzzy-Goals erzwungen. Allerdings werden hierfür nur die stationären Fuzzy-Goals einbezogen, da die dynamischen Goals möglicherweise aus technischen Restriktionen definiert wurden und eine Aufweitung dieser zu Sollwerttrajektorien führen können, welche praktisch nicht realisierbar wären.

5.3.2 Theoretische und simulative Untersuchungen

In den simulativen Untersuchungen und der praktischen Realisierung werden die stationären Fuzzy-Goals aus Abbildung 5-45 verwendet. Für die Simulation wird ein Szenario für den Zeitverlauf der Behaglichkeitsansprüche E vorgegeben (Abbildung 5-45 unten) und folgende Parametrierungen definiert:

- Unschärfe der Entscheidungen: $\underline{\Delta\vartheta_X} \oplus \underline{\Delta\vartheta_M} = [-2\text{K} \quad -1\text{K} \quad 1\text{K} \quad 2\text{K}]^\text{T}$
- Dynamisches Goal: $\underline{\Delta\vartheta_W} = [-4\,\text{K/d} \quad -0.4\,\text{K/d} \quad 0.4\,\text{K/d} \quad 4\,\text{K/d}]^\text{T}$
- Diskretisierungsintervall der Entscheidungsvariable: $\Delta\vartheta_D = 0.1\text{K}$
- Prädiktions- und Berechnungsintervall: $\Delta T = 6\text{h}$
- Länge des Prädiktionshorizontes: $n_P = 8$

5.3.2.1 *Einfluss der Fuzzy-States*

Um den Einfluss der Unschärfe des Raumklimazustandes zu analysieren, werden die optimalen Sollwerttrajektorien mit und ohne Berücksichtigung der Unschärfe berechnet (Abbildung 5-45). Die Differenz zwischen den Sollwerttrajektorien zeigt der mittlere Graph. Um die Lösungen miteinander zu vergleichen, wird jeweils die Menge M_μ der Einzelbewertungen betrachtet (siehe Gleichungen 5.71, 5.75 und 5.76):

$$M_\mu = \left\{\mu_\vartheta^{k+i+1}(\vartheta_w^{k+i}) \wedge \mu_{\Delta\vartheta}^{k+i}(\vartheta_w^{k+i}, \vartheta_w^{k+i-1})\right\} \quad \text{mit} \quad 0 < i < n_P - 1 \qquad 5.81$$

Abbildung 5-46 zeigt die statistische Verteilung der einzelnen Bewertungen von M_μ für Simulationen mit verschiedenen Unschärfen der Raumtemperatur. Es ist leicht ersichtlich, dass durch die Berücksichtigung dieser Unschärfe die einzelnen Bewertungen vereinheitlicht werden und weniger einzelne schlechtere Bewertungen vorhanden sind. In wie weit sich die Trajektorien im jeweiligen Anwendungsfall unterscheiden und in wie weit die Fuzzy-States zu berücksichtigen sind, hängt letztendlich von den Definitionen der Fuzzy-Goals und der Unschärfe der Entscheidungsvariablen ab.

5.3.2.2 *Vergleich mit konventioneller Planungsmethode*

Im Folgenden soll das zur Lösung des dynamischen Optimierungsproblems angewandte Multistage-Fuzzy-Control mit einer konventionellen Bewertungsmethode verglichen werden (Abschnitt 2.3.2). Analog zum Entscheidungsproblem des Multistage-Fuzzy-Control nach Gleichung 5.81 wird für eine konventionelle Bewertungsmethode aus Gleichung 2.59 folgende Minimierungsaufgabe definiert:

$$J\left(\vartheta_w^{*k\to k+n_P-1}\right) = \min_{\vartheta_w^{k\to k+n_P-1}} \sum_{i=0}^{n_P-1} \left(\left(\vartheta^{k+i} - \vartheta_{WS}^{*k+i}\right)^2 + a \cdot (\vartheta_w^{k+i} - \vartheta_w^{k+i-1})^2\right) \qquad 5.82$$

Zur variablen Gewichtung von stationären und dynamischen Abweichungen wird der Parameter a eingeführt. Abbildung 5-47 zeigt exemplarische Trajektorien für unterschiedliche Parametrierungen von a. Es ist deutlich zu erkennen, dass sich die Lösungen der konventionellen Bewertungsmethode signifikant von der Lösung des Multistage-Fuzzy-Control unterscheiden.

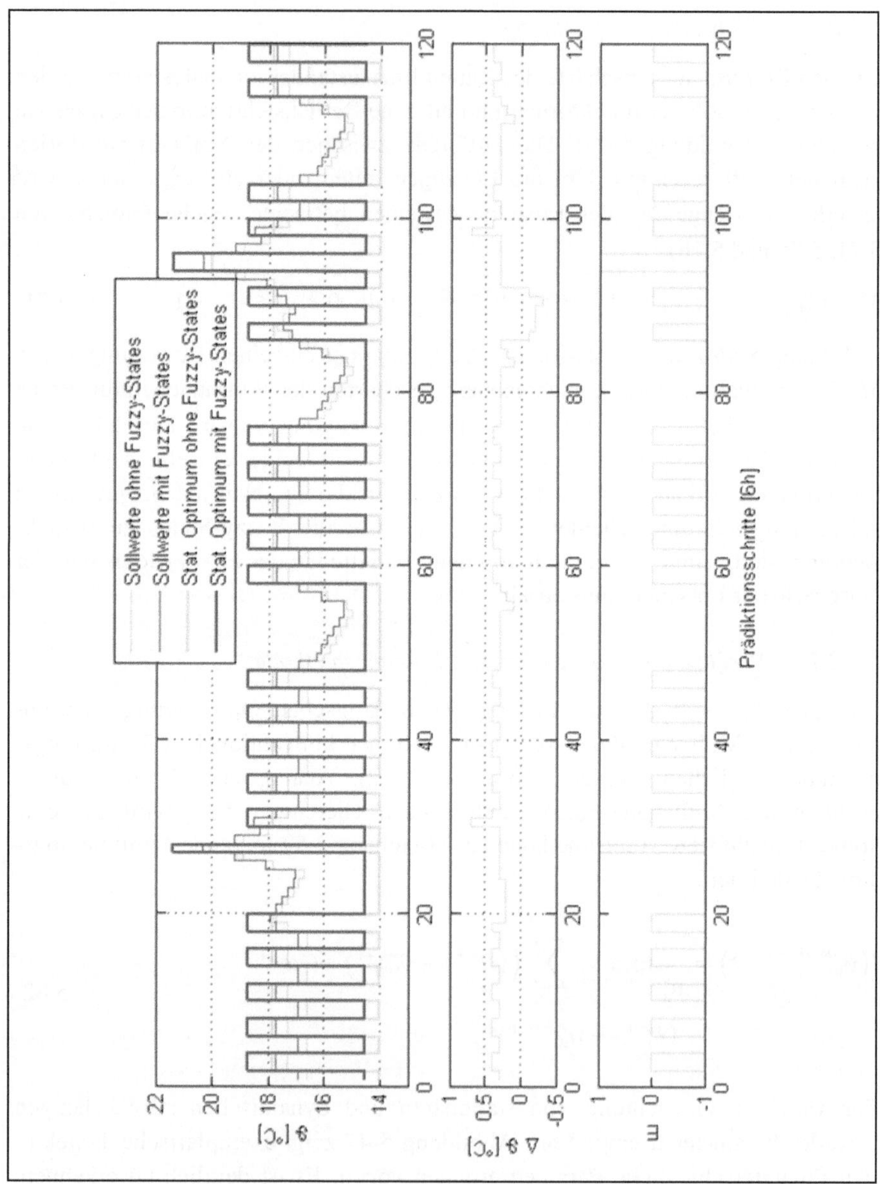

Abbildung 5-45: Vergleich der optimalen Sollwerttrajektorie mit und ohne Berücksichtigung der Unschärfe in Abhängigkeit zukünftiger Behaglichkeitsansprüche E.

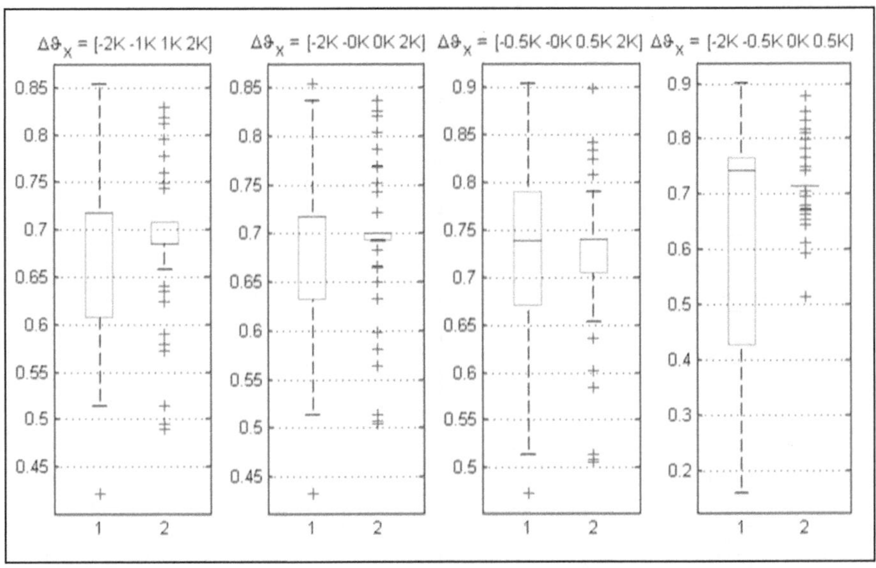

Abbildung 5-46: Statistische Auswertung der Bewertungen ohne (jeweils 1) und mit (jeweils 2) Berücksichtigung der Unschärfe der Raumtemperatur bei verschiedenen Ausprägungen der Unschärfe.

Insbesondere ist anzumerken, dass einzelne (schlechte) Bewertungen durch die Minimierung der Summe von Gleichung 5.82 eher eine untergeordnete Rolle in der Gesamtbewertung spielen, so dass einzelne Entscheidungen in der Trajektorie suboptimal werden. Dieser Effekt wird beim Multistage-Fuzzy-Control unterdrückt, da es hier nicht das Ziel ist, die Summe sämtlicher Einzelbewertungen sondern die schlechteste Einzelbewertung zu maximieren (siehe Abschnitt 2.3). Abbildung 5-47 zeigt die gemittelte Erfüllung der stationären $\overline{\mu}_S$ und dynamischen $\overline{\mu}_D$ Anforderungen sowie der Gesamtbewertung $\overline{\mu}_{SD}$ in Abhängigkeit des Wichtungsparameters a. Im Vergleich dazu wurden die Bewertungen des Multistage-Fuzzy-Control als Konstanten eingezeichnet. Zunächst ist zu erkennen, dass die mittlere Gesamtbewertung des Fuzzy-Ansatzes stets besser ist als beim konventionellen Vorgehen. Die mittlere Gesamtbewertung $\overline{\mu}_{SD}$ der konventionellen Vorgehensweise erhöht sich bei steigendem a lediglich auf Kosten der geringer werdenden stationären Bewertungen $\overline{\mu}_S$; eine mit dem Fuzzy-Ansatz vergleichbare Bewertung wird jedoch nicht erreicht. Zudem kann der Parameter a der konventionellen Bewertungsmethode nicht so anschaulich und intuitiv eingestellt werden wie die Parameter des Multistage-Fuzzy-Ansatzes.

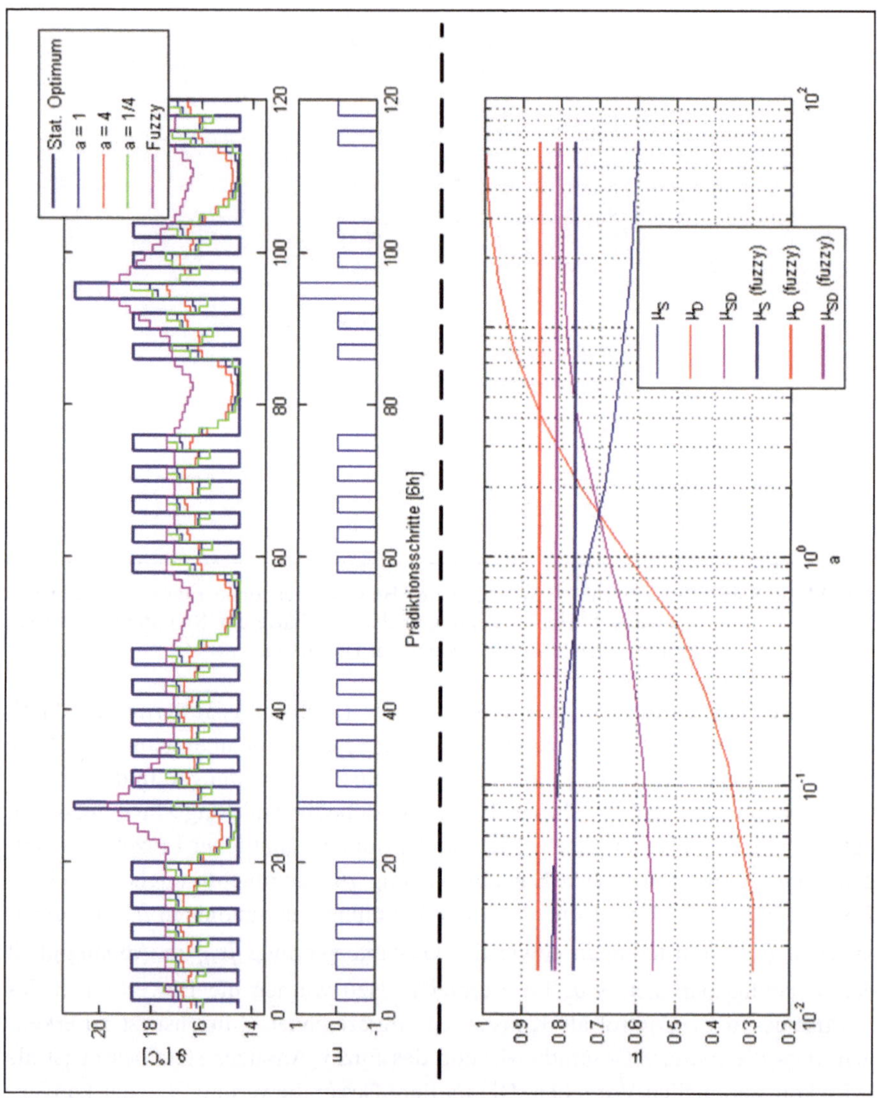

Abbildung 5-47: Oben: Sollwerttrajektorien des Multistage-Fuzzy-Control und konventioneller Planungsmethode (mit unterschiedlichen Gewichtungen a) in Abhängigkeit der zukünftigen Behaglichkeitsansprüche E. Unten: Vergleich der mittleren stationären $\overline{\mu}_S$, dynamischen $\overline{\mu}_D$ und Gesamtbewertung $\overline{\mu}_{SD}$ bei Multistage-Fuzzy-Control und konventioneller Vorgehensweise mit unterschiedlichen Gewichtungsfaktoren a.

5.3.2.3 Parametrierung des dynamischen Goals

Aus konservatorischen Aspekten wäre die vollständige Vermeidung von Klimaschwankungen wünschenswert. Hierzu müsste der Kern der Zugehörigkeitsfunktion $\mu_{\Delta\vartheta}$ (siehe Gleichung 5.75) lediglich das Element Null beinhalten. Simulationen bei unterschiedlicher Definition von $\underline{\Delta\vartheta}_W$ zeigen jedoch, dass eine Aufweitung des Kerns von $\mu_{\Delta\vartheta}$ deutlich größeren Einfluss auf die Trajektorie hat als die Aufweitung des Trägers (Abbildung 5-48). Es kann daher hinsichtlich der Energieeinsparung durchaus vorteilhaft sein, auch eine Schwankungsbreite ungleich Null als ideal zu definieren, so dass die jeweiligen stationären Fuzzy-Goals besser erfüllt werden können.

5.3.2.4 Überlegungen zu Diskretisierungsintervall und Prädiktionshorizont

Zur Berechnung der Sollwerte müssen Diskretisierungsintervall und Prädiktionshorizont definiert werden. Eine Erhöhung des Prädiktionshorizontes und/oder eine Verkleinerung des Diskretisierungsintervalls führen zu einem höheren Rechenaufwand, so dass die Parametrierung eine Kompromissschließung zwischen Genauigkeit und Rechenaufwand erfordert. Das Diskretisierungsintervall $\Delta\vartheta_D$ ist an die mögliche Genauigkeit des Temperaturreglers im Raum anzupassen, da eine feinere Auflösung den Rechenaufwand unnötig erhöhen und nicht zur Verbesserung der Planungsaufgabe beitragen würde.

Da der Temperaturistwert stets zwischen den beiden Grenzwerten der Entscheidungsmenge ϑ_{min} und ϑ_{max} (Gleichung 5.79 und 5.80) liegt, sollte der Prädiktionshorizont mindestens so viele Schritte umfassen, wie erforderlich sind, um eine Verstellung zwischen diesen beiden Grenzwerten bei Ausnutzung der zulässigen Sollwertänderungen $\Delta\vartheta_T/\Delta T$ zu erreichen. Andererseits wäre das langsamste Verstellen von einem Grenzwert zum anderen durch das Diskretisierungsintervall gegeben, so dass für den Prädiktionshorizont folgende Grenzwerte definiert werden können:

$$n_{P,min} = \frac{\vartheta^*_{max} - \vartheta^*_{min}}{\Delta\vartheta_T} \leq n_P \leq n_{P,max} = \frac{\vartheta^*_{max} - \vartheta^*_{min}}{\Delta\vartheta_D} \qquad 5.83$$

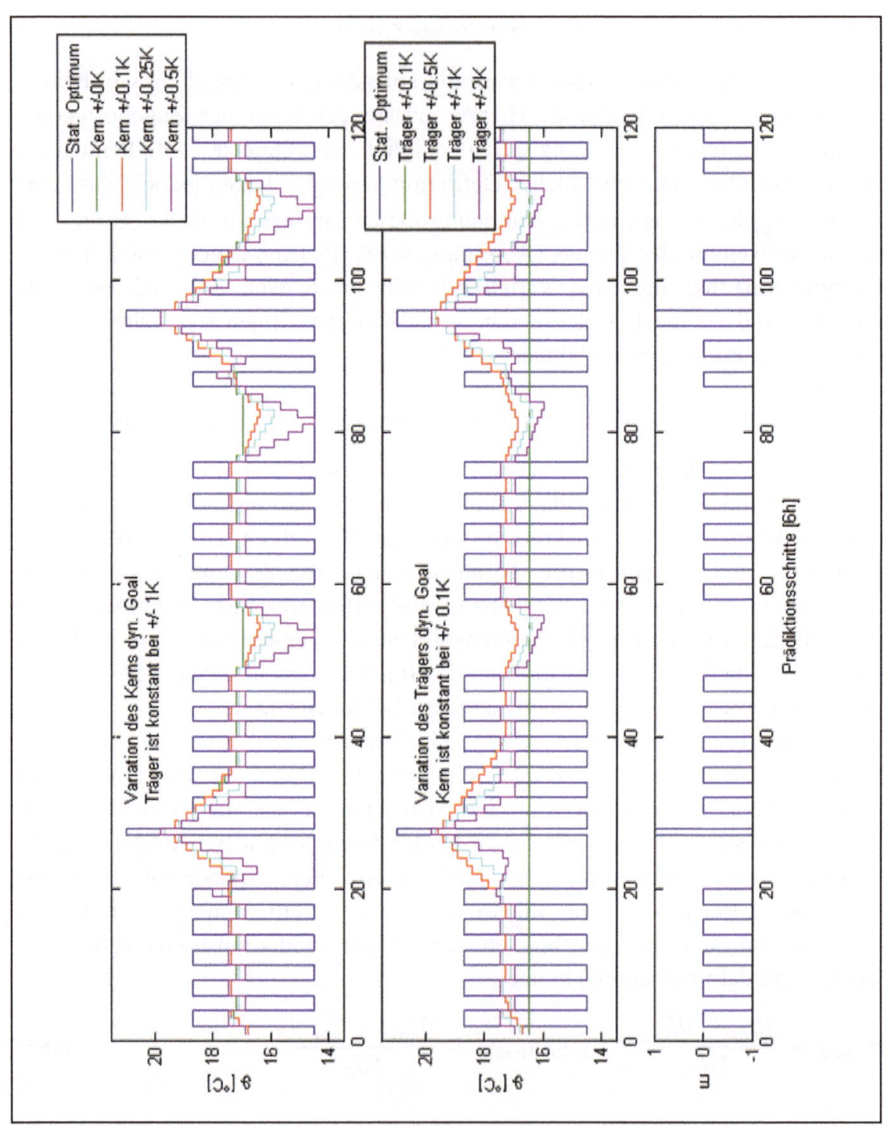

Abbildung 5-48: Einfluss des dynamischen Goals auf die Planung der Sollwerttrajektorie bei Variation des Kerns (oben) und des Trägers (Mitte) in Abhängigkeit der zukünftigen Behaglichkeitsansprüche E (unten).

5.3.3 Praktische Realisierung

Die Leitkomponente wurde für den Hrabanus-Maurus-Saal (Sonderlesesaal) der Bibliothek des bischöflichen Priesterseminars der Theologischen Fakultät Fulda realisiert. Dieser wird zum einen als Magazin für schriftliches Kulturgut (insbesondere Handschriften) genutzt und steht zum anderen für Arbeitskreise und Seminare zur Verfügung (Abbildung 5-49). Folglich sind die Behaglichkeitsansprüche in diesem Raum (wie bereits oben erwähnt) zeitvariant.

5.3.3.1 Technischer Aufbau

Die Heizkörper des Raumes sind Teil eines zentralen Heizungssystems, wobei der Durchfluss einzelner Heizkörper über elektrisch ansteuerbare Ventilköpfe verstellt werden kann (Abbildung 5-50, links). Neben dem Heizungssystem sind Be- und Entfeuchtungsgeräte vorhanden, welche autark betrieben werden und daher die relative Feuchte bei der Planung der Temperatursollwerte nicht weiter berücksichtigt wird. Die Basisautomation wurde auf einer SPS (Abbildung 5-50, rechts) realisiert, welche via Ethernet mit dem Internet verbunden ist und mit dem Server über eine TCP/IP-Verbindung kommunizieren kann.

Abbildung 5-49: Bibliothek des bischöflichen Priesterseminars, Hrabanus-Maurus-Saal.

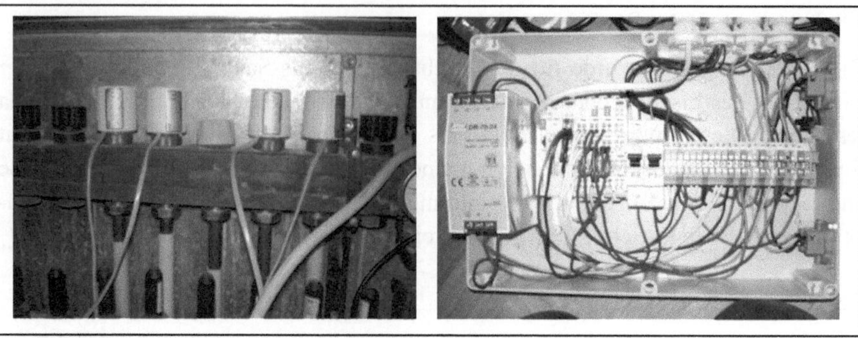

Abbildung 5-50: Heizungsregelkreis mit elektrisch ansteuerbaren Ventilköpfe (links) und SPS mit Netzwerkanschluss (rechts).

Über eine vom Server bereitgestellte Homepage trägt der Anwender die zukünftigen Benutzeranforderungen aus Tabelle 5-5 als Termin in einen Kalender (Abbildung 5-51) ein; diese Termine werden in einer separaten Datenbank gespeichert (vgl. [FLA12b]). Auf dem Server wird die Leitkomponente zyklisch ausgeführt, wobei die Kalenderinformationen abgefragt werden und die Ergebnisse der SPS über die Datenbank zur Verfügung gestellt werden. Weiterhin wurde ein drahtloses Sensornetzwerk zur Erfassung des räumlich verteilten Klimas installiert. Sämtliche Prozessdaten werden in einer lokalen Datenbank eines IPCs gespeichert und zyklisch mit der serverseitigen Datenbank abgeglichen. Eine schematische Darstellung der Gesamtstruktur zeigt Abbildung 5-52.

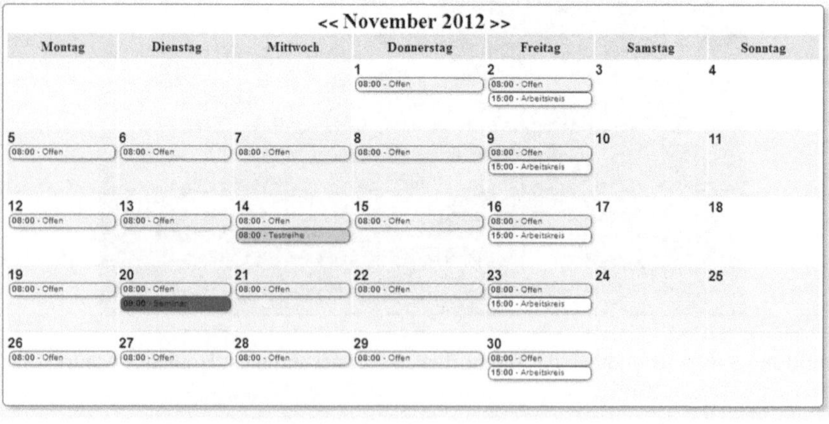

<< November 2012 >>

Montag	Dienstag	Mittwoch	Donnerstag	Freitag	Samstag	Sonntag
			1 08:00 - Offen	2 08:00 - Offen 15:00 - Arbeitskreis	3	4
5 08:00 - Offen	6 08:00 - Offen	7 08:00 - Offen	8 08:00 - Offen	9 08:00 - Offen 15:00 - Arbeitskreis	10	11
12 08:00 - Offen	13 08:00 - Offen	14 08:00 - Offen 08:00 - Testreihe	15 08:00 - Offen	16 08:00 - Offen 15:00 - Arbeitskreis	17	18
19 08:00 - Offen	20 08:00 - Offen 09:00 - Seminar	21 08:00 - Offen	22 08:00 - Offen	23 08:00 - Offen 15:00 - Arbeitskreis	24	25
26 08:00 - Offen	27 08:00 - Offen	28 08:00 - Offen	29 08:00 - Offen	30 08:00 - Offen 15:00 - Arbeitskreis		

Abbildung 5-51: Kalender auf einer Homepage zur Planung künftiger Raumnutzungen.

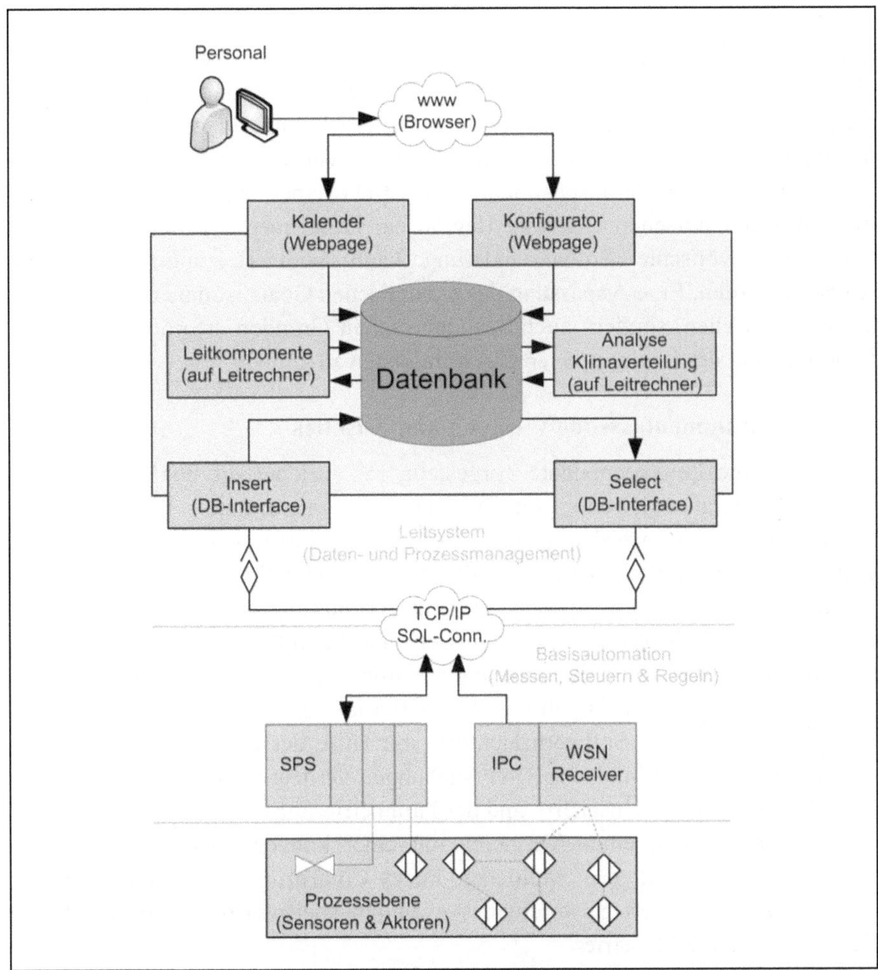

Abbildung 5-52: Gesamtstruktur der Leitkomponente zur Planung der Temperatursollwerttrajektorie.

5.3.3.2 Ermittlung der Unschärfe und Einfluss des dynamischen Goals

In mehreren Testphasen wurde die räumliche Klimaverteilung mit dem drahtlosen Sensornetzwerk analysiert, wobei die Messstellen im Raum und in den Regalen jedoch nicht in unmittelbarer Nähe zu den Außenwänden des Temperaturregelkreises verglichen und die Unschärfe (wie in Abschnitt 5.3.1.2 beschrieben) analysiert. Abbildung 5-54 veranschaulicht eine Testphase sowie die dazugehörige ermittelte Unschärfe. Eine automatisierte Analyse der räumlichen Klimaverteilung in zyklischen Intervallen wäre zwar möglich, allerdings ist (in dieser Anwendung) keine signifikante Änderung der Verteilung zu erwarten, so dass der kontinuierliche Messbetrieb unnötig erschien und eine durchgeführte Analyse als hinreichend betrachtet wurde.

Abbildung 5-53 veranschaulicht den Effekt eines zu optimistisch parametrierten dynamischen Goals zu Beginn der Experimente: die zum Ende des Graphen gewünschte Sollwertänderung kann vom Heizungssystem nicht realisiert werden. Eine Anpassung des dynamischen Goals ist daher nicht nur aus konservatorischen, sondern auch aus technischen Gründen erforderlich, um die Funktionalität der Leitkomponente gewährleisten zu können.

5.3.4 Zusammenfassende Wertung und Ausblick

Es wurde eine Leitkomponente vorgestellt, mit welcher die zukünftigen optimalen Temperatursollwerte eines Raumes mit zeitvarianten Behaglichkeitsansprüchen geplant werden können. Aus konservatorischen und technischen Gründen liegen Restriktionen bei der Sollwertverstellung vor, so dass die Planungsaufgabe mit einem mehrstufigen Optimierungsverfahren zu lösen ist. Durch das Schließen von Kompromissen aus zukünftigen konservatorischen, personenspezifischen und ökonomischen Anforderungen wird ein Vektor stationär optimaler Fuzzy-Goals gebildet. Unter Berücksichtigung eines dynamischen Fuzzy-Goals wird die Sollwerttrajektorie mit Hilfe der dynamischen Programmierung berechnet. Simulative Untersuchungen verdeutlichten den Einfluss der Berücksichtigung der Unschärfe und der Parametrierung des dynamischen Goals. Zudem wurde durch einen Vergleich mit einer konventionellen Bewertungsmethode der Vorteil des Multistage-Fuzzy-Control gezeigt. Anhand einer exemplarischen Umsetzung in einem Anwendungsbeispiel wurde die praktische Realisierbarkeit demonstriert.

Im hier betrachteten Raum wurde der Einfluss der Temperatur auf ein Fuzzy-Goal der relativen Feuchte vernachlässigt, da hierfür autarke Feuchteregelkreise mit separaten Aktoren zur Verfügung standen. Prinzipiell ist eine derartige Berücksichtigung in anderen Räumen (ohne direkte Feuchteregelung) möglich, jedoch entsprechend aufwendig, da hierzu der zukünftige Verlauf der absoluten Feuchte prognostiziert werden müsste. Eine derartige Vorhersage ist aufgrund der spezifischen Raumcharakteristik nicht trivial, da mit der Änderung der Temperatur die sorptionsfähigen Materialien Wasserdampf aufnehmen bzw. abgeben. Die durch die Verwendung des Systems mögliche Energieeinsparung ist von der Gebäudedynamik, dem verwendeten Heizsystem sowie der Nutzung des jeweiligen Raumes abhängig.

Zur Betriebsoptimierung klimatechnischer Anlagen der Gebäudeautomation sind unterschiedliche prädiktive Konzepte vorgeschlagen. Diese sind mit dem hier entwickelten Verfahren zu vergleichen und abzugrenzen. Zum Stand der Technik ist insbesondere die vorrausschauende Anpassung der Vorlauftemperatur von Heizungssystemen unter Berücksichtigung der Wettervorhersage zu nennen, welche zu einer enormen Energieeinsparung führen kann (z. B. [SCH08], [BOL10] und [TÖD11]). Die hier entwickelte Leitkomponente zielt nicht auf derartige Betriebsoptimierungen technischer Anlagen ab, sondern auf die bedarfsabhängige Anpassung der Raumtemperatur unter Berücksichtigung konservatorischer Anforderungen. Für den Bereich der „Home Automation“ existieren bereits Ansätze, bei welchen die zukünftig geforderte Raumlufttemperatur einzustellen ist.

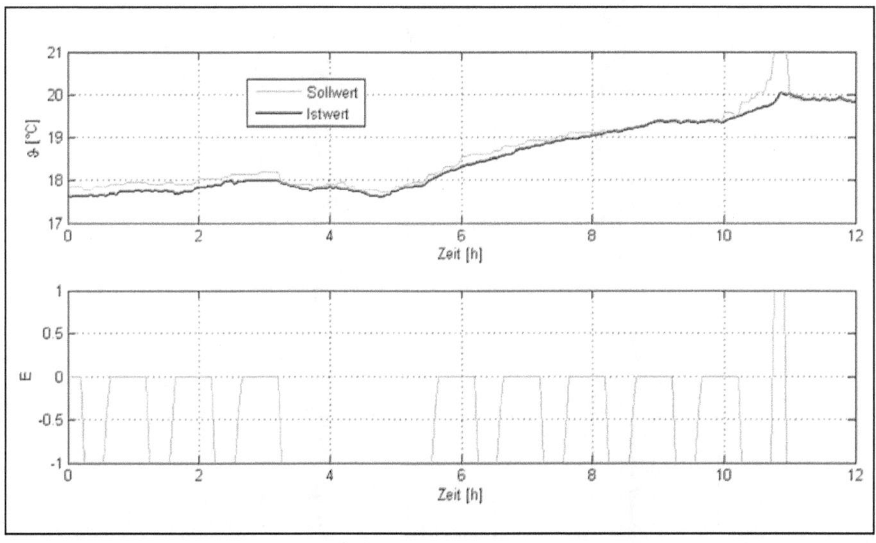

Abbildung 5-53: Einfluss eines falsch eingestellten dynamischen Fuzzy-Goals. Die Raumtemperatur kann der geplanten Trajektorie nicht folgen, da das dynamische Fuzzy-Goals zu optimistisch eingestellt wurde.

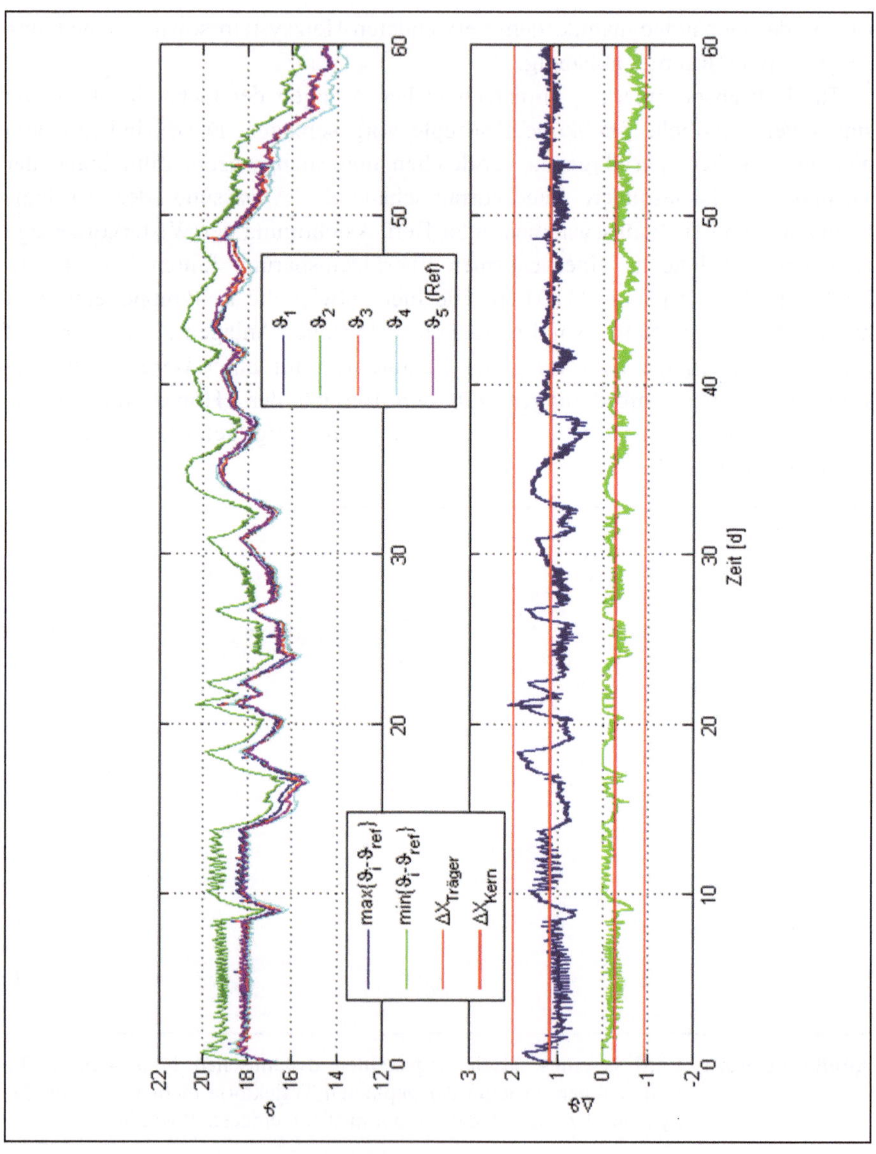

Abbildung 5-54: Analyse der Raumklimaverteilung im experimentellen Betrieb. Die einzelnen Messstellen (oben) zeigen die räumliche Klimaverteilung und die ermittelte Unschärfe des Referenzmesswertes (unten).

Inwieweit diese Systeme die speziellen Restriktionen der Sollwertänderungen, die Unschärfe des Raumklimas und die Planung der Sollwerte berücksichtigen können, ist in Frage zu stellen: Produktinformationen (z. B. FS20 Heizungsregelung) zu Folge kann die zu den verschiedenen Zeitpunkten geforderte Raumlufttemperatur zwar über einen Zeitraum (z. B. ein Wochenprofil) vorgegeben werden, jedoch erfolgt offensichtlich eine konventionelle und keine vorrauschauende Temperaturregelung unter Berücksichtigung des Messwertes einer Messstelle. Die Planung der Temperatursollwerttrajektorie ist folglich nicht wie im beschriebenen Konzept automatisiert und muss daher vom Nutzer unter Berücksichtigung der Unschärfen vorgegeben werden.

5.4 Weitere Leitkomponenten für die Klimatisierung

Wie eingangs von Kapitel 5 bereits erwähnt, werden in diesem Abschnitt zwei weitere Leitkomponenten vorgeschlagen, welche jedoch nur konzeptionell ohne detailliertere simulative Untersuchungen oder experimentelle Realisierungen kurz vorgestellt werden.

5.4.1 Führung von Feuchteregelkreisen

Da die zur Verfügung stehenden Aktoren oft nur ein- und ausgeschaltet werden können, erfolgt die Regelung der relativen Luftfeuchte über Be- und Entfeuchter meist mittels unstetigen Reglern (wie etwa Zweipunktregler mit Hysterese). Untersuchungen zeigen jedoch, dass das Regelverhalten bei entsprechender Ansteuerung (alternative Stellgrößen und/oder Pulsweitenmodulationen) und der Anwendung stetiger Regler deutlich verbessert werden kann, da somit Schwankungen höherer Frequenz signifikant reduziert und die Regelabweichungen minimiert werden (vgl. [FIS12]).

Der dabei einzustellende Sollwert für die relative Feuchte erfordert das Schließen eines Kompromisses: einerseits existiert aus konservatorischer Sicht ein Fuzzy-Goal für die relative Feuchte $\underline{\varphi}_{S,W}$ und andererseits ist zur Einregelung und Aufrechterhaltung eines bestimmten Sollwertes ein bestimmter Stellgrad (Wasserdampf-Massestrom) erforderlich. Die kontinuierliche Zu- bzw. Abfuhr von Wasserdampf bringt einen entsprechenden Energie- und gegebenenfalls auch einen Wartungsbedarf (zum Leeren und Auffüllen der Wasserbehälter) mit sich, so dass ein ökonomisches Fuzzy-Goal $\underline{\varphi}_{E,W}$ definiert werden kann. $\underline{\varphi}_{E,W}$ ist jedoch zeitvariant, da der Sollwert mit dem geringsten Stellaufwand vom variablen Außenklima abhängig ist. Es wird angenommen, dass die ungünstigste

Wahl des Sollwertes mit dem höchsten Stellaufwand die Einstellungen $\varphi_w = 0\%$ und $\varphi_w = 100\%$ sind. Der günstigste Sollwert φ_E^* wird hingegen anhand einer Prognose der zukünftigen Innentemperatur $\hat{\vartheta}_R^{k+1\rightarrow k+n_P}$ und einer Abschätzung des zu erwartenden Massestroms $\sum \dot{m}_y^{k\rightarrow k+n_P-1}$ durch einen Suchalgorithmus ermittelt. Das ökonomische Fuzzy-Goal wird vereinfacht durch eine trapezförmige Zugehörigkeitsfunktion approximiert:

$$\underline{\varphi_E}_W = [0\% \quad \varphi_E^* \quad \varphi_E^* \quad 100\%]^T \tag{5.84}$$

Folglich ist der optimale Sollwert, welcher sich aus $\underline{\varphi}_{E,W}$ und $\underline{\varphi}_{S,W}$ ergibt, ebenfalls zeitvariant. Für einen optimalen Betrieb müsste der Sollwert ständig angepasst werden, allerdings besteht, wie bei den anderen Leitkomponenten, die Forderung nach einem möglichst konstanten Klima. Die unterlagerte Feuchteregelung soll kurzfristige Störungen möglichst schnell ausregeln und entsprechend dynamisch sein, so dass die Sollwerte der Feuchteregelung nicht beliebig schnell vorgegeben werden können. Analog zu dem Vorgehen in Abschnitt 5.2 wird vorgeschlagen, ein Fuzzy-Goal $\underline{\Delta\varphi}_W$ einzuführen, um die Restriktionen der Sollwertänderungen zu berücksichtigen:

$$\underline{\varphi}_{D,W} = \varphi_x \oplus \underline{\Delta\varphi}_W = \varphi_x \oplus [-\Delta d \quad 0 \quad 0 \quad \Delta d]^T \tag{5.85}$$

Das stationäre Optimierungsproblem wird wie folgt formuliert (Abbildung 5-55):

$$\mu_D(\varphi_w^*) = \max_{\varphi_w} \left\{ \zeta\left(\underline{\varphi}_{S,W}, \varphi_w\right) \wedge \zeta\left(\underline{\varphi}_{E,W}, \varphi_w\right) \wedge \zeta\left(\underline{\varphi}_{D,W}, \varphi_w\right) \right\} \tag{5.86}$$

Da nur ein lokales Maximum vorliegt, kann der optimale Sollwert φ_w^* durch einen einfachen Suchalgorithmus ermittelt werden. Insbesondere ist anzumerken, dass die relative Feuchte bereits aufgrund der Messungenauigkeit ohnehin nur schwer exakt geregelt werden kann. Folglich könnte auch eine Diskretisierung der Entscheidungsvariablen in Betracht gezogen und der Lösungsraum vollständig durchsucht werden. Um eine Lösung im Falle einer leeren Menge optimaler Entscheidungen zu erzwingen, muss (wie in Abschnitt 2.3.4 beschrieben) entweder $\underline{\varphi}_{D,W}$ oder $\underline{\varphi}_{S,W}$ iterativ gespreizt werden.

Das vorgestellte Verfahren wurde bereits ansatzweise in [ARN11b] und [AIS12] mit ersten simulativen Ergebnissen präsentiert. Die praktische Realisierung erfordert den Entwurf von Prädiktionsmodellen und somit entsprechende Forschungs- und Entwicklungsarbeiten. Vielversprechend ist hierbei die Anwendung in Feuchteregelkreisen aktiv klimatisierter Vitrinen: obwohl das Klima hier sehr konstant gehalten werden muss, kann durch die Leitkomponente eine Anpassung der Sollwerte zur Minimierung des Energiebedarfs erfolgen (z. B. durch saisonales Gleiten). Da hierbei das „Außenklima", das sich nur langsam ändernde Raumklima ist, wird vermutetet, dass mit relativ einfachen Modellen die zukünftige Temperatur (unter Berücksichtigung der Lichteinwirkung und Abschattung) in der Vitrine und der Massestrombedarf zur Einregelung eines Feuchtesollwertes geschätzt werden kann. Insbesondere kann bei diesem Konzept in Aussicht gestellt werden, dass die Stabilität der Leitkomponente (bei einem stabilen unterlagerten Regelkreis) nachgewiesen und das dynamische Verhalten von Leitkomponente und Basisautomation analysiert werden kann (wie in Abschnitt 5.2.2.5).

5.4.2 Führung von Heizungsregelkreisen ohne Behaglichkeitskriterien

Um die klimatische Situation in historischen Gebäuden zu verbessern, können diese im Winter beheizt werden. Im Gegensatz zur Problemstellung aus Abschnitt 5.3 werden hier Räumlichkeiten betrachtet, in welchen die Aspekte der Behaglichkeit vernachlässigbar sind. Hierbei entsteht das Problem, dass die Vorgabe des Temperatursollwertes einer multikriteriellen Entscheidungsfindung bedarf. Die Temperatur sollte so gering wie möglich gehalten werden, um den Energiebedarf zu minimieren sowie biologische und chemische Zerfallsprozesse nicht zu beschleunigen, jedoch sollte Frost vermieden werden. Aus den Anforderungen wird folgendes Fuzzy-Goal definiert:

$$\underline{\vartheta}_{R,W} = [\vartheta_{R,W1} \quad \vartheta_{R,W2} \quad \vartheta_{R,W3} \quad \vartheta_{R,W4}]^T \qquad 5.87$$

Dabei kann durch die Parameter $\vartheta_{R,W1}$ und $\vartheta_{R,W2}$ das Kriterium zur Vermeidung von Frost formuliert werden. Um berücksichtigen, dass aus oben genannten Gründen die Temperatur zu gering wie möglich sein sollte, wird vorgeschlagen $\vartheta_{R,W2} = \vartheta_{R,W3}$ zu definierten. Problematischer ist hingegen die Definition des Parameters $\vartheta_{R,W4}$, da dieser theoretisch unendlich groß gewählt werden kann. Um den Bezug zur praktischen Anwendung zu behalten, wird vorgeschlagen $\vartheta_{R,W4}$ entsprechend der maximal zu Verfügung stehenden Heizleistung zu bemessen.

Zudem ist der Einfluss auf die relative Feuchte zu berücksichtigen. Es wird daher ein entsprechendes Fuzzy-Goal $\underline{\varphi}_{R,W}$ eingeführt. An den Bauteiloberflächen des Gebäudes ist der Ausfall von Tauwasser zu vermeiden, entsprechend kann ein Kriterium an die relative Luftfeuchte nahe den Oberflächen definiert werden:

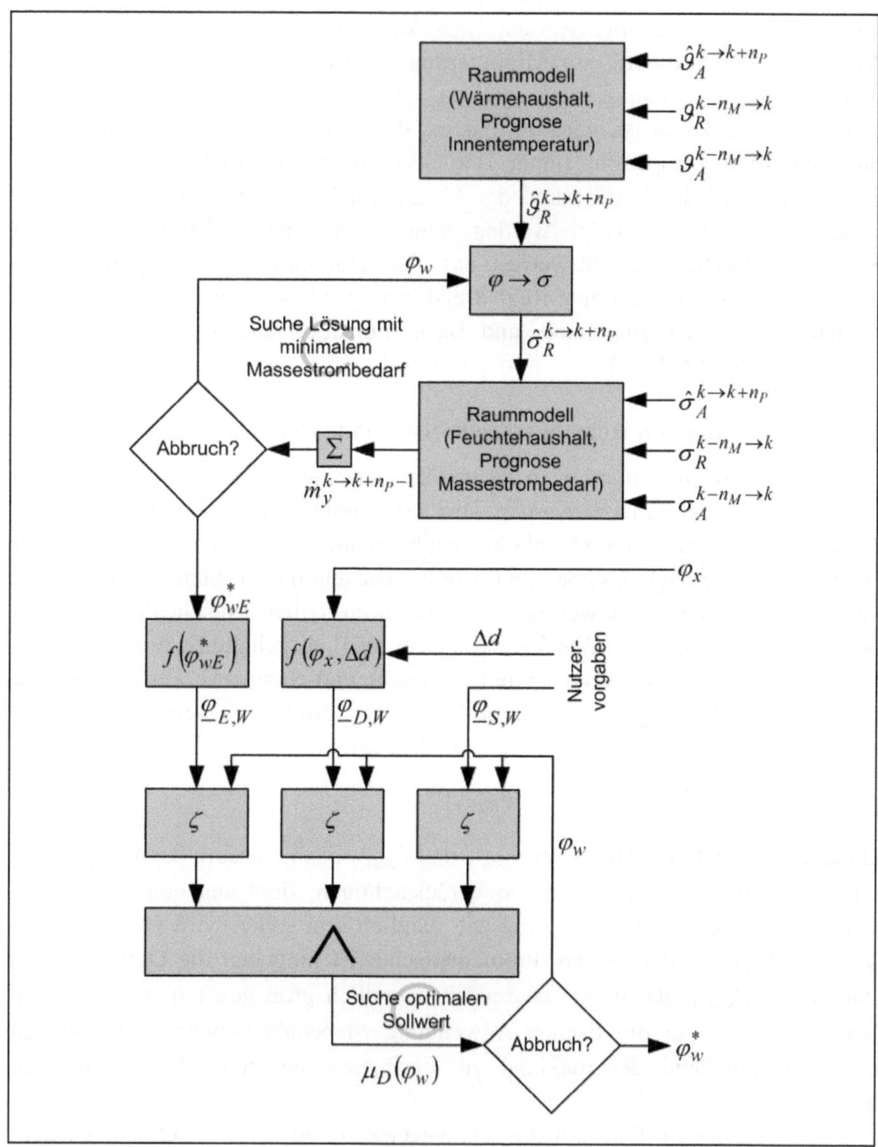

Abbildung 5-55: Struktur der vorgeschlagenen Leitkomponente zur Führung von Feuchteregelkreisen.

$$\underline{\varphi}_{O,W} = [0\% \quad 0\% \quad \varphi_{O,W3} \quad \varphi_{O,W4}]^T \tag{5.88}$$

Anforderungen an eine langsame Änderung des Raumklimas können im Gegensatz zur vorher beschriebenen Anwendung in der Auslegung unterlagerter Regelkreise berücksichtigt werden, da sich die Fuzzy-Goals nicht verändern. Folglich besteht keine Notwendigkeit der Trajektorienplanung, so dass die Anwendung einer stationären Optimierung hinreichend sein sollte. Um die räumliche Verteilung der Raumtemperatur zu berücksichtigen, wird vorgeschlagen wie in Abschnitt 5.3 zu verfahren.

Um den Einfluss der Raumtemperatur $\underline{\vartheta}_{R,X}$ auf die relative Feuchte $\underline{\varphi}_{R,X}$ abzuschätzen, ist eine Vorhersage der zu erwartenden absoluten Feuchte $\underline{\sigma}_{R,X}$ erforderlich. Dies kann aus Innen- $\sigma_R^{k-n_M \to k}$ und Außenklimamessungen $\sigma_A^{k-n_M \to k}$ bereits mit relativ einfachen Modellen erfolgen (vgl. [SCH11a]). Zudem ist der Einfluss zukünftiger Außen- $\hat{\vartheta}_A^{k \to k+n_P}$ und Raumtemperaturen $\underline{\vartheta}_{R,W}$ auf die Oberflächentemperatur $\underline{\vartheta}_{O,X}$ abzuschätzen, so dass die zu erwartende relative Luftfeuchte $\underline{\varphi}_{O,W}$ an den Oberflächen berechnet werden kann. Der exakte Verlauf der Regelgrößen im Prädiktionshorizont ist nicht von Interesse, so dass vorgeschlagen wird, in der Optimierung mit den zukünftig möglichen Zuständen zu rechnen und den unscharfen Soll-Istwert-Vergleich (Gleichung 2.51) anzuwenden. Abbildung 5-56 veranschaulicht das Konzept. Das Optimierungsproblem lautet wie folgt:

$$\begin{aligned}\mu_D(\vartheta_w^*) = \max_{\vartheta_w} \Big\{ &\zeta\left(\underline{\vartheta}_{R,W}, \underline{\vartheta}_{R,X}(\vartheta_w)\right) \wedge \zeta\left(\underline{\varphi}_{R,W}, \underline{\varphi}_{R,X}(\vartheta_w)\right) \\ &\wedge \zeta\left(\underline{\varphi}_{O,W}, \underline{\varphi}_{O,X}(\vartheta_w)\right)\Big\}\end{aligned} \tag{5.89}$$

Es ist davon auszugehen, dass in der Menge optimaler Entscheidungen eine Kernmenge mit mehreren Elementen auftreten kann und das Optimierungsproblem somit unterspezifiziert ist. Für diesen Fall wird vorgeschlagen, die untere Grenze der Kernmenge als optimale Entscheidung zu verwenden, da somit die Temperatur möglichst gering gehalten wird und die oben beschriebene Anforderung der Minimierung des Energiebedarfs berücksichtigt wird (siehe Abschnitt 2.1):

$$\mu \ \ (\vartheta_w^*) = x_{SOM}\left(\mu_D(\vartheta_w)\right) = \inf_x \left\{ x \middle| \max_x \{\mu_D(\vartheta_w)\} \right\} \tag{5.90}$$

Ergebnisse von Simulationen und der prototypische Aufbau einer Demonstratoranlage werden in [ARN13] beschrieben. Insbesondere sind in Folgearbeiten der Einfluss von Prädiktionshorizont und Abtastintervall zu untersuchen sowie Untersuchungen zur erforderlichen Genauigkeit der Prognosemodelle anzustellen.

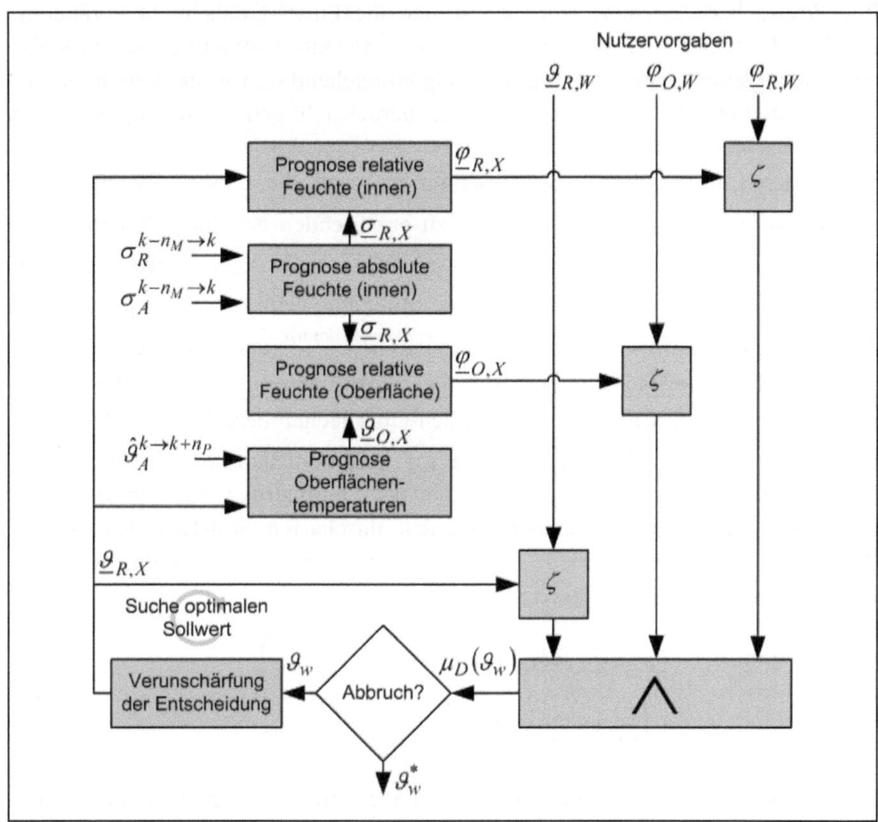

Abbildung 5-56: Struktur der vorgeschlagenen Leitkomponente zur Optimierung von Temperatursollwerten.

6 Zusammenfassung und Schlussfolgerungen

Um Klimaschäden an Kulturgütern zu vermeiden, müssen spezifische Klimazielbereiche angestrebt und ein möglichst konstantes Klima gesichert werden. Das Klimamanagement in der präventiven Konservierung erfordert multikriterielle Entscheidungsfindungen aus unscharfen Anforderungen. Zudem sind die Folgen der zu treffenden Entscheidungen selbst meist mit einer gewissen, teilweise nicht vernachlässigbaren, Unschärfe behaftet. Konzepte der Automatisierungs- und Informationstechnik können den Menschen in seiner Entscheidungsfindung unterstützen (Entscheidungshilfesysteme) sowie Steuerungen und Regelungen der Basisautomation selbstständig führen. Zur Berücksichtigung der Unschärfen wurde die Fuzzy-Theorie genutzt, wobei ein- und mehrstufige Entscheidungsfindungen sowie zum Teil vorrausschauende Konzepte mit verschiedenen Lösungsverfahren vorgestellt, angewandt und bewertet wurden.

Der Fokus der Arbeit lag in der Konzeption von Leitkomponenten für das Klimamanagement in der präventiven Konservierung mit Fuzzy-Methoden. Abgesehen von eigenen Publikationen (siehe insbesondere [ARN11e], [ARN12a], [ARN12b], [ARN12c]) waren hierzu keine Verfahren bekannt. Methoden der Fuzzy-Arithmetik, des Soll-Istwert-Vergleichs bei Unschärfe und des Erzwingens einer Lösung bei gegensätzlichen Anforderungen wurden vorgestellt, in den Leitkomponenten implementiert, deren Einfluss auf das Raumklima analysiert und mit Standardverfahren verglichen. Hierfür wurden fünf Konzepte vorgeschlagen, von denen drei simulativ untersucht und praktisch realisiert wurden. Für diese können folgende Ergebnisse festgehalten werden:

- Im Entscheidungshilfesystem für die manuelle Lüftung konnte gezeigt werden, dass die Korrektur der Vorhersagen um den mittleren Prognosefehler zwar zu einer besseren Lüftungsempfehlung führt, die Berücksichtigung der Prognoseunschärfen jedoch eine zusätzliche Verbesserung mit sich bringt. **In diesem Anwendungsfall erwiesen sich die Methoden der Fuzzy-Arithmetik und des unscharfen Soll-Istwert-Vergleichs als äußerst nützlich,** da diese die Berücksichtigung und die Verarbeitung der Unschärfe in den Algorithmen ermöglichten. Allerdings ist das Ausführen der Lüftung nicht automatisiert und obliegt in diesem Anwendungsfall dem Menschen.
- Bei der Führung dezentraler Lüftungsanlagen wurden die Grenzwerte einer Lüftungslogik nachgeführt, wodurch (trotz des sehr einfachen Ansatzes) hohe Gradienten der lüftungsbedingten Klimaschwankungen signifikant

reduziert werden konnten. Methodisch spielte der Soll-Istwert-Vergleich bei Unschärfe eine untergeordnete Rolle, allerdings konnte gezeigt werden, dass Unschärfen des Raumklimazustandes berücksichtigt werden können. **Das multikriterielle Entscheidungsproblem zwischen dem Anstreben eines Zielbereichs der relativen Feuchte und den hierfür akzeptieren Klimaschwankungen konnte durch einen Algorithmus mit der Anwendung von Fuzzy-Methoden übernommen werden.**

- Die Sollwertplanung für Heizungsregelkreise bei zeitvarianten Behaglichkeitsanforderungen zeigte, dass durch die vorrauschauende Planung **unter Anwendung von Fuzzy-Methoden einzelne Anforderungen deutlich besser erfüllt werden als bei herkömmlichen Planungsmethoden.** Insbesondere kann die Parametrierung des Gütekriteriums deutlich anschaulicher erfolgen als bei der konventionellen Bewertungsmethode.

Zusammenfassend kann in Bezug auf die Zielsetzungen dieser Arbeit (Abschnitt 1.2) festgehalten werden, dass Fuzzy-Methoden geeignete Werkzeuge zur Optimierung der Raumluftkonditionierung in der präventiven Konservierung bereitstellen. Insbesondere können multikriterielle Entscheidungsprobleme unter der Berücksichtigung der Unschärfen von Anforderungen und Zuständen durch Algorithmen übernommen werden.

Für simulative Untersuchungen wurde eine Simulationsumgebung entwickelt, in welcher neben bereits bekannten Modellen eine vereinfachte Methode zur Nachbildung der Feuchtepufferung vorgeschlagen und verwendet wurde. Für die praktische Realisierung wurde ein webbasiertes Leitsystem konzipiert und prototypisch aufgebaut. Dieses erwies sich als eine nützliche Entwicklungsplattform, da damit die einzelnen Leitkomponenten modulare und individuell implementiert werden konnte. Zwei der drei Konzepte (Abschnitte 5.1 und 5.3) benötigen zwar Benutzerschnittstellen für den Betrieb der Leitkomponenten, allerdings müssen diese nicht zwingend wie hier vorgeschlagen über Server-Client Konzepte realisiert werden.

Es wird für kleinere oder einzelne Anwendungen empfohlen, lokale Lösungen für die Leitkomponenten anzustreben, um unabhängig von der Verfügbarkeit des Internetzuganges zu sein. Für die Überwachung und die Diagnose von Klimazuständen sowie von Funktionen von Basisautomation und Leitkomponenten stellt die webbasierte Lösung eine lohnenswerte Vorgehensweise dar, da diese Aufgaben zentral automatisiert werden können und ein zentrales Datenmanagement ermöglicht wird. Insbesondere ist dies für Nutzer mit mehreren Anwendungen empfehlenswert, wie z. B. Stiftungen mit mehreren Liegenschaften.

Zu lösende Probleme bei Überführung der Konzepte in marktfähige Produkte sowie weiter anzustellende Untersuchungen wurden jeweils in den einzelnen Abschnitten der Leitkomponenten genannt. Die Funktionalität der Leitkomponenten konnte aufgezeigt werden. Insbesondere setzten diese jedoch gut funktionierende Basisautomationen bzw. die Zusammenarbeit mit dem Nutzer (bei Entscheidungshilfesystemen) voraus.

Die Konzepte der beiden Leitkomponenten aus Abschnitt 5.4 wurden bereits für Folgearbeiten beschrieben. Zudem sollte jedoch auch geprüft werden, in wie weit die hier eingesetzten Fuzzy-Methoden in anderen technischen Prozessen angewandt werden können. Bislang sind lediglich wenige praktische Anwendungen von Fuzzy-Arithmetik und unscharfer Entscheidungsfindung publiziert. Insbesondere hinsichtlich des Soll-Istwert-Vergleichs bei Unschärfe ist zweifellos noch weiteres Anwendungspotenzial vorhanden. Es ist zu erwarten, dass dabei der Anspruch bezüglich Modellkomplexität in Diagnose- und Prognoseaufgaben sinkt und somit universellere Lösungen für Probleme geschaffen werden können, deren Modellierung sonst sehr aufwendig wäre.

Literaturverzeichnis

[ADA05] Adamy, J.: *Fuzzy Logik, neuronale Netze und evolutionäre Algorithmen*; Shaker Verlag, Aachen, 2005

[ADA09] Adamy, J.: *Nichtlineare Regelungen*; Springer Verlag, Berlin, 2009

[ADL07] Adlhoch, A.: *Kopplung der Simulationsprogramme TRNSYS - MATLAB/Simulink*; HLH - Lüftung/Klima - Heizung/Sanitär - Gebäudetechnik 9, S. 52-54, 2007

[AIS12] Aissa, T.; Arnold, C.; Lambeck, S.: *Unscharfe Optimierung von Sollwertvorgaben für Feuchteregelkreise in der präventiven Konservierung*; 22. Workshop Computational Intelligence, Dortmund, 2012

[AME11] Ament, C.: *Fuzzy Control*; Skript zur Vorlesung, Technische Universität Ilmenau, 2011

[ANG11] Angermann, A.; Beuschel, M.; Rau, M.; Wohlfarth, U.: *Matlab - Simulink – Stateflow*; Oldenbourg Verlag, München, 7. Auflage, 2011

[ARN10a] Arnold, C.: *Bewertung des verteilten Raumklimazustandes unter Berücksichtigung unscharfer Ist- und Soll-Werte*; Automation, VDI-Wissensforum, Baden-Baden, 2010

[ARN10b] Arnold, C.; Cuno, B.; Ament, C.: *An approach for the control error calculation under fuzziness*; 55. Internationales Wissenschaftliches Kolloquium (IWK), Ilmenau, 2010

[ARN11a] Arnold, C.; Cuno, B.; Ament, C.: *Modifing fuzzy goals to consider the fuzziness of actual values*; 3rd International Conference on Computer and Automation Engineering (ICCAE), Chongqing, China, 2011

[ARN11b] Arnold, C.; Lambeck, S.; Ament, C.: *A Fuzzy Concept for Climate Management in Preventive Conservation*; IEEE International Conference on Fuzzy Systems (FUZZ-IEEE), Taipei, Taiwan, 2011

[ARN11c] Arnold, C.; Lambeck, S.; Gieler, R. P.: *Klimastabilisierung bei beschränkten Eingriffsmöglichkeiten durch Handlungsempfehlungen*; WTA-Schriftenreihe , Wissenschaftlich-Technische Arbeitsgemeinschaft zur Bauwerkserhaltung und Denkmalpflege, Heft 35, Fulda, S. 31-41, 2011

[ARN11d] Arnold, C.; Cuno, B.; Stumpf, C.: *Klimaprobleme in Unterrichtsräumen*; Energy 2.0 Kompendium 2011, publish-industry Verlag, München, 2011

[ARN11e] Arnold, C.; Lambeck, S.: *Improving Climate Conditions in Applications of Preventive Conservation using Advanced Control;* 2. WTA-International Ph.D. Symposium, WTA-Schriftenreihe , Heft 36, Brno, Tschechien, 2011

[ARN12a] Arnold, C.; Flachs, S.; Lambeck, S.: *A web-based platform for developing and applying telematics in climate management using modern control concepts*; IFAC Conference Embedded Systems, Computational Intelligence and Telematics in Control (CESCIT), Würzburg, 2012

[ARN12b] Arnold, C.; Lambeck, S., Ament, C.: *Multistage fuzzy control using trapezoidal membership functions and dynamic programming*; IEEE International Conference on Fuzzy Systems (FUZZ-IEEE), Brisbane, Australien, 2012

[ARN12c] Arnold, C.; Lambeck, S., Ament, C.: *Robust Fuzzy Decision Support System for Manual Ventilations to Reduce Climate Fluctuations in Preventive Conservation*; IEEE Intelligent Systems (IS), Sofia, Bulgarien, 2012

[ARN13] Arnold, C.; Lambeck, S.; Harasty, S.; Kaiser, M.: *Optimal Conservatoric Heating Strategy for a closed Castle's Museum during Winter Period*; 11th REHVA World Congress & 8th International Conference on IAQVEC, Prag, Tschechien -in press- 2013

[ASH07] American Society of Heating, Refrigerating and Air-Conditioning Engineers: *ASHRAE Handbook—HVAC Applications*; Handbook – Applications; Atlanta, USA, 2007

[BÄD12] Bädje, M.; Korte, R.; Arnold, C.: *Raumklimatische Untersuchung Kirche Dietershausen;* Abschlussbericht, INRES Altbau - und Denkmalservice GbR, 2012

[BAN93] Bandemer, H.; Gottwald, S.: *Einführung in Fuzzy-Methoden – Theorie und Anwendungen unscharfer Mengen*; Akademie Verlag, Berlin, 4. Auflage, 1993

[BEC06] Becker, M.: *Betriebsoptimierung durch Einsatz von Gebäudeautomation*; Nachhaltiges Betreiben von Gebäuden, Vortrag, Böblingen, 2006

[BEL57] Bellman, R. E.: *Dynamic Programming*; Princeton University Press, Princeton, USA, 1957

[BEL70] Bellman, R. E.; Zadeh, L. A.: *Decision-Making in a fuzzy environment*; Management Science 17, S. 141-164, 1970

[BEN04] Bengel, G.: *Grundkurs verteilte Systeme: Grundlagen und Praxis des Client-Server-Computing*; Vieweg Verlag, Wiesbaden, 3. Auflage, 2004

[BER00] Bernard, T.: *Ein Beitrag zur gewichteten multikriteriellen Optimierung von Heizungs- und Lüftungsregelkreisen auf Grundlage des Fuzzy Decision Making*; Dissertation, Fakultät für Maschinenbau, Universität Karlsruhe , 2000

[BER05] Bernardi, A.: *Klimaforschung – Klimaprojekte in historischen Gebäuden*; Schadstoffvermeidung im Museum, Osnabrück, S. 16-33, 2005

[BER76] Berliner, P.: *Klimatechnik*; Vogel Verlag, Würzburg, 1976

[BER98] Berrah, L.; Mauris, G.; Foulloy, L.; Haurat A.: *Fuzzy performance indicators for the control of manufactoring process*; in Reznik, L. (Hrsg.): *Fuzzy systems design - Studies in Fuzziness and Soft Computing*; Vol. 17, Physica Verlag, Heidelberg, S. 225–248, 1998

[BIC10] Bichlmair, S.; Kilian, R.: *Room Climate in Linderhof Palace – Impact of ambient climate and visitors on Room Climate with a special focus on the bedchamber of King Ludwig II.*; Development in Climate Control of Historical Buildings, Schloss Linderhof, S. 49-55, 2010

[BIE97] Biewer, B.: *Fuzzy-Methoden – Praxisrelevante Rechenmodelle und Fuzzy Programmiersprachen*; Springer Verlag, Berlin, 1997

[BOL10] Bollin, E.; Feldmann, T.: *Mit dem Wetter sparen: Prädiktive Gebäudeautomation;* Facility Manager 4, S. 20-23, 2010

[BOS06] Bosc, P.; Hadjali, A.; Pivert, O.; *Modeling Fuzzy Modifiers by Means of a Proximity Relation*; Annual meeting of the north american fuzzy information processing society, Montreal, Kanada, S. 200 – 205, 2006

[BRA07] Bratasz, L.; Kozłowski, R.; Camuffo, D.; Pagan, E.: *Impact of indoor heating on painted wood: monitoring the altarpiece in the church of Santa Maria Maddalena in Rocca Pietore*; Studies in Conservation, 52, S. 199-210, 2007

[BRO06] Bronstein, I. H.; Semendjajew, K. A.; Musiol, G.; Mühlig, H.: *Taschenbuch der Mathematik*; Verlag Harri Deutsch, Frankfurt am Main, 6. Auflage, 2006

[BRO10] Brokmann, T.: *Langzeiterfahrungen mit dezentranlen Kleinanlagen zur feuchtegesteuerten Zwangsbelüftung*; Klima und Klimastabilität in historischen Bauwerken, Wissenschaftlich-Technische Arbeitsgemeinschaft zur Bauwerkserhaltung und Denkmalpflege, Dresden, S. 59-76, 2010

[BUR00] Burmester, A.: *Die Beteiligung des Nutzers im Museumsneubau und –sanierung: Risiko oder Notwendigkeit? Oder Welche Klimawerte sind die richtigen?*; Raumklima in Museen und historischen Gebäuden, Bietigheim-Bissingen, S. 9-24, 2000

[CUN11] Cuno, B.; Heistermann, S.; Frebel, R.: *Die Fürstengruft auf dem Historischen Friedhof in Weimar – Verbesserung der raumklimatischen und konservatorischen Situation*; WTA-Schriftenreihe, Wissenschaftlich-Technische Arbeitsgemeinschaft zur Bauwerkserhaltung und Denkmalpflege, Heft 35, Fulda, S. 201 – 228, 2011

[CUN98] Cuno, B.: *Computational Intelligence - die Natur als Vorbild für technische Automatisierungslösungen*; GMA-Workshop Fuzzy Control, Dortmund, 1998

[CZI09] Cziesielski, E.: *Luftaustausch durch geschlossene Fenster*; in Künzel, H.: *Wohnungslüftung und Raumklima*; Fraunhofer IRB Verlag, Stuttgart, 2. Auflage, S. 75-80, 2009

[DEC04] De Cock, M.; Kerre, E. E.: *Fuzzy modifiers based on fuzzy relations*; Information Sciences 160, S. 173–199, 2004

[DEM03] Dementjev, A.; Lampert, J.; Kabitzsch, K.: *Konzept eines Beratungsmoduls bei der Raumautomation*; VDI Telematik 2003, Siegen, S. 135-144, 2003

[DER07a] Derluyn, H.; Janssen, H.; Diepens, J.; Derome, D.; Carmeliet, J.: *Hygroscopic behavior of paper and books*; Journal of Building Physics 31, S. 9-34, 2007

[DER07b] Derluyn, H.; Janssen, H.; Diepens, J.; Derome, D.; Carmeliet, J.: *Can books and textiles help in controlling the indoor relative humidity?*; Performance of the Exterior Envelopes of Whole Buildings X International Conference, Florida, USA, 2007

[DIN61131-7] Deutsches Institut für Normung e. V. (DIN): *Speicherprogrammierbare Steuerungen – Teil 7: Fuzzy-Control-Programmierung*; Norm DIN EN 61131-7, Beuth-Verlag, 2001

[DIN4108-3] Deutsches Institut für Normung e. V. (DIN): *Wärmeschutz und Energie-Einsparung in Gebäuden - Teil 3: Klimabedingter Feuchteschutz; Anforderungen, Berechnungsverfahren und Hinweise für Planung und Ausführung*; Norm DIN 4108-3, Beuth-Verlag, 2001

[DIN61131-3] Deutsches Institut für Normung e. V. (DIN): *Speicherprogrammierbare Steuerungen – Teil 3: Programmiersprachen*; Norm DIN EN 61131-3, Beuth-Verlag, 2003

[DIN11799] Deutsches Institut für Normung e. V. (DIN): *Informationen und Dokumentation – Anforderungen an die Aufbewahrung von Archiv- und Bibliotheksgut;* Norm DIN ISO 11799, Beuth-Verlag, 2005

[DIN7730] Deutsches Institut für Normung e. V. (DIN): *Ergonomie der thermischen Umgebung - Analytische Bestimmung und Interpretation der thermischen Behaglichkeit durch Berechnung des PMV- und des PPD-Indexes und Kriterien der lokalen thermischen Behaglichkeit;* Norm DIN EN ISO 7730, Beuth-Verlag, 2006

[DIN13] Deutsches Institut für Normung e. V. (DIN): *Bau- und Nutzungsplanung von Bibliotheken und Archiven*; Technische Regel, Fachbericht 13, Beuth-Verlag, 2009

[DIN15757] Deutsches Institut für Normung e. V. (DIN): *Erhaltung des kulturellen Erbes - Festlegungen für Temperatur und relative Luftfeuchte zur Begrenzung klimabedingter mechanischer Beschädigungen an organischen hygroskopischen Materialien*; Norm DIN EN 15757, Beuth-Verlag, 2010

[DIN11] Deutsches Institut für Normung e. V. (DIN): *Erhaltung des kulturellen Erbes – Allgemeine Begriffe*; Norm DIN EN 15898, Beuth-Verlag, 2011

[DIN15759-1] Deutsches Institut für Normung e. V. (DIN): *Erhaltung des kulturellen Erbes – Festlegung und Regelung des Raumklimas – Teil 1: Beheizung von Andachtsstätten;* Norm DIN EN 15759-1, Beuth-Verlag, 2012

[DIT04] Dittmar, R.; Pfeiffer, B.-M.: *Modellbasierte prädiktive Regelung – Eine Einführung für Ingenieure*; Oldenbourg Verlag, München, 2004

[DUB78] Dubois, D.; Prade, H.: *Operations on fuzzy numbers*; International Journal of Systems Science 9, S. 613-626, 1978

[DUB80] Dubois, D.; Prade, H.: *Fuzzy Sets and Systems: Theory and Applications*; Academic Press, New York, USA, 1980

[ECK06] Eckermann, W.; Ziegert, C.: *Auswirkung von Lehmbaustoffen auf die Raumluftfeuchte*; Forschungsbericht, 2006

[ENG07] Engelhart, T.: *Zustandsbezogenes on-board Instandhaltungsmanagement für mobile Systeme;* Dissertation, Fakultät für Informatik und Automatisierung, Technische Universität Ilmenau, 2007

[ERH07] Erhardt, D.; Tumosa, C. S.; Mecklenburg, M. F.: *Applying Science to the Question of Museum Climate*; in Padfield, T.; Borchersen, K. (Hrsg.): *Museum Microclimates*; National Museum of Denmark, Kopenhagen, 2007

[ERH94] Erhardt, D.; Mecklenburg, M.: *Relative humidity re-examined; in: Preventive Conservation*; Preprints to the Ottawa Congress, International Institute for Conservation of Historic an Artistic Works, London, S. 32-38, 1994

[FEI94] Feist, W.: *Thermische Gebäudesimulation - Kritische Prüfung unterschiedlicher Modellansätze*; C.F. Müller, Heidelberg 1994

[FIS12] Fischer, M.: *Theoretische, simulative und experimentelle Untersuchungen zur Regelung der relativen Raumluftfeuchte*; Bachelor-Thesis, Fachbereich Elektrotechnik und Informationstechnik, Hochschule Fulda, 2012

[FLA11] Flachs, S.: *Datenmonitor für das Schloss Fasanerie*; Dokumentation zum Masterprojekt, Fachbereich Elektrotechnik und Informationstechnik, Hochschule Fulda, 2011

[FLA12] Flachs, S.; Arnold, C.: *Datenmanagement und Aufbau des Experimentierfeldes für das präventive Klimamanagement*; Interner Bericht, Hochschule Fulda, 2012

[FLA12b] Flachs, S.: *WebCalendar*; Dokumentation zur Fallstudie, Fachbereich Elektrotechnik und Informationstechnik, Hochschule Fulda, 2012

[FOD06] Fodor, J.; B. Bede, B.: *Arithmetics with fuzzy numbers: a comparative overview*; Slovakian - Hungarian Joint Symposium on Applied Machine Intelligence, Herlany, Slowakei, S. 54–68, 2006

[FRÜ09] Früh, K. F.; Maier U.; Schaudel, D. (Hrsg.): *Handbuch der Prozess-automatisierung*; Oldenbourg Industrieverlag, 4. Auflage, München, 2009

[GAR04] Garrecht, H.: *Raumklimatische Untersuchungen und bauphysikalische Konzepte - Forschungsergebnisse zur Klimaproblematik im Kloster Maulbronn und im Dom zu Speyer;* in Exener, M.; Jakobs, D.: *Klimastabilisierung und bauphysikalische Konzepte;* Tagung des Deutschen Nationalkomitees von ICOMOS, S. 9 – 18, Reichenau, 2004

[GAR08] Garrecht, H.: *Raumklimaoptimierung im Spannungsfeld von Denkmalpflege und Nutzung unter energetischen Aspekten, dargestellt an Praxisbeispielen*; 19. Hanseatische Sanierungstage -Bauphysik und Bausanierung, Heringsdorf, S. 211-222, 2008

[GAR12] Garrecht, H.; Reeb, S.; Renner, C.; Alexandrakis, E.: *Witterungs- und klimabedingte Bauwerksschäden an der Stadtkirche Sonneberg;* 5. Seminar Bauen im Bestand, Vortrag, Bruchsal, 2012

[GER04] Gerdes, I.; Klawonn, F.; Kruse, R.: *Evolutionäre Algorithmen*; Viewag Verlag, Wiesbaden, 2004

[GER11] Gerlach, A.: *Schimmelbefall in Bibliotheken und Archiven*; 10. Tag der Bestandserhaltung, Vortrag zum Workshop, Potsdam 2011

[GLA09] Glauert, M.: *Klimaregulierung in Bibliotheksmagazinen*; in Hauke, P.; Werner, K. U. (Hrsg.): *Bibliotheken bauen und ausstatten*; Bock + Herchen Verlag, Bad Honeff, S. 158 – 173, 2009

[GÖR10] Görtler, G.; Beigelböck, B.: *Simulation einer prädiktiven Raumtemperaturregelung unter Verwendung einer idealen Wettervorhersage;* IBPSA Conference BauSIM, Wien, Österreich, S. 203-208, 2010

[HAN05] Hanss, M.: *Applied Fuzzy Arithmetic – An Introduction with Engineering Applications*; Springer Verlag, Berlin, 2005

[HAU03] Hausladen, G.; Saldanha, M. d.; Nowak, W.; Liedl, P.: *Einführung in Die Bauklimatik - Klima-und Energiekonzepte für Gebäude*; Ernst & Sohn Verlag, Berlin, 2003

[HÄU08] Häupl, P.: *Bauphysik - Klima Wärme Feuchte Schall: Grundlagen, Anwendungen, Beispiele*; Ernst & Sohn Verlag, Berlin, 2008

[HEY08] Heydecke, F.: *Aus Alt mach Neu – Meine Klimaanlage macht nicht, was ich will*; VDR Beiträge zur Erhaltung von Kunst- und Kulturgut 1, 2008, S. 101 – 106, Bonn

[HIL02] Hilbert, G. S.; Fischer, B.: *Sammlungsgut in Sicherheit: Schadstoffprävention, Schädlingsbekämpfung, Sicherungstechnik, Brandschutz, Gefahrenmanagement*; Gebr. Mann Verlag, Berlin, 3. Auflage, 2002

[HMW04] Hessisches Ministerium für Wirtschaft, Verkehr und Landesentwicklung /HMWVL): *Lüftung im Wohngebäude – Wissenswertes über den Luftwechsel und moderne Lüftungsmethoden*; Energiesparinformationen 8, Wiesbaden, 2004

[HOF04] Hoffmann, J. (Hrsg.): *Taschenbuch der Messtechnik*; Carl Hanser Verlag, München, 4. Auflage, 2004

[HOF09] Hoffmann, C.: *Objektorientierte Simulation und Dynamische Optimierung von Energieversorgungsanlagen auf der Basis regenerativer Energien;* Dissertation, Fakultät für Informatik und Automatisierung, Technische Universität Ilmenau, 2009

[HOL10] Holl, K.; Kilian, R.; Krus, M.; Sedlbauer, K.: *Bewertung der Klimastabilität aus restauratorischer und bauphysikalischer Sicht am Beispiel des Königshauses am Schachen;* Klima und Klimastabilität in historischen Bauwerken, Wissenschaftlich-Technische Arbeitsgemeinschaft zur Bauwerkserhaltung und Denkmalpflege, Dresden, S. 49-58, 2010

[HOL02] Holm, A.; Sedlbauer, K.; Künzel, H. M.; Radon, J.: *Berechnung des hygrothermischen Verhaltens von Räumen - Einfluss des Lüftungsverhaltens auf die Raumluftfeuchte*; 11. Bauklimatische Symposium, Dresden, S. 562 – 575, 2002

[HOL04] Holm, A.; Radon, J.; Künzel, H. M.; Sedlbauer, K.: *Berechnung des hygrothermischen Verhaltens von Räumen*; Wissenschaftlich-Technische Arbeitsgemeinschaft zur Bauwerkserhaltung und Denkmalpflege, Heft 24, München, S. 81-94, 2004

[HOM11] Homolka, M.: *Welche Sammlung passt zu einem Null-/ Niedrigenergiedepot - Ein Plädoyer für mehr Luft*; Das grüne Museum, Vortrag, Köln, 2011

[HUA11] Hu, Q.; An, S.; Yu, X.; Yu, S.: *Robust fuzzy rough classifiers*; Fuzzy Sets and Systems 183, S. 26–43, 2011

[HUB03] Huber, J.; von Lerber, K.: *Handhabung und Lagerung von mobilem Kulturgut – Ein Handbuch für Museen, kirchliche Institutionen, Sammler und Archive*; transcript Verlag, Bielefeld, 2003

[HUP06] Hupfer, P.; Kuttler, W.: *Witterung und Klima – Eine Einführung in die Meteorologie und Klimatologie*; Vieweg+Teubner Verlag, Wiesbaden, 12. Auflage, 2006

[JUN84] Junker, B.: Kl*imaregelung - Grundlagen: Praxis der Projektierung*; Oldenbourg Verlag, München, 2. Auflage, 1984

[KAC01] Kacprzyk, J.; Esogbue, A. O.: *Fuzzy Dynamic Programming: Basic Issues and Problem Class*; in Yoshida, Y. (Hrsg.): *Dynamical Aspects in Fuzzy Decision Making*; Physica-Verlag, Heidelberg, S. 1-26, 2001

[KAC79] Kacprzyk, J.: *A Branch-and-Bound Algorithm for the Multistage Control of a Fuzzy System in a Fuzzy Environment*; Kybernetes, Vol. 8, S. 139-147, 1979

[KAC95] Kacprzyk, J.: *Multistage control of a fuzzy system using a genetic algorithm*; IEEE International Conference on Fuzzy Systems, Yokohama, Japan, S. 1083 – 1088, 1995

[KAC96] Kacprzyk, J.; Esogbue, A. O.: *Fuzzy dynamic programming: Main developments and applications*; Fuzzy Sets and Systems 81, S. 31-45, 1996

[KAC97] Kacprzyk, J.: *Multistage Fuzzy Control: A Model-Based Approach to Control and Decision-Making*; Wiley, Chichester, 1997

[KÄF06] Käferhaus, J.: *Historische Haustechnik – Schnee von gestern?*; Heizung Lüftung Klimatechnik 1-2, S. 4-7, 2006

[KAS09] Kasperski, A:, Kulej, M:: *Choosing robust solutions in discrete optimization problems with fuzzy costs*; Fuzzy Sets and Systems 160, S. 667–682, 2009

[KAS10] Kasperski, A.; Zielinski P.: *Minmax regret approach and optimality evaluation in combinatorial optimization problems with interval and fuzzy weights*; European Journal of Operational Research 200, S. 680-687, 2010

[KAS11] Kasperski, A.; Zielinski P.: *Min-Max and Two-Stage Possibilistic Combinatorial Optimization Problems*; IEEE International Conference on Fuzzy Systems; Taipei, Taiwan, 2011

[KEL08] Keller, L.: *Leitfaden für Lüftungs- und Klimaanlagen - Grundlagen der Thermodynamik, Komponenten einer Vollklimaanlage, Normen und Vorschriften*; Oldenbourg Verlag, München, 2. Auflage, 2008

[KIE02] Kiendl, H.: *Fuzzy Control methodenorientiert*; Oldenbourg Verlag, München, 2002

[KIL05] Kilian, R; Sedlbauer, K; Krus, M.: *Klimaanforderungen für Kunstwerke und Ausstattung historischer Gebäude*; IBP-Mitteilung 462, Stuttgart, 2005

[KLE11] Klemm, L.: *Modulares Plusenergiedepot – Das Grüne Depot*; Das grüne Museum, Vortrag, Köln, 2011

[KOC96] Koch, M.; Kuhn, T.; Wernstedt, J.: *Fuzzy Control – Optimale Nachbildung und Entwurf optimaler Entscheidungen*; Oldenbourg Verlag, München, 1996

[KOH85] Kohlrausch, F.: *Praktische Physik – Band 1*; Teubner Verlag, Stuttgart, 23. Auflage, 1985

[KOL33] Kolmogorov, A. N.: *Grundbegriffe der Wahrscheinlichkeitsrechnung*; Springer Verlag, Berlin, 1933

[KRA09] Kramer, O.: *Computational Intelligence – Eine Einführung*; Springer Verlag, Berlin, 2009

[KRA12] Krah & Grothe Measurement Solutions: *LFA Lüftungsampel - Manueller Lüftungsregler für die Optimierung des Raumklimas mit Hilfe der natürlichen Klimaschwankungen*; Produktbeschreibung, Download von http://www.krah-grote.com am 28.02.2012

[KRU11] Kruse, R.; Borgelt, C.; Klawonn, F.; Moewes, C.; Ruß, G.; *Steinbrecher, M.: Computational Intelligence – Eine methodische Einführung in Künstlich Neuronale Netze, Evolutionäre Algorithmen, Fuzzy-Systeme und Bayes-Netze*; Vieweg + Teubner Verlag, Wiesbaden, 2011

[KUC04] Kuchling, H.: *Taschenbuch der Physik*; Carl Hanser Verlag, München, 18. Auflage, 2004

[KÜH01] Kühn, H.: *Erhaltung und Pflege von Kunstwerken – Material und Technik, Konservierung und Restaurierung*; Klinkhardt & Biermann, München, 3. Auflage, 2001

[KÜN06] Künzel, H. M.; A. Holm, A.; Sedlbauer, K.; Antretter, F.; Ellinger, M.; Vesely, J.: *Feuchtepufferwirkung von Innenraumbekleidungen aus Holz oder Holzwerkstoffen*; Fraunhofer IRB Verlag, Stuttgart, 2006

[KÜN94] Künzel, H.M.: *Verfahren zur ein- und zweidimensionalen Berechnung des gekoppelten Wärme- und Feuchtetransports in Bauteilen mit einfachen Kennwerten*; Dissertation, Fakultät für Bauingenieur- und Vermessungswesen, Universität Stuttgart, 1994

[KUS10] Kusian, P.: *Erfassung und Analyse von Klimadaten in Bibliotheken und Archiven*; Diplomarbeit, Fachbereich Elektrotechnik und Informationstechnik, Hochschule Fulda, 2010

[LAI09] Laidig, M.: *Lüftungsstrategien im Altbau – Überblick über Möglichkeiten und Grenzen der unterschiedlichen Systeme*; in Künzel, H.: *Wohnungslüftung und Raumklima*; Fraunhofer IRB Verlag, Stuttgart, 2. Auflage, S. 75-80, 2009

[LAN05] Lang-Edwards, A.: *Licht, Luft, Lagerung - Konservierung und Restaurierung im Gutenberg Museum*; Kirchliches Buch- und Bibliothekswesen, Jahrbuch 2005/06, S. 99-121, 2005

[LAR07] Larsen, P. K.: *Climate control in danish churches*; S. 167-174; in Padfield, T.; Borchersen, K. (Hrsg.): *Museum Microclimates*; National Museum of Denmark, Kopenhagen, 2007

[LEU51] Leusden, F.; Freymark, H.: *Darstellungen der Raumbehaglichkeit für den einfachen praktischen Gebrauch*; Gesundheitsingenieur 72, S. 271-273, 1951

[LIE11] Liersch, K. W.; Langer, N.: *Bauphysik kompakt*; Bauwerk Verlag, Berlin, 4. Auflage, 2011

[LIK01] Li, L.; Lai, K.K.: *Fuzzy dynamic programming approach to hybrid multiobjective multistage decision-making problems*; Fuzzy Sets and Systems 117, S. 13-25, 2001

[LÖT11] Löther, T.: *Präventive Konservierung durch sensorgesteuerte Raumlüftung*; Jahrbuch der Mitteilungen des Landesamtes für Denkmalpflege Sachsen, Sax-Verlag Beucha, S. 104 – 108, 2011

[LUN08] Lunze, J.: *Regelungstechnik 2 - Mehrgrößensysteme, Digitale Regelung*; Springer Verlag, Berlin, 5. Auflage, 2008

[LUT10] Lutz, H.; Wendt, W.: *Taschenbuch der Regelungstechnik*; Harri Deutsch Verlag, Frankfurt am Main, 7.Auflage, 2010

[MAN10] Mandl, P.; Bakomenko, A.; Weiß, J.: *Grundkurs Datenkommunikation - TCP/IP-basierte Kommunikation: Grundlagen, Konzepte und Standards*; Vieweg & Sohn Verlag, Wiesbaden, 2. Auflage, 2010

[MAR01] Marin-Blazquez, J.G.; Shen, Q.: *Linguistic hedges on trapezoidal fuzzy sets: a revisit*; 10th IEEE International Conference on Fuzzy Systems, Melbourne, Australien, S. 412 – 415, 2001

[MEC06] Mecklenburg, M.F.: *Determining the acceptable ranges of relative humditiy and temperature in museums and galleries*; Interner Bericht, Smithsonian Museum Conservation Institute, Suitland, USA, 2006

[MEL10] Melzer, I.: *Service-orientierte Architekturen mit Web Services: Konzepte - Standards - Praxis*; Springer Verlag, Berlin, 4. Auflage, 2010

[MEN06] Mendonca, L.F.; Sousa, J.M.C. ; Kaymak, U.; Sa da Costa, J.M.G.: *Weighting goals and constraints in fuzzy predictive control*; Journal of Intelligent & Fuzzy Systems 17, S. 517–532, 2006

[MER02] Merz, R.: *Objektorientierte Modellierung thermischen Gebäudeverhaltens;* Dissertation, Fachbereich Elektrotechnik und Informationstechnik, der Universität Kaiserslautern, 2002

[MIZ81] Mizumoto, M.; Tanaka, K.: *Fuzzy Sets of type 2 under algebraic product and algebraic sum*; Fuzzy Sets and Systems 5 S. 277–290, 1981

[NAC02] Nachtigall, W.: *Bionik – Grundlagen und Beispiele für Ingenieure und Naturwissenschaftler*; Springer Verlag, Berlin, 2002

[NOU08] Nouidui, T. S.: *Entwicklung einer objektorientierten Modellbibliothek zur Ermittlung und Optimierung des hygrothermischen und hygienischen Komforts in Räumen;* Dissertation, Universität Stuttgart, Fakultät Bau- und Umweltingenieurwissenschaften, 2008

[OTT01] Ott, N.: *Unsicherheit, Unschärfe und rationales Entscheiden – Die Anwendung von Fuzzy-Methoden in der Entscheidungstheorie*; Physica Verlag, Heidelberg, 2001

[PAD11] Padfield, T.; Jensen, L. A.: *Humidity buffering of building interiors by absorbent materials*; Nordic Symposium on Building Physics, Tampere, Finland, 2011

[PAD98] Padfield, T.: *The role of absorbent building materials in moderating changes of relative humidity*; Dissertation, Department of Structural Engineering and Materials, Technical University of Denmark, 1998

[PAP01] Papula, L.: *Mathematik für Ingenieure und Naturwissenschaftler – Band 3*; Vieweg Verlag, Braunschweig, 4. Auflage, 2001

[PAP96] Papageorgiou, Markos: *Optimierung - Statische, dynamische, stochastische Verfahren für die Anwendung*; Oldenbourg Verlag, München, 2. Auflage, 1996

[PFE02] Pfeiffer, B.-M.; Jäkel, J.; Kroll, A.; Kuhn, C.; Kuntze, H.-B.; Lehmann, U.; Slawinski, T.; Tews, V.: *Erfolgreiche Anwendungen von Fuzzy Logik und Fuzzy Control*; Automatisierungstechnik 10, S. 461-471 (Teil 1) und Automatisierungstechnik 11, S. 511-521 (Teil 2), 2002

[PLE60] Plenderleith, H. J.; Philippot, P.: *Climatology and conservation in museums*; Museum 13, S. 242 – 289, 1960

[POH00] Pohlheim H.: *Evolutionäre Algorithmen – Verfahren, Operatoren und Hinweise für die Praxis*; Springer Verlag, Berlin, 2000

[REI00] Reick, M.; Setzer, M. J.: *Untersuchungen des Sorptionsverhaltens wohnraumumschließender Materialien*; DFG - Forschungsschwerpunktprogramm Bauphysik der Außenwände, Abschlussbericht, Fraunhofer IRB Verlag, Stuttgart, S. 363-374, 2000

[REI05] Reichwald, H. F.: *Klimabedingte Schäden an Raum und Ausstattung*; in Exner, M.; Jakobs, D.: *Klimastabilisierung und bauphysikalische Konzepte*; Deutscher Kunstverlag, München, S. 49 -60, 2005

[REI99] Reick, M.; Setzer, M. J.: *Instationäre Berechnung von Raumfeuchtebilanzen im Zeitbereich mit der Feuchtepufferfunktion und dem Diffusions-Sorptions-Modell*; 10. Bauklimatisches Symposium, Dresden, S. 263-273, 1999

[RIC08] Richter, E.; Fischer, H. M; Jenisch, R.; Freymuth, H.; Stohrer, M.; Häupl, P.: *Lehrbuch der Bauphysik: Schall - Wärme - Feuchte - Licht - Brand - Klima*; Vieweg + Teubner Verlag, Wiesbaden, 6. Auflage, 2008

[RIC09] Richalet, J.; O'Donovan, D.: *Predictive Functional Control - Principles and Industrial Applications*; Springer Verlag, London, England, 2009

[RIE06] Riever, F.: *Simulation der hygrothermischen Gebäudedynamik in MATLAB/Simulink*; Diplomarbeit, Fachbereich Elektrotechnik und Informationstechnik, Hochschule Fulda, 2006

[RIE09] Riederer, P.; Keilholz, W.; Ducreux, V.: *Coupling of TRNSYS with Simulink - A method to automatically export and use with Simulink and vice versa;* 11. International IBPSA Conference, Glasgow, Schottland, S. 1628-1633, 2009

[RIN08] Rinne, H.: *Taschenbuch der Statistik*; Verlag Harri Deutsch, Frankfurt am Main, 3. Auflage, 2003

[RIT11] Ritter, F.: *Lebensdauer von Bauteilen und Bauelementen*; Dissertation, Technische Universität Darmstadt, Fachbereich Bauingenieurwesen und Geodäsie, 2011

[ROL06] Roloff, J.: *Bauklimatik für Architekten - Grundlagen der Bauklimatik 1*; Skript zur Vorlesung, 11. Auflage, 2006

[ROM94] Rommelfanger, H.: *Fuzzy-Decision-Support-Systeme – Entscheiden bei Unschärfe*; Springer Verlag, Berlin, 2. Auflage, 1994

[ROS12] Roschkow, H.: *Systemtechnische Modellierung des Feuchtepufferverhaltens von Räumen*; Bachelor-Thesis, Fachbereich Elektrotechnik und Informationstechnik, Hochschule Fulda, 2012

[RUN10] Runkler, T. A.: *Data Mining - Methoden und Algorithmen intelligenter Datenanalyse*; Vieweg & Sohn Verlag, Wiesbaden 2010

[SAL04] Salonvaara, M.; Ojanen, T.; Holm, A.; Künzel, H. M.; Karagiozis, A. N.: *Moisture buffering effects on indoor air quality - experimental and simulation results*; Performance of the Exterior Envelopes of Whole Buildings IX International Conference, Florida, USA, 2004

[SCH01] Schlittgen, R.; Streitberg, B. H. J.: *Zeitreihenanalyse*; Oldenbourg Verlag, München, 9. Auflage, 2001

[SCH04] Schwarzer, K.; Hoffschmidt, B.; Werner, M.; Hartz, T.; Dott, R.; Wemhäner, C.; Wenzel, T.; Aliaga, L.; Schramek, R.; Josfeld, F. J.; Frühling-Schwalbach, C.: *Lacasa - Einsatz von MATLAB-Simulink zur energetischen Analyse und Optimierung von Alt- und Neubauten inklusive Heizungs-, Lüftungs- und Klimatechnik;* Abschlussbericht, Fachinstitut Gebäude-Klima e.V., Bietigheim-Bissingen, 2004

[SCH07] Schijndel, A. W. M.: *Integrated Heat Air and Moisture Modeling and Simulation;* Dissertation, Department of Architecture, Building and Planning, Eindhoven University of Technology, Niederlande, 2007

[SCH08] Schmid, W.: *Mit Wetterprognose Energie sparen;* TGA-Fachplaner 7, S. 30-35, 2008

[SCH11a] Schäfer, B.: *Datenbasierte Prozessanalyse zur Entwicklung und Bewertung von Prädiktionsmodellen in der Bauklimatik*; Bachelor-Thesis, Fachbereich Elektrotechnik und Informationstechnik, Hochschule Fulda, 2011

[SCH11b] Schäfer, B; Lambeck, S.; Arnold, C.: *Vorhersage des Raumklimas auf der Grundlage datenbasierter Modellbildung*; Weimarer Bauphysik Tagung, Weimar, 2011

[SEI99] Seising, R. (Hrsg.): *Fuzzy Theorie und Stochastik – Modelle und Anwendungen in der Diskussion*; Vieweg Verlag, Braunschweig, 1999

[SIM01] Simonson, C. J.; Salonvaara, M.; Ojanen, T.: *Improving indoor climate and comfort with wooden structures*; VTT publications 431, Technical Research Centre of Finland, Espoo, 2001

[SOL10] Solar Energy Laboratory: *TRNSYS 17 - A Transient Simulation Program*; Getting Started, University of Wisconsin, 2010

[SOR09] Sorini L.; Stefanini, L.: *Some parametric forms for LR fuzzy numbers and LR fuzzy arithmetic*; 9th International Conference on Intelligent Systems Design and Applications, Pisa, Italien, 2009

[SOU03] Sousa, J. M. C.; Kaymak, U.: *Fuzzy decision making in modeling and control*; World Scientific Publishing, Singapur, 2003

[SOU96] Sousa, J.M.; Babuska, R.; Bruijn, P.; Verbruggen, H.B.: *Comparison of conventional and fuzzy predictive control*; IEEE International Conference on Fuzzy Systems, New Orleans, USA, S. 1782 – 1787, 1996

[SUT04] Sutter, H. P.: *Holzschädlinge an Kulturgütern erkennen und bekämpfen*; Haupt-Verlag, 2002, 4. Auflage

[SYA03] Syau, Y.-R.; Lee, E. S.: *Fuzzy Convexity with Application to Fuzzy Decision Making*; IEEE Conference on Decision and Control, Maui, Hawaii, USA, S. 5221-5226, 2003

[THE12] Theod. Mahr Söhne GmbH: *Die MAHR - Lüftungsampel*; Produktbeschreibung, Download von www.mahr-heizung.de am 28.02.2012

[TÖD11] Tödtli, J.: *Prädiktive Regelungen und Wetterprognosen in der Gebäudeautomation – Überlegungen im Vorfeld zweier Forschungsprojekte;* Schweizerische Gesellschaft für Automatik, Bulletin 59, S. 2-16, 2011

[TRO10] Trogisch, A.: *Was versteht man unter „Klimatechnik" bzw. „Klimatisieren"?*; KI Kälte Luft Klimatechnik 1, S. 23-27, 2010

[TWF11] The Mathworks: *Fuzzy Logic Toolbox*; User's Guide, Version 2011b

[TWO11] The Mathworks: *Optimization Toolbox*; User's Guide, Version 2011b

[TWS12] The Mathworks: *System Identification Toolbox;* User's Guide, Version 2012a

[ULM11] Ulmann, A.: *Ökölogie und Ökonomie – eine Herausforderung auch für Museen;* Das grüne Museum, Vortrag, Köln, 2011

[UNE72] United Nations Educational, Scientific and Cultural Organization (UNESCO): *Convention concerning the protection of the world cultural and natural heritage*; Welterbekonvention der 17. Generalkonferenz der UNESCO, Paris, 1972

[VDI3550] Verein Deutscher Ingenieure e. V. (VDI): *Computational Intelligence - Fuzzy-Logic und Fuzzy-Control - Begriffe und Definitionen*; Technische Regel, VDI 3550, Blatt 2, Beuth-Verlag, 2002

[VDI3817] Verein Deutscher Ingenieure e. V. (VDI): *Technische Gebäudeausrüstung in Baudenkmalen und denkmalwerten Gebäuden*; Technische Regel, VDI 3817, Beuth-Verlag, 2010

[VER11] Vereecken, E.; Roels, S.; Janssen, H.: *In situ determination of the moisture buffer potential of room enclosures*; Journal of Building Physics 34, S. 223-246, 2011

[VIE06] Viertl, R.; Hareter, D.: *Beschreibung und Analyse unscharfer Information - Statistische Methoden für unscharfe Daten*; Springer Verlag, Wien, 2006

[VIR09] Virnich, C.; Virnich M. H.: *Putz drüber – Schwam drunter*; Wohnung + Gesundheit 6, S. 52-53, 2009

[WAL03] Waller, C.: *Didaktik zur präventiven Konservierung*; Webversion, Download von www.cwaller.de am 09.08.2012, Version 2000-2003

[WEB05] Weber, K.: *Unscharfe stochastische Optimierung und Anwendungen im Marketing*; Dissertation, Fakultät für Mathematik, Naturwissenschaften und Informatik, TU Cottbus, 2005

[WEI03] Weithaas, T.: *Bestimmung des natürlichen Luftwechsels um Altbaubestand anhand von Blower-Door Messungen - Korrelation zwischen den aus Blower-Door- und Tracergasmessungen erhaltenen „natürlichen" Luftwechsel*; Diplomarbeit, Fakultät für Goewissenschaften, Geotechnik und Bergbau, Technische Universität Freiberg, 2003

[WER11] Werner, M.: *Nachrichtentechnik*; Vieweg & Sohn Verlag, Wiesbaden, 7. Auflage, 2011

[WER83] Wernstedt, J.: *Experimentelle Prozessanalyse*; Verlag Technik, Berlin, 1983

[WIL06] Willmes, W. M.; Schild, K.; Dinter, S.: *Handbuch Bauphysik – Teil 1 – Wärem- und Feuchteschutz, Behaglichkeit und Lüftung*; Vieweg & Sohn Verlag, Wiesbaden 2006

[WTA6-2-01] Wissenschaftlich-Technische Arbeitsgemeinschaft für Bauwerkserhaltung und Denkmalpflege e.V. (WTA): *Simulation wärme- und feuchtetechnischer Prozesse*; Merkblatt 6-2-01, WTA Publications, 2002

[WTA6-12] Wissenschaftlich-Technische Arbeitsgemeinschaft für Bauwerkserhaltung und Denkmalpflege e.V. (WTA): *Klima und Klimastabilität in historischen Gebäuden*; Merkblatt E 6-12, WTA Publications, 2011

[ZAD65] Zadeh, L. A.: *Fuzzy Sets*; Information and Control 8, S. 338-353, 1965

[ZAD72] Zadeh L. A.: *A fuzzy-set-theoretic interpretation of linguistic Hedges*; Journal of Cybernetics 2, S. 4–34, 1972

[ZAD75] Zadeh, L. A.: *The concept of a linguistic variable and its applications in aproximate reasoning*; Information Sciences 8, S. 199–251 (Teil 1), S. 301–357 (Teil) und Information Sciences 9, S. 43–80, 1975

[ZAD78] Zadeh, L. A.: *Fuzzy sets as a basis theory for possibility*; Fuzzy sets and systems 1, S. 3-28, 1978

[ZAD95] Zadeh, L. A.: *Discussion: probability theory and fuzzy logic are complementary rather than competitive*; Technometrics 37, S. 271-276, 1995

[ZHA09] Zhang, X.; Guo H. Huang, G.H.; Nie, X.: *Robust stochastic fuzzy possibilistic programming for environmental decision making under uncertainty*; Science of the Total Environment 408, S. 192–201, 2009

[ZIM01] Zimmermann, H.-J.: *Fuzzy set theory and its applications*; Kluwer, Boston, 4. Auflage, 2001

[ZIM08] Zimmermann, H.-J.: *Operations Research – Methoden und Modelle*; Vieweg Verlag, Wiesbaden, 2. Auflage, 2008